T0198674

Elementar(st)e Gruppentheorie

Tobias Glosauer

Elementar(st)e Gruppentheorie

Von den Gruppenaxiomen
bis zum Homomorphiesatz

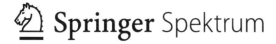 Springer Spektrum

Tobias Glosauer
Johannes-Kepler-Gymnasium
Reutlingen, Deutschland

ISBN 978-3-658-14291-9   ISBN 978-3-658-14292-6 (eBook)
DOI 10.1007/978-3-658-14292-6

Die Deutsche Nationalbibliothek verzeichnet diese Publikation in der Deutschen
Nationalbibliografie; detaillierte bibliografische Daten sind im Internet über
http://dnb.d-nb.de abrufbar.

Springer Spektrum

Planung: Ulrike Schmickler-Hirzebruch

Gedruckt auf säurefreiem und chlorfrei gebleichtem Papier

Springer Spektrum ist Teil von Springer Nature
Die eingetragene Gesellschaft ist Springer Fachmedien Wiesbaden GmbH

Vorwort

Aus Spaß an der Freude...

...ist dieses kleine Büchlein entstanden. Als Grundgerüst diente ein Einführungskurs in die Welt der Gruppen, den ich für einige interessierte SchülerInnen am Kepler-Gymnasium Reutlingen im Jahr 2015 angeboten habe (*nach* dem schriftlichen Abitur; man höre und staune!).

Es war schon seit Tutor-Tagen an der Uni ein lange gehegter Wunsch von mir, irgendwann mal ein Lehrbuch zur Algebra zu verfassen. Das ist dieses Taschenbuch nun zwar nicht geworden, aber ich hoffe doch, dass es zumindest etwas von der Faszination vermitteln kann, die ich damals verspürt habe, als ich meine ersten Schritte in der Welt der Algebra unternommen habe.

Ich danke meinen Professoren Victor Batyrev, James E. Humphreys und Peter Schmid dafür, dass sie mein Verständnis der Algebra geformt und geprägt haben. Desweiteren möchte ich den Autoren der vielen vorzüglichen Algebra-Lehrbücher danken, die mich zum (und natürlich beim) Schreiben animiert haben. Allen voran ist hier das opulente Meisterwerk [DuF] zu nennen, sowie das entzückende Büchlein [Pin].

Geschrieben ist dieses Buch für SchülerInnen, die sich einen ersten Einblick in die „abstrakte Algebra" (etwas ganz anderes als „Rechnen mit x") verschaffen möchten und für KollegInnen, die ihr Uniwissen mal wieder auffrischen wollen, oder gar das Wahlmodul „Gruppen" in ihrem MathePlus-Kurs zu unterrichten gedenken. Aber auch StudentInnen, die gerade von der ersten Algebra-Vorlesung überrollt wurden, können hier etwas Trost und Zuspruch finden; seid aber bitte nicht enttäuscht, wenn euer Professor den kompletten Inhalt dieses Buches in drei Wochen bereits durchgezogen hat.

So bescheiden der Stoffumfang auch sein mag – es werden hier dennoch ganz zentrale algebraische Konzepte erklärt, deren gründliches Verständnis ein solides Fundament für die „echte" Algebra bildet, die darauf aufbaut.

Anwendungen von Gruppen wie z.B. in der Codierungstheorie wird man hier übrigens vergeblich suchen. Mir genügte es vollkommen, mich an der inhärenten Schönheit und der strukturellen Klarheit des Gruppenbegriffs an sich zu ergötzen.

Über Zuschriften an gl.kepi@gmail.com freue ich mich sehr; mir bekannt werdende Fehler werden auf der Homepage http://gl.jkg-reutlingen.de/MathePlus/ zu finden sein.

Ein großes Dankeschön geht an meine liebe Frau für das amüsante aber auch produktive gemeinsame Korrekturlesen. Besten Dank an O. Redner für die TEX-nische Hilfe bei einigen Formatierungsproblemen.

Ich war sehr erfreut, dass Frau Schmickler-Hirzebruch vom Springer Verlag Interesse an diesem Projekt gezeigt hat. Ihr und Frau Gerlach danke ich für die angenehme und unkomplizierte Zusammenarbeit.

Reutlingen, im Mai 2016   Tobias Glosauer

Inhalt

1 Einführung

1.1 Die Symmetriegruppe des Dreiecks

Anstatt gleich die abstrakte Definition des Gruppenbegriffs hinzuknallen, beginnen wir mit einem ganz anschaulichen Beispiel.

1.1.1 Wir spielen mit einem Dreieck

Sieh dir das gleichseitige Dreieck in Abbildung 1.1 gut an und schließe dann deine Augen. Nicht spicken!

Abbildung 1.1: Ein gleichseitiges Dreieck.

Während deine Augen geschlossen waren, habe ich das Dreieck in die Hand genommen, bewegt und danach wieder auf das Blatt vor dir gelegt; siehe Abbildung 1.2.

Abbildung 1.2: Das gleiche Dreieck?

Offenbar haben sich dabei Gestalt und Lage des Dreiecks rein äußerlich nicht verändert. Nun frage ich dich:

> Wie sah die Bewegung aus, die ich mit dem Drei-
> eck veranstaltet habe und wie viele solcher Bewegun-
> gen, bei denen Anfangs- und Endposition des Dreiecks
> übereinstimmen, gibt es?

Abbildung 1.3 zeigt die einfachste solche Bewegung: Ich hebe das
Dreieck hoch, bewege es dann gar nicht, und lege es wieder zurück
(oder ich lasse es einfach gleich unangetastet auf dem Blatt liegen).
Weil Anfangs- und Endnummerierung der Eckpunkte hier iden-
tisch sind, nennen wir dies die *identische Bewegung* und kürzen
sie mit id ab.

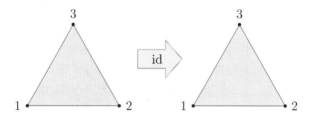

Abbildung 1.3: Identische Bewegung.

Nächste Möglichkeit: Ich hebe das Dreieck hoch, drehe es um 180°
um die gestrichelte Drehachse und setze es danach wieder ab (siehe
Abbildung 1.4). Weil dabei die Eckpunkte 2 und 3 vertauscht, bzw.
an der Symmetrieachse durch Punkt 1 gespiegelt werden, kürzen
wir diese Bewegung mit s_1 ab; s steht für *Spiegelung*.

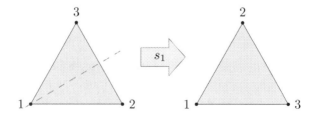

Abbildung 1.4: Spiegelung an der gestrichelten Achse.

Stelle dir die Spiegelungen s_2 und s_3 und ihre zugehörigen Spiegelachsen selber vor. Dass es drei solcher Spiegelungen gibt, liegt an der *Symmetrie* des gleichseitigen Dreiecks. Bei einem gleichschenkligen, aber nicht mehr gleichseitigen Dreieck gäbe es nämlich nur noch eine solche Spiegelung (stelle sie dir vor) und bei einem Dreieck mit drei verschieden langen Seiten gar keine mehr.

Eine Bewegung, bei der man das Dreieck gar nicht anheben muss, ist die Drehung oder *Rotation* des Dreiecks um den Schnittpunkt der Winkelhalbierenden. Als mögliche Drehwinkel (zwischen $0°$ und $360°$) kommen dabei nur $\alpha = 120°$ oder $2\alpha = 240°$ in Frage (für $0°$ oder $360°$ erhalten wir die Bewegung id). Beachte in Abbildung 1.5, dass wir im Gegenuhrzeigersinn drehen. Stelle dir die Rotation r_2 um $240°$ selbst vor, und überlege, wie die Nummern der Eckpunkte danach aussehen.

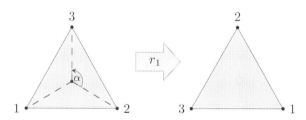

Abbildung 1.5: Rotation um $\alpha = 120°$.

Nun haben wir sechs verschiedene Bewegungen gefunden, die das gleichseitige Dreieck unverändert lassen. Man nennt sie auch *Symmetrietransformationen* oder kürzer einfach *Symmetrien* des Dreiecks. Die Menge dieser Symmetrien bezeichnen wir mit D_3:

$$D_3 = \{ \text{ id},\ r_1,\ r_2,\ s_1,\ s_2,\ s_3\ \}.$$

Dies sind auch bereits alle möglichen Symmetrien des gleichseitigen Dreiecks, denn es kann höchstens sechs von ihnen geben: Da die Eckpunkte am Ende wieder an den drei vorgegebenen Stellen liegen müssen, hat man für Eckpunkt 1 genau drei Möglichkeiten, ihn zu platzieren, für Eckpunkt 2 noch zwei und für Eckpunkt 3 bleibt nur noch eine Möglichkeit. Insgesamt gibt es demnach

$$3! = 3 \cdot 2 \cdot 1 = 6$$

Möglichkeiten, die Eckpunkte neu zu platzieren. (Dass jede dieser Neuplatzierungen auch tatsächlich von einer Symmetrie stammt, stimmt beim Quadrat bereits nicht mehr; siehe Aufgabe 1.3.)

1.1.2 Dreiecks-Symmetrien als Gruppe

Bisher ist noch nicht viel mathematisch Aufregendes passiert; wir haben nur ein wenig mit einem Dreieck herumgespielt.

Jetzt kommt die entscheidende Erkenntnis: Man kann die Elemente der Menge D_3 auf ganz natürliche Weise *verknüpfen*, indem man sie hintereinander ausführt. So ist die *Komposition* (Hintereinanderausführung) z.B. von r_2 und s_3 definiert als

$$r_2 \circ s_3 \ (\text{lies: } \text{„}r_2 \text{ nach } s_3\text{“}): \ \text{Erst } s_3 \text{ anwenden, dann } r_2.$$

Beachte die Reihenfolge! Wir lesen $r_2 \circ s_3$ von rechts nach links. Da s_3 das Dreieck auf sich selbst wirft, und anschließend r_2 dasselbe tut, wird auch die Komposition $r_2 \circ s_3$ das Dreieck wieder auf sich selbst abbilden. Somit ist auch $r_2 \circ s_3$ wieder eine Symmetrie des Dreiecks und muss daher ein Element von D_3 sein.

Um herauszufinden welches, schauen wir uns einfach in Abbildung 1.6 die Wirkung auf das Dreieck an. Wir erhalten dasselbe Ergebnis, wie wenn wir gleich s_1 angewendet hätten, d.h. es ist

$$r_2 \circ s_3 = s_1.$$

Die Reihenfolge der Verknüpfung muss unbedingt beachtet werden, denn es gilt $s_3 \circ r_2 = s_2$ (check this[1]!), d.h.

$$r_2 \circ s_3 \neq s_3 \circ r_2.$$

---

[1]Beachte: s_3 ist immer die Spiegelung an der Mittelsenkrechten, die durch den *ursprünglichen* Eckpunkt 3 verläuft, auch wenn dieser bei Anwendung von r_2 woanders hinwandert.

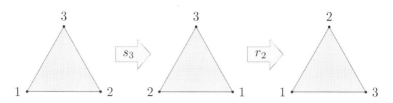

Abbildung 1.6: Die Komposition „r_2 nach s_3".

Somit ist die Verknüpfung auf D_3 *nicht kommutativ*.
In Aufgabe 1.2 sollst du alle weiteren Möglichkeiten durchspielen und so die komplette *Verknüpfungstafel* von D_3 erstellen.

Betrachten wir noch die Verknüpfung von r_1 mit r_2: Offenbar gilt

$$r_1 \circ r_2 = \mathrm{id},$$

da wir zuerst um $240°$ und dann um $120°$, insgesamt also um $360°$ gedreht haben. Dies bedeutet, dass Anwenden von r_1 die ursprüngliche Wirkung von r_2 wieder rückgängig macht (umgekehrt genauso, d.h. $r_2 \circ r_1 = \mathrm{id}$). Man nennt r_1 das *inverse Element* (kürzer: das *Inverse*) von r_2 und schreibt

$$r_2^{-1} = r_1.$$

Ein Blick auf die Verknüpfungstafel (siehe Aufgabe 1.2) verrät, dass es zu jedem Element von D_3 ein Inverses gibt, wobei Element und Inverses nicht verschieden sein müssen.

Zu guter Letzt stellen wir fest, dass die Verknüpfung von Elementen aus D_3 *assoziativ* ist, d.h. dass man sich Klammersetzung bei mehrfacher Verknüpfung sparen kann. So gilt z.B.

$$(s_1 \circ r_1) \circ s_3 = s_1 \circ (r_1 \circ s_3).$$

Dies ist klar, da die Verknüpfung von Abbildungen immer assoziativ ist (siehe Aufgabe 1.4), aber in diesem Kontext ist es nochmal eine gute Übung, sich die Gleichheit explizit zu überlegen (vollziehe jeden Schritt nach, indem du dir Dreiecke aufmalst!). Auf der linken Seite steht

$$(s_1 \circ r_1) \circ s_3 = s_2 \circ s_3 = r_1,$$

was dasselbe ist wie die rechte Seite, denn:

$$s_1 \circ (r_1 \circ s_3) = s_1 \circ s_2 = r_1.$$

Die Assoziativität spielte in diesem Beispiel zwar keine Rolle, wird später aber an vielen (oft subtilen) Stellen wichtig werden.

Fazit: Auf der Menge $D_3 = \{\,\mathrm{id}, r_1, r_2, s_1, s_2, s_3\,\}$ ist die Komposition $\circ$ eine *innere Verknüpfung*, in dem Sinne, dass für zwei beliebige Elemente aus D_3 auch deren Verknüpfung wieder in D_3 liegt. Es gelten die folgenden Aussagen:

(G$_1$) Die Verknüpfung $\circ$ ist assoziativ.

(G$_2$) D_3 enthält ein *Neutralelement* id, welches bei Verknüpfung nichts ändert:

$$d \circ \mathrm{id} = d = \mathrm{id} \circ d \quad \text{für alle Elemente } d \in D_3.$$

(G$_3$) Jedes Element $d \in D_3$ besitzt ein Inverses $d^{-1} \in D_3$, welches bei Verknüpfung mit d das Neutralelement liefert:

$$d \circ d^{-1} = \mathrm{id} = d^{-1} \circ d.$$

Ein Paar $(D_3, \circ)$, bestehend aus einer Menge (hier D_3) zusammen mit einer inneren Verknüpfung, für das die Axiome (G$_1$) – (G$_3$) gelten, nennt der Mathematiker eine *Gruppe*. Unsere Gruppe D_3 ist gleich ein Beispiel einer nicht kommutativen Gruppe, da $\circ$ eben nicht das Kommutativgesetz erfüllt.

Der Rest dieses Buches widmet sich einzig und allein dem Studium einiger endlicher Gruppen und den Abbildungen zwischen ihnen. Dabei heißt eine Gruppe *endlich*, wenn sie endlich viele

Elemente enthält. In unserem Beispiel war $|D_3| = 6$, da D_3 aus sechs Elementen besteht.

Noch kurz etwas zur Namensgebung „D_3": Der Index 3 gibt an, dass es sich um ein Dreieck handelt. Der Buchstabe D in D_3 steht für „Dieder" (sprich Di-eder, nicht Dieter), was „Zweiflächner" bedeutet, also ein regelmäßiges ebenes n-Eck, das Vorder- und Rückseite besitzt. Im Gegensatz dazu ist ein Polyeder ein „Vielflächner" im Dreidimensionalen, wie z.B. eine regelmäßige Pyramide (Tetraeder) oder Würfel (Hexaeder).
Dementsprechend heißt D_3 *Diedergruppe* des Dreiecks. In Aufgabe 1.3 lernst du die Diedergruppe des Quadrats, also des regelmäßigen Vierecks kennen.

A **1.1**   Wie sehen die Symmetrien eines Strichs, also eines „Zweiecks" aus? Weise nach, dass die Menge D_2 all dieser Symmetrien mit der Komposition als Verknüpfung eine kommutative Gruppe ist, also die drei Gruppenaxiome zuzüglich Kommutativität erfüllt. (Natürlich hat ein Strich keine zwei Flächen, wir verwenden aber dennoch die Bezeichnung D_2.)

A **1.2**   Stelle die Verknüpfungstafel der D_3 auf. Darunter versteht man eine quadratische Tabelle, in der alle $6 \cdot 6 = 36$ möglichen Verknüpfungen von je zwei Elementen aus D_3 aufgeführt sind.
Woran erkennt man in dieser Tafel, dass zwei Gruppenelemente invers zueinander sind? Überzeuge dich, dass tatsächlich jedes Element von D_3 ein Inverses besitzt. Finde zudem alle Paare von Elementen, die nicht kommutieren, d.h. bei denen die Reihenfolge der Verknüpfung eine Rolle spielt.

A **1.3**   Es bezeichne D_4 die Menge aller Symmetrien des Quadrats.

a) Begründe, dass $|D_4| = 8$ ist, d.h. dass es genau 8 Symmetrien des Quadrats gibt, noch ohne sie explizit anzugeben. (Insbesondere zeigt dies, dass nicht jede Vertauschung der Zahlen 1, 2, 3, 4 zu einer Symmetrie des Quadrats gehört, da es $4! = 4 \cdot 3 \cdot 2 \cdot 1 = 24$ solcher Vertauschungen gibt.) Anleitung: Wieviele Möglichkeiten gibt es zur Neuplatzierung von Eckpunkt 1? Welche Plätze bleiben dann jeweils noch für Eckpunkt 2, ohne das Quadrat zu zerstören?

b) Gib die 8 verschiedenen Symmetrien explizit an (durch Angabe des Drehwinkels bzw. der Spiegelachse).

c) Die Verknüpfung auf D_4 ist wie bei D_3 die Komposition $\circ$ von Symmetrien. Ich könnte dich jetzt auffordern, die Verknüpfungstafel von D_4 aufzustellen, aber das lassen wir mal schön bleiben. Begründe stattdessen in Worten, warum die Gruppenaxiome in $(D_4, \circ)$ erfüllt sind. Untersuche zudem, ob die Verknüpfung kommutativ ist.

Ganz ähnlich lässt sich allgemein nachweisen, dass die Symmetrien des regelmäßigen n-Ecks mit der Komposition als Verknüpfung eine nicht kommutative Gruppe D_n mit $2n$ Elementen bilden (siehe dazu Aufgabe 1.10).

$\boxed{\text{A}}$ **1.4** Es seien f, g, h Abbildungen einer Menge A in sich selbst. Zeige, dass die Komposition assoziativ ist, d.h. dass stets

$$(f \circ g) \circ h = f \circ (g \circ h)$$

gilt. Tipp: Zwei Abbildungen $i, j \colon A \to A$ sind definitionsgemäß gleich, wenn $i(x) = j(x)$ für alle $x \in A$ gilt. Du musst das Assoziativgesetz also „punktweise" durch Einsetzen beliebiger xe prüfen. (Der Tipp ist fast länger als die Lösung.)

1.2   Von Symmetrien zu Permutationen

Es wäre sehr unhandlich, wenn man jedes Mal Dreieckchen auf-
malen müsste, um sich die Wirkung von Elementen aus D_3 vorstellen zu können. Deswegen verabschieden wir uns nun von den
Dreiecken und arbeiten nur noch mit den Eckpunktnummern; deren Reihenfolge charakterisiert ja eindeutig die Lage des Dreiecks,
wenn man sich geeinigt hat, wie man durchzählt. Wir identifizieren unser Ausgangs-Dreieck aus Abbildung 1.3 ab jetzt mit dem
geordneten Zahlentripel[2]

$$(1, 2, 3).$$

Die erste Zahl ist die Eckpunktnummer unten links und dann läuft
man gegen den Uhrzeigersinn weiter. Anwenden der Symmetrie r_1
macht daraus ein Dreieck mit Zahlentripel (siehe Abbildung 1.5)

$$(3, 1, 2).$$

Wir können somit r_1, welches die Drehung eines Dreiecks beschreibt, auch mit einer Abbildung

$$\rho_1 \colon \{ 1, 2, 3 \} \to \{ 1, 2, 3 \}$$

der Menge $M = \{ 1, 2, 3 \}$ in sich selbst identifizieren (ρ ist ein
kleines griechisches „Rho"). Jetzt gut aufpassen: Da die Nummer
1 beim neuen Dreieck $(3, 1, 2)$ an Stelle 2 steht, gilt

$$\rho_1(1) = 2.$$

Die ursprüngliche Nummer 2 steht nun an Stelle 3, also ist

$$\rho_1(2) = 3,$$

und – inzwischen wirst du's kapiert haben – da die 3 auf Stelle 1
gewandert ist, haben wir

$$\rho_1(3) = 1.$$

---

[2]Zur Schreibweise: Bei runden Klammern wie in $(1, 2, 3)$ spielt die Reihenfolge eine Rolle, d.h. $(1, 2, 3) \neq (2, 1, 3)$. Bei geschweiften Klammern, also
der üblichen Mengenschreibweise, ist die Reihenfolge egal, d.h. $\{ 1, 2, 3 \} = \{ 2, 1, 3 \}$.

Dies schreibt man kurz und knackig so auf:

$$\rho_1 = \begin{pmatrix} 1 & 2 & 3 \\ 2 & 3 & 1 \end{pmatrix}.$$

Die Abbildung ρ_1 macht nichts anderes, als die Zahlen 1, 2, 3 durcheinander zu würfeln; sie ist also eine bijektive Abbildung von M auf sich selbst (siehe Seite 122, falls dir dieser Begriff nichts sagt). So etwas nennt man auch eine *Permutation* von M.

Überlege dir mit Abbildung 1.4 nun selbst, zu welcher Permutation σ_1 (ein kleines griechisches „Sigma") die Spiegelung s_1 Anlass gibt. Selber. Ohne weiter zu lesen!

Hast du's? Schauen wir, ob's stimmt: Aus Dreieck $(1, 2, 3)$ wird $(1, 3, 2)$, d.h. $\sigma_1(1) = 1$, $\sigma_1(2) = 3$, $\sigma_1(3) = 2$, oder kurz

$$\sigma_1 = \begin{pmatrix} 1 & 2 & 3 \\ 1 & 3 & 2 \end{pmatrix}.$$

In der Permutations-Schreibweise lassen sich nun ganz bequem Kompositionen bestimmen, z.B. ist

$$\sigma_1 \circ \rho_1 = \begin{pmatrix} 1 & 2 & 3 \\ 1 & 3 & 2 \end{pmatrix} \circ \begin{pmatrix} 1 & 2 & 3 \\ 2 & 3 & 1 \end{pmatrix} = \begin{pmatrix} 1 & 2 & 3 \\ 3 & 2 & 1 \end{pmatrix}.$$

Ganz langsam zum Mitlesen: Erinnere dich, dass wir von rechts nach links lesen[3], d.h. erst ρ_1, dann σ_1. Wir starten bei der 1 in der oberen Zeile von ρ_1; diese geht auf die 2. Nun müssen wir schauen, was σ_1 mit der 2 macht; es wirft sie auf die 3, also wird bei der Komposition $\sigma_1 \circ \rho_1$ insgesamt die 1 auf die 3 geschoben. Versuche nun selbst, die nächsten beiden Einträge von $\sigma_1 \circ \rho_1$ nachzuvollziehen.

Was bedeutet das Ergebnis? Die 2 steht weiterhin an Stelle 2, während Eckpunkt 1 an Stelle 3 und Eckpunkt 3 an Stelle 1 gewandert ist. Das ist aber genau die Permutation, die von der Spiegelung s_2 bewirkt wird, d.h. wir haben durch Ausführen der Komposition die Beziehung

$$\sigma_1 \circ \rho_1 = \sigma_2$$

---

[3] tseil edareg tztej ud eiw ,os osla

erhalten, was die Übersetzung der Gleichung $s_1 \circ r_1 = s_2$ von den Dreiecks-Symmetrien in die Permutationsdarstellung ist.

Man bezeichnet die Menge aller Permutationen von drei Zahlen (genauer: einer dreielementigen Menge) mit S_3, also ist mit oben eingeführter Notation

$$S_3 = \{ \text{id}, \rho_1, \rho_2, \sigma_1, \sigma_2, \sigma_3 \},$$

wobei id hier für die Permutation steht, die keiner Zahl etwas zu Leide tut:

$$\text{id} = \begin{pmatrix} 1 & 2 & 3 \\ 1 & 2 & 3 \end{pmatrix}.$$

Ebenso wie D_3 ist auch $(S_3, \circ)$ mit der Komposition als Verknüpfung eine nicht kommutative Gruppe, die man *symmetrische Gruppe vom Grad 3* nennt. Tatsächlich haben wir oben bereits begonnen anzudeuten, dass es eine 1:1-Beziehung zwischen D_3 und S_3 gibt (wie gehabt ist $M = \{1, 2, 3\}$):

$$\{ \text{Dreiecks-Symmetrien} \} \longleftrightarrow \{ \text{Permutationen von } M \}.$$

Diese Beziehung ist sogar „verknüpfungserhaltend" in dem Sinne, dass z.B. die Gleichung $s_1 \circ r_1 = s_2$ zu $\sigma_1 \circ \rho_1 = \sigma_2$ wird, wenn man sie ins Permutationsbild übersetzt. Somit sind D_3 und S_3 ein- und dieselbe Gruppe, nur in verschiedenen Kostümen. Wir werden dieses wichtige Konzept in 4.3 präzisieren.

A 1.5   Stelle eine Beziehung zwischen D_2 (siehe Aufgabe 1.1) und S_2, der symmetrischen Gruppe vom Grad 2, her. Wenn dir das zu kindisch ist, fahre gleich mit der nächsten Aufgabe fort.

A 1.6

    a) Gib alle Elemente von S_3 in Permutationsschreibweise an, sofern diese noch nicht im Text aufgetaucht sind.

b) Bestimme die Inversen aller Elemente von S_3. Formuliere anschließend in Worten, wie man die Permutationsschreibweise des Inversen findet, ohne Nachdenken zu müssen.

c) Wir definieren ab jetzt $\rho := \rho_1$ und $\sigma := \sigma_1$. Berechne

$$\rho^2 := \rho \circ \rho, \quad \rho^3 := \rho^2 \circ \rho, \quad \sigma^2,$$

sowie $\quad \sigma \circ \sigma_2 \quad$ und $\quad \sigma_2 \circ \sigma.$

Zeige zudem, dass

$$\sigma \circ \rho \circ \sigma = \rho^{-1} \quad \text{bzw.} \quad \sigma \circ \rho = \rho^{-1} \circ \sigma \quad \text{gilt.}$$

d) Verwende die Ergebnisse von c), um die Komposition

$$\rho_2 \circ \sigma^3 \circ \rho^4 \circ \sigma^5 \circ \sigma_2$$

drastisch zu vereinfachen (siehe hierzu auch e)).

e) Weise nach, dass

$$S_3 = \{\, \rho^k \circ \sigma^\ell \mid k = 0, 1, 2; \ \ell = 0, 1 \,\}$$

gilt (wobei g^0 stets als id definiert ist). Dazu genügt es hinzuschreiben, wie alle Elemente der rechten Menge explizit aussehen.

Aufgrund der (kompositionserhaltenden) 1:1-Beziehung zwischen S_3 und D_3 bedeutet dies, dass auch

$$D_3 = \{\, r^k \circ s^\ell \mid k = 0, 1, 2; \ \ell = 0, 1 \,\}$$

gilt. Man sagt: Die Rotation r um $120°$ und eine Spiegelung s (tatsächlich ist es egal, ob man s_1, s_2 oder s_3 verwendet) *erzeugen* die Diedergruppe D_3, da sich jedes Element als Komposition $r^k \circ s^\ell$ der Potenzen von r und s schreiben lässt. (Siehe Seite 54 für eine allgemeinere Definition.)

$\boxed{\text{A}}$ **1.7**   Wir fassen die Elemente von D_4 als Permutationen der 4 Eckpunkte des Quadrats auf und bezeichnen die Menge der so entstehenden Permutationen mit $D_{4,\text{P}}$.

a) Gib alle Elemente von $D_{4,\mathrm{P}}$ in Permutationsschreibweise inklusive ihrer Inversen an.

b) Begründe, warum es diesmal keine so schöne 1:1-Beziehung zwischen D_4 und S_4, der symmetrischen Gruppe vom Grad 4, geben kann. (Dies ist der Grund, warum wir die Bezeichung $D_{4,\mathrm{P}}$ wählen mussten.)

c) Übertrage die Aufgabenteile c) und e) der vorigen Aufgabe auf $D_{4,\mathrm{P}}$.

1.3   Symmetrien als Matrixgruppe

Die Definition von D_3 als Symmetriegruppe des Dreiecks ist geometrisch schön anschaulich, allerdings etwas unpraktisch, wenn man mit den Elementen tatsächlich hantieren möchte. Da ist die Realisierung als Permutationsgruppe S_3 schon handlicher, wenn auch der Umgang mit Permutationen am Anfang vielleicht etwas gewöhnungsbedürftig ist. Falls du bereits Bekanntschaft mit Matrizen gemacht hast, wird dir das folgende Kostüm der Diedergruppe vermutlich am besten zusagen. Solltest du noch nie etwas von linearen Abbildungen und Matrizen gehört haben, kannst du diesen Abschnitt getrost überspringen. Die Aufgaben im Rest des Buches, die Kenntnisse in Linearer Algebra und Matrixkalkül voraussetzen, sind durch den Index $_{\mathrm{Mat}}$ gekennzeichnet.

Es bezeichne $r := r_1 \colon \mathbb{R}^2 \to \mathbb{R}^2$ die Drehung um den Ursprung mit Drehwinkel $\alpha = 120°$. Bekanntlich ist r eine lineare Abbildung, welche sich bezüglich der Standardbasis $\mathcal{B} = (e_1, e_2)$ des $\mathbb{R}^2$ durch die Drehmatrix

$$R = {}_{\mathcal{B}}(r)_{\mathcal{B}} = \begin{pmatrix} \cos\alpha & -\sin\alpha \\ \sin\alpha & \cos\alpha \end{pmatrix}$$

beschreiben lässt (siehe [Glo], Beispiele 10.19 und 10.26). Das Aufstellen der Matrix wollen wir hier nochmals kurz wiederholen. Wie in Abbildung 1.7 dargestellt, legen wir den Koordinatenursprung in den Schnittpunkt der Winkelhalbierenden unseres Dreiecks und der zweite Standardbasisvektor e_2 (wir sparen uns den Pfeil über dem e) zeigt genau zu Eckpunkt 3.

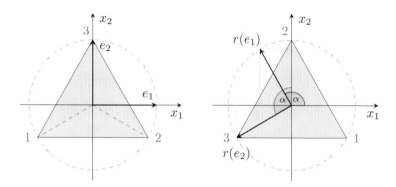

Abbildung 1.7: Aufstellen der Drehmatrix R.

Basisvektor e_1 wird um $\alpha = 120°$ rotiert, also sind $(\cos\alpha \mid \sin\alpha)$ die Koordinaten der Spitze des Bildvektors $r(e_1)$; denn genau so sind Sinus und Cosinus am Einheitskreis definiert worden[4]. Der Bildvektor $r(e_2)$ hat einen Winkel von $90° + \alpha$ bezogen auf die x_1-Achse, also sind $(\cos(90° + \alpha) \mid \sin(90° + \alpha))$ die Koordinaten seiner Spitze. Dies ist aber nichts anderes als $(-\sin\alpha \mid \cos\alpha)$, wie man sich am Einheitskreis oder durch Verschieben der Sinus- und Cosinuskurve um $90°$ (entspricht $\frac{\pi}{2}$) nach links klar machen kann. Damit erhalten wir

$$r(e_1) = \begin{pmatrix} \cos\alpha \\ \sin\alpha \end{pmatrix} = \cos\alpha \cdot \begin{pmatrix} 1 \\ 0 \end{pmatrix} + \sin\alpha \cdot \begin{pmatrix} 0 \\ 1 \end{pmatrix} = \cos\alpha \cdot e_1 + \sin\alpha \cdot e_2$$

---

[4]Wenn du dich nicht mehr daran erinnern kannst, dann leite dir die Koordinaten mit Hilfe der gepunkteten Linien her; in den zugehörigen rechtwinkligen Dreiecken betragen die Innenwinkel stets $30°$ und $60°$.

und entsprechend

$$r(e_2) = \begin{pmatrix} -\sin\alpha \\ \cos\alpha \end{pmatrix} = -\sin\alpha \cdot e_1 + \cos\alpha \cdot e_2.$$

Die Koordinaten der Bilder der Basisvektoren kommen in die Spalten der darstellenden Matrix, also ist

$$R = {}_{\mathcal{B}}(r)_{\mathcal{B}} = \begin{pmatrix} \cos\alpha & -\sin\alpha \\ \sin\alpha & \cos\alpha \end{pmatrix} = \begin{pmatrix} -1/2 & -\sqrt{3}/2 \\ \sqrt{3}/2 & -1/2 \end{pmatrix}$$

$$= -\frac{1}{2} \begin{pmatrix} 1 & \sqrt{3} \\ -\sqrt{3} & 1 \end{pmatrix}.$$

Laut unseren früheren Erkenntnissen müsste r_2, die Drehung um $2\alpha = 240°$, sich als $r^2 = r \circ r$ schreiben lassen. Bei den zugehörigen Matrizen ist das genauso (als Verknüpfung wählen wir dabei natürlich die Matrixmultiplikation):

$$R^2 = R \cdot R = \left(-\frac{1}{2}\right)^2 \begin{pmatrix} 1 & \sqrt{3} \\ -\sqrt{3} & 1 \end{pmatrix} \cdot \begin{pmatrix} 1 & \sqrt{3} \\ -\sqrt{3} & 1 \end{pmatrix}$$

$$= \frac{1}{4} \begin{pmatrix} 1 - \sqrt{3}^2 & \sqrt{3} + \sqrt{3} \\ -\sqrt{3} - \sqrt{3} & -\sqrt{3}^2 + 1 \end{pmatrix} = \begin{pmatrix} -1/2 & \sqrt{3}/2 \\ -\sqrt{3}/2 & -1/2 \end{pmatrix}$$

$$= \begin{pmatrix} \cos 240° & -\sin 240° \\ \sin 240° & \cos 240° \end{pmatrix} = \begin{pmatrix} \cos 2\alpha & -\sin 2\alpha \\ \sin 2\alpha & \cos 2\alpha \end{pmatrix} = R_2.$$

Passt! Das ist natürlich keine Überraschung, da die Komposition linearer Abbildungen beim Übergang zur Matrixdarstellung stets in das Matrixprodukt übergeht (siehe [GLO] Satz 10.8). Erneutes Multiplizieren mit R liefert (führe die Rechnung selbst aus)

$$R^3 = R^2 \cdot R = \begin{pmatrix} 1 & 0 \\ 0 & 1 \end{pmatrix} = E,$$

d.h. R^3 ist die Einheitsmatrix E und verändert das Dreieck damit nicht (klar, da wir es um $360°$ gedreht haben). An der Beziehung $R^2 \cdot R = E$ lässt sich außerdem sofort ablesen, dass R^2 die inverse

Matrix von R ist. Darauf kommt man auch, wenn man sich an die Formel für die inverse Matrix erinnert:

$$A = \begin{pmatrix} a_{11} & a_{12} \\ a_{21} & a_{22} \end{pmatrix} \implies A^{-1} = \frac{1}{\det A} \cdot \begin{pmatrix} a_{22} & -a_{12} \\ -a_{21} & a_{11} \end{pmatrix},$$

wobei $\det A = a_{11} \cdot a_{22} - a_{21} \cdot a_{12}$ die Determinante von A ist. Überzeuge dich so erneut davon, dass R^{-1} mit R^2 übereinstimmt.

Nun zur Matrixdarstellung der Spiegelung s_1: Wie man in Abbildung 1.8 ablesen kann, gilt für die Bilder der Basisvektoren bei Spiegelung an der gestrichelten Achse

$$s_1(e_1) = \begin{pmatrix} \cos 60° \\ \sin 60° \end{pmatrix} = \begin{pmatrix} 1/2 \\ \sqrt{3}/2 \end{pmatrix} = \frac{1}{2} \cdot e_1 + \frac{\sqrt{3}}{2} \cdot e_2,$$

$$s_1(e_2) = \begin{pmatrix} \cos 30° \\ -\sin 30° \end{pmatrix} = \begin{pmatrix} \sqrt{3}/2 \\ -1/2 \end{pmatrix} = \frac{\sqrt{3}}{2} \cdot e_1 - \frac{1}{2} \cdot e_2.$$

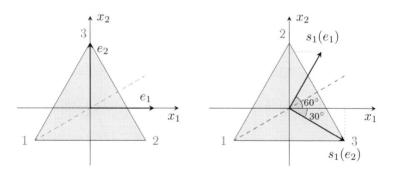

Abbildung 1.8: Aufstellen der Spiegelmatrix S.

Damit gilt für die Matrix der Spiegelung s_1

$$S_1 = {}_{\mathcal{B}}(s_1)_{\mathcal{B}} = \begin{pmatrix} 1/2 & \sqrt{3}/2 \\ \sqrt{3}/2 & -1/2 \end{pmatrix} = \frac{1}{2} \begin{pmatrix} 1 & \sqrt{3} \\ \sqrt{3} & -1 \end{pmatrix}.$$

Falls du das Berechnen von $s_1(e_1)$ und $s_1(e_2)$ lästig fandest: Man kann die Matrix S_1 auch anders bekommen. Bei unserer Wahl des

Koordinatensystems ist s_3 die Spiegelung an der x_2-Achse (weil diese die Winkelhalbierende durch Eckpunkt 3 ist), d.h. es gilt

$$s_3(e_1) = -e_1 = -1 \cdot e_1 + 0 \cdot e_2 \quad \text{und} \quad s_3(e_2) = e_2 = 0 \cdot e_1 + 1 \cdot e_2,$$

also erhalten wir eine besonders einfache Spiegelmatrix:

$$S_3 = {}_{\mathcal{B}}(s_3)_{\mathcal{B}} = \begin{pmatrix} -1 & 0 \\ 0 & 1 \end{pmatrix}.$$

Nun gilt $s_1 = r_2 \circ s_3$ (Seite 4), und da wie oben bereits bemerkt die Komposition zum Matrixprodukt wird, übersetzt sich dies in $S_1 = R_2 \cdot S_3$, also folgt

$$S_1 = R_2 \cdot S_3 = -\frac{1}{2} \begin{pmatrix} 1 & -\sqrt{3} \\ \sqrt{3} & 1 \end{pmatrix} \cdot \begin{pmatrix} -1 & 0 \\ 0 & 1 \end{pmatrix} = \frac{1}{2} \begin{pmatrix} 1 & \sqrt{3} \\ \sqrt{3} & -1 \end{pmatrix},$$

in Übereinstimmung mit oben, nur dass wir diesmal ganz ohne Abbildung 1.8 auskamen. Die Beziehung $s_2 = r \circ s_3$ liefert schließlich für die zu s_2 gehörige Spiegelmatrix

$$S_2 = R \cdot S_3 = -\frac{1}{2} \begin{pmatrix} 1 & \sqrt{3} \\ -\sqrt{3} & 1 \end{pmatrix} \cdot \begin{pmatrix} -1 & 0 \\ 0 & 1 \end{pmatrix} = -\frac{1}{2} \begin{pmatrix} -1 & \sqrt{3} \\ \sqrt{3} & 1 \end{pmatrix}.$$

Ups, gerade fällt mir auf, dass die Bezeichnungen S_2 und S_3 etwas ungünstig sind, da wir so ja die symmetrischen Gruppen bezeichnen. Daher definieren wir die Spiegelmatrix S_3 ab jetzt als S und erhalten $S_1 = R^2 S$ (Malpunkt eingespart) sowie $S_2 = RS$. So erkennt man auch sehr schön, dass *eine* Rotationsmatrix plus *eine* Spiegelmatrix bereits genügen, um die Matrizen *aller* Dreieckssymmetrien darzustellen.

Durch diesen weitschweifigen Ausflug ins Matrixkalkül haben wir etwas den roten Gruppenfaden verloren. Deshalb fassen wir schnell mal alle Ergebnisse zusammen: Die Menge

$$D_3^{\text{Mat}} = \{ E, R, R^2, S, RS, R^2 S \}$$

ist bezüglich der Matrixmultiplikation eine Gruppe (Verifikation als Aufgabe 1.8). D_3^{Mat} ist ein Beispiel einer *Matrixgruppe* mit 6 Elementen.

Die geometrische Herkunft der Gruppenelemente ist in dieser Darstellung zwar nicht mehr direkt erkennbar (zumindest sieht man den meisten Matrizen auf den ersten Blick nicht an, was sie mit dem Dreieck machen). Aber sie besitzt den Vorteil, dass die Gruppenelemente nun ganz „konkrete" Objekte sind, nämlich Matrizen, mit denen wir gut rechnen können. Auch die Nichtkommutativität von D_3^{Mat} ist nun nicht mehr so überraschend, falls wir uns bereits daran gewöhnt haben, dass Matrixmultiplikation in der Regel nicht kommutativ ist.

$\boxed{\text{A}}$ **1.8** $_{\text{Mat}}$ Weise nach, dass D_3^{Mat} mit der Matrixmultiplikation als Verknüpfung eine nicht kommutative Gruppe bildet (ohne dabei Bezug auf die geometrische Herkunft der Matrizen zu nehmen).

Wenn du viel Zeit hast, stelle die komplette Verknüpfungstafel auf (spicke kurz in der Lösung, wie das geht, ohne 36 Matrixprodukte berechnen zu müssen!). Wenn du weniger Zeit hast, brauchst du nicht alle Details auszu-x-en, sondern es genügt, wenn du dir nochmals klar machst, *was* man alles nachweisen muss und *wie* man das prinzipiell machen würde.

$\boxed{\text{A}}$ **1.9** $_{\text{Mat}}$ Gib die Elemente von D_4^{Mat} explizit an. Keine Sorge; legt man den Koordinatenursprung in die Mitte des Quadrats, so sind die Matrizen der Symmetrien aus D_4 ganz bequem zu bestimmen.

$\boxed{\text{A}}$ **1.10** $_{\text{Mat}}$ *Allgemeine Diedergruppe.*   ☠

Es sei D_n die Symmetriegruppe des regelmäßigen n-Ecks, wobei $n \geqslant 3$ ist (siehe Abbildung 1.9 zu dessen Lage im Koordinatensystem), und D_n^{Mat} die zugehörige Matrixgruppe.

Weiter seien r die Rotation um $\alpha = \frac{360°}{n}$ und s die Spiegelung an der x_1-Achse mit zugehörigen Matrizen

$$R = \begin{pmatrix} \cos\alpha & -\sin\alpha \\ \sin\alpha & \cos\alpha \end{pmatrix} \quad \text{und} \quad S = \begin{pmatrix} 1 & 0 \\ 0 & -1 \end{pmatrix}.$$

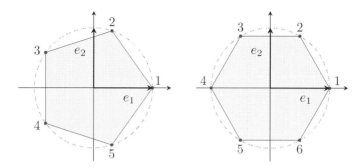

Abbildung 1.9: Regelmäßiges n-Eck für ungerades und gerades n.

Begründe, dass $|D_n| = 2n$ gilt, und zeige

$$D_n^{\mathrm{Mat}} = \{\, R^k S^\ell \mid k = 0, \ldots, n-1;\ \ell = 0, 1 \,\}.$$

Dass D_n bzw. D_n^{Mat} Gruppen sind, darf vorausgesetzt werden.

Anleitung zur Inklusion $\subseteq$: Es sei $A \in D_n^{\mathrm{Mat}}$ die Matrix einer Symmetrie des n-Ecks. Warum gibt es dann ein $m \in \{0, \ldots, n-1\}$, so dass $R^m A$ den Basisvektor e_1 invariant lässt, sprich e_1 als Eigenvektor zum Eigenwert 1 besitzt? Warum muss es sich bei $R^m A$ um eine orthogonale Matrix handeln und wie sieht demnach ihre zweite Spalte aus?

Alternativ kannst du auch zeigen, dass die Menge mit den Produkten $R^k S^\ell$ aus $2n$ verschiedenen Elementen besteht.

$\boxed{\Lambda}$ **1.11** Mat, $\mathbb{C}$ Betrachte die folgende unendliche Menge reeller 2×2–Matrizen:

$$\mathrm{SO}(2) = \left\{ \begin{pmatrix} \cos\theta & -\sin\theta \\ \sin\theta & \cos\theta \end{pmatrix} \;\middle|\; \theta \in \mathbb{R} \right\}.$$

(Natürlich genügt bereits $\theta \in [\,0, 2\pi\,)$ aufgrund der Periodizität von Sinus und Cosinus, aber um dir in a) Fallunterscheidungen zu ersparen, nehmen wir $\theta \in \mathbb{R}$. Nett, gell?)

a) Weise nach, dass $\mathrm{SO}(2)$ bezüglich Matrixmultiplikation als Verknüpfung eine Gruppe bildet (Tipp: Additionstheoreme für sin und cos nachschauen). Man nennt sie die *spezielle orthogonale Gruppe* (in Dimension $n = 2$). Ist SO(2) kommutativ? Welches geometrische Objekt besitzt wohl die SO(2) als Symmetriegruppe? (Kleiner Tipp: Es muss übelst symmetrisch sein, wenn es gleich unendlich viele Symmetrien besitzt...)

b) Wenn du dich mit komplexen Zahlen auskennst, sollte dir die Gestalt obiger Matrizen verdächtig bekannt erscheinen. Komplex geschrieben ist obige Menge nämlich nichts anderes als

$$U(1) = \{\, e^{i\theta} \mid \theta \in \mathbb{R} \,\}.$$

Der Nachweis, dass U(1) bezüglich der gewöhnlichen Multiplikation komplexer Zahlen eine Gruppe ist, die sogenannte *unitäre Gruppe* (in Dimension $n = 1$), ist fast geschenkt. Führe ihn aber trotzdem durch und freue dich über die Eleganz des Additionstheorems der komplexen e-Funktion.

2 Der abstrakte Gruppenbegriff

2.1 Die Gruppenaxiome

Wenn du das vorige Kapitel gründlich durchgearbeitet hast, sollte dir die nun folgende Definition bereits vertraut erscheinen.

Definition 2.1 Es sei G eine Menge, auf der es eine innere Verknüpfung $\star$ gibt, die je zweiElementen von G wieder ein Element von G zuordnet:

$$\star \colon G \times G \to G, \quad (a,b) \mapsto a \star b.$$

Das Paar $(G, \star)$ (also die Menge G zusammen mit der inneren Verknüpfung) heißt *Gruppe*, wenn die folgenden drei *Gruppenaxiome* erfüllt sind:

(G$_1$) Die Verknüpfung $\star$ ist *assoziativ*, d.h. für alle $a, b, c \in G$ gilt

$$(a \star b) \star c = a \star (b \star c).$$

(G$_2$) Es gibt ein *Neutralelement* $e \in G$, welches bei Verknüpfung nichts ändert:

$$a \star e = a = e \star a \quad \text{für alle } a \in G.$$

(G$_3$) Jedes Element $a \in G$ besitzt ein *Inverses* $a^{-1} \in G$, welches bei Verknüpfung mit a das Neutralelement liefert:

$$a \star a^{-1} = e = a^{-1} \star a.$$

Erfüllt $\star$ zusätzlich noch die Eigenschaft der Kommutativität:

(G$_4$) $\qquad a \star b = b \star a \quad \text{für alle } a, b \in G,$

so heißt G eine *kommutative* oder auch *abelsche Gruppe*[1].

---

[1]Zu Ehren von Niels Henrik ABEL (1802 – 1829); norwegischer Mathematiker und einer der Begründer der Gruppentheorie. Starb leider verarmt und deprimiert im Alter von 26 Jahren an Tuberkulose, kurz bevor er als Anerkennung für seine genialen Arbeiten eine Dozentenstelle in Berlin angeboten bekam.

Die Mächtigkeit $|G|$, also die Anzahl der Elemente von G, heißt *Ordnung* der Gruppe. Eine Gruppe heißt *endlich*, wenn $|G| < \infty$ ist.   ◇

Vielleicht fragst du dich, warum von dem Paar $(G, ☆)$ die Rede ist. Nun, es kann viele verschiedene innere Verknüpfungen auf der Menge G geben, und es muss klar sein, um welche Verknüpfung es geht.

Beispiel 2.1   Auf der Menge $G = \mathbb{Z} = \{ \ldots -2, -1, 0, 1, 2, \ldots \}$ der ganzen Zahlen (siehe Aufgabe 8.5, wenn dich die Konstruktion der ganzen Zahlen aus den natürlichen Zahlen interessiert) betrachten wir folgende Verknüpfungen:

a) $a ☆ b := a + b$ (gewöhnliche Addition ganzer Zahlen)

b) $a \star b := a \cdot b$ (gewöhnliche Multiplikation ganzer Zahlen)

c) $a ❋ b := \frac{1}{2} \cdot (a + b)$

und fragen uns, welche dieser Verknüpfungen $G = \mathbb{Z}$ zu einer Gruppe machen.

a) Zunächst ist ☆ offenbar eine innere Verknüpfung auf $\mathbb{Z}$, da mit $a, b \in \mathbb{Z}$ auch $a + b \in \mathbb{Z}$ gilt. Weiter erfüllt Paar $(\mathbb{Z}, ☆)$ alle drei Gruppenaxiome: ☆ ist assoziativ, $e = 0$ ist das Neutralelement bezüglich ☆ und $a^{-1} = -a$ ist das Inverse. (Für einen Beweis dieser Tatsachen siehe wieder Aufgabe 8.5, allerdings ist es hier vollkommen OK, dies einfach als „klar" bzw. gegeben zu betrachten, da man sein Leben lang so mit ganzen Zahlen gerechnet hat.) Da zudem $a ☆ b = a + b = b + a = b ☆ a$ gilt, ist $(\mathbb{Z}, ☆)$ eine abelsche Gruppe.

b) Die Verknüpfung $\star$ ist ebenfalls eine innere Verknüpfung auf $\mathbb{Z}$, die das Assoziativgesetz erfüllt und für die es ein Neutralelement gibt, nämlich $e' = 1$. Allerdings fehlen die Inversen; so gibt es z.B. kein $b \in \mathbb{Z}$ welches $2 \cdot b = e' = 1$ erfüllen würde (denn $\frac{1}{2} \notin \mathbb{Z}$). Noch offensichtlicher ist, dass 0 kein Inverses hat, da $0 \cdot b = 1$ nie erfüllbar ist. Damit stellt $(\mathbb{Z}, \star)$ keine Gruppe dar.

c) Bei $*$ handelt es sich noch nicht mal um eine innere Ver-
knüpfung, da z.B. $0 * 1 = \frac{1}{2} \cdot (0 + 1) = \frac{1}{2} \notin \mathbb{Z}$ ist. Somit
kann $(\mathbb{Z}, *)$ auf keinen Fall eine Gruppe sein.

Die Sternchen- oder Schneeflockenschreibweise war natürlich nur
ein Gag. Meist schreibt man für die Verknüpfung schlicht $a \cdot b$ oder
einfach nur ab, d.h. man lässt das Verknüpfungszeichen ganz weg,
wenn klar ist, um welche Verknüpfung es geht. Bei vielen kommutativen Gruppen ist wie in obigem Beispiel a) auch die additive
Schreibweise $a + b$ üblich, wenn die Verknüpfung von einer (wie
auch immer gearteten) Addition stammt. Das Inverse von a wird
dann mit $-a$ anstelle von a^{-1} bezeichnet.

Der Begriff der Gruppe darf ohne Übertreibung als eines der grund-
legendsten algebraischen Konzepte überhaupt betrachtet werden
und Gruppen spielen in unglaublich vielen Gebieten der Mathematik wie auch der Chemie und vor allem der theoretischen Physik
eine wichtige Rolle. So waren z.B. die Eigenschaften gewisser Sym-
metriegruppen von entscheidender Bedeutung bei der Klassifikation von Elementarteilchen. Es konnte sogar die Existenz gewisser
Quarks aufgrund gruppentheoretischer Überlegungen korrekt vor-
hergesagt werden.

Lass dich von der Einfachheit der drei Axiome nicht täuschen:
Gerade weil dadurch – insbesondere bei fehlender Kommutativität – so wenig Forderungen an die Struktur der Gruppe gestellt
werden, ist die *Gruppentheorie*, die sich einzig und allein dem Studium von Gruppen widmet, eine schwierige Disziplin; mehr dazu
im nächsten Abschnitt.

A 2.1   Überprüfe, welche der Gruppenaxiome das Paar $(G, \star)$ in den folgenden Beispielen erfüllt. Dabei darf die Gültigkeit der bekannten Rechengesetze in $\mathbb{N}$, $\mathbb{Z}$, $\mathbb{Q}$ (rationale Zahlen) und $\mathbb{R}$ (reelle Zahlen) vorausgesetzt werden.

a) $G = \mathbb{N}$ mit $a \star b := a + b$.

b) $G = \mathbb{Z}$ mit $a \star b := a - b$.

c) $G = \mathbb{Q} \setminus \{-1\}$ mit $a \star b := a + b + ab$.

d) $G = \mathbb{K}$ mit $a \star b := a + b$, wobei $\mathbb{K} = \mathbb{Q}, \mathbb{R}$ (oder $\mathbb{C}$) ist.

e) $G = \mathbb{K}^* := \mathbb{K} \setminus \{0\}$ mit $a \star b := a \cdot b$; $\mathbb{K}$ wie in d).

f) $G = \mathbb{R}^2 \setminus \{\begin{pmatrix} 0 \\ 0 \end{pmatrix}\}$ mit $\begin{pmatrix} a \\ b \end{pmatrix} \star \begin{pmatrix} c \\ d \end{pmatrix} := \begin{pmatrix} ac - bd \\ ad + bc \end{pmatrix}$.   ☠

A 2.2   Hat man zwei Gruppen $(G, \star)$ und $(H, \circ)$ gegeben, so kann man sich ganz leicht eine neue Gruppe daraus basteln. Als Menge nimmt man das kartesische Produkt von G mit H, also die Menge aller Tupel,

$$G \times H = \{ (a, x) \mid a \in G, x \in H \},$$

und definiert die Verknüpfung $\star$ auf $G \times H$ einfach komponentenweise als

$$(a, x) \star (b, y) := (a \star b, x \circ y).$$

a) Überzeuge dich davon, dass $(G \times H, \star)$ wieder eine Gruppe ist, welche man als *direktes Produkt* von G und H bezeichnet.

b) Zeige, dass $G \times H$ genau dann kommutativ ist, wenn G und H es sind.

c) Erkennst du $G \times H$ wieder, wenn $G = H = \mathbb{R}$ ist und beide Verknüpfungen $\star$ und $\circ$ die gewöhnliche Addition sind?

2.2 Historisches und Ausblick

Wir schreiben das Jahr 1871. Der niederbayrische Schweinehirt und Hobbymathematiker Alfons Gruppnbichler schreibt unter einer Eiche sitzend die Gruppenaxiome in sein Notizbuch... Nein, so war es natürlich nicht. Tatsächlich haben Mathematiker lange Zeit mit der Idee einer Gruppe gearbeitet, bis sich schließlich herauskristallisierte, dass genau die Axiome $G_1 - G_3$ von zentraler Bedeutung sind und eigentlich schon alles enthalten, was man zum Arbeiten braucht. Um nur einige Namen zu nennen (auf die historischen Fußnoten verzichten wir hier):

In den 1820er-Jahren beschäftigten sich die jugendlichen Genies Niels Henrik Abel und Evariste Galois mit Lösbarkeitsfragen algebraischer Gleichungen und stießen dabei in ganz natürlicher Weise auf Permutationsgruppen, aus deren Gruppenstruktur sie Rückschlüsse auf die algebraischen Gleichungen selbst ziehen konnten. In der zweiten Hälfte des 19. Jahrhunderts begannen große Denker wie Arthur Cayley, Felix Klein, Sophus Lie (und viele mehr) „Transformationsgruppen" bei der Untersuchung geometrischer Objekte anzuwenden – ihre Ideen werden bis zum heutigen Tag beim Studium sogenannter Mannigfaltigkeiten benutzt.

Im Jahre 1854 formulierte Cayley die Idee einer abstrakten Gruppe (siehe [Cay]). Die erste vollständige axiomatische Definition, wie wir sie verwenden, wurde 1882 von Kleins Assistent Walther von Dyck sowie von Heinrich Weber gegeben. Um 1890 leitete Otto Hölder ein ambitioniertes Unterfangen ein,

die Klassifikation aller endlichen, einfachen[2] Gruppen.

Die vollständige Lösung dieses Teils des „Hölder-Programms" sollte fast 100 Jahre in Anspruch nehmen! Im Jahre 1982 hatten es über 100 Mathematiker aus aller Welt dann endlich geschafft, eine vollständige Liste aller (Isomorphietypen) endlicher, einfacher Gruppen anzugeben. Der Hauptsatz der endlichen Gruppentheorie lautet:

---

[2]Was eine einfache Gruppe genau ist, lernen wir später. Grob gesagt sind die einfachen Gruppen die „Elementar-Bausteine" aller endlichen Gruppen, ähnlich wie die Primzahlen die Bausteine aller Zahlen sind.

Theorem 2.1   Es existiert eine vollständige Auflistung aller endlichen, einfachen Gruppen. Diese Liste besteht aus 18 unendlich großen Familien von Gruppen sowie 26 Ausnahmegruppen („sporadische Gruppen").

Nur eine dieser unendlichen Familien lernen wir in diesem Buch kennen: $\{\, \mathbb{Z}_p \mid p \in \mathbb{P} \,\}$, d.h. zyklische Gruppen von Primzahlordnung. Eine weitere Familie ist $\{\, A_n \mid n \geqslant 5 \,\}$, die sogenannten alternierenden Gruppen vom Grad $\geqslant 5$. Die restlichen 16 unendlichen Familien sind sogenannte Gruppen vom LIE-Typ.

Der Beweis dieses Theorems umfasst ca. 15000 – in Worten: fünfzehntausend – Seiten und einige Lücken im Beweis konnten erst um 2002 geschlossen werden.

Ein Kuriosum im Zusammenhang mit dieser Klassifikation ist besonders erwähnenswert: Die größte der 26 sporadischen Gruppen, die sogenannte *Monstergruppe M*, besitzt ungefähr $8 \cdot 10^{53}$ Elemente, genauer:

$$|M| = 808017\,424794\,512875\,886459\,904961\,710757\,005754$$
$$368000\,000000.$$

Sie taucht in irrsinnigen und unvermuteten Zusammenhängen auf, unter anderem als Symmetriegruppe in der Stringtheorie!

Nach diesen luftigen Ausblicken sollte klar sein, dass das Studium von Gruppen etwas Faszinierendes ist und wir nun schleunigst mit den ersten, bescheidenen Schritten durch die Vorgärten der Gruppentheorie beginnen sollten.

2.3   Untergruppen

Bevor wir Folgerungen aus den Gruppenaxiomen ziehen, führen wir noch das wichtige Konzept einer „Unterstruktur" einer gegebenen algebraischen Struktur, in unserem Fall also einer Gruppe, ein. Dieses Konzept ist dir eventuell aus der Linearen Algebra bekannt, wo man Untervektorräume eines Vektorraums betrachtet.

Beispiel 2.2 Wir betrachten die Diedergruppe D_3 wie in Aufgabe 1.6:

$$D_3 = \{\, r^k \circ s^\ell \mid k = 0,1,2;\ \ell = 0,1 \,\} = \{\, \text{id},\, r,\, r^2,\, s,\, rs,\, r^2 s \,\},$$

wobei $r^0 = r^3 = \text{id}$ zu beachten ist. Das Verknüpfungszeichen $\circ$ spart man sich meistens, sobald klar ist, dass es sich um die Komposition als Verknüpfung handelt. Die Menge

$$H := \{\, \text{id},\, r,\, r^2 \,\} = \{\, r^k \mid k = 0,1,2 \,\}$$

ist offenbar eine dreielementige Teilmenge von D_3, aber sie ist noch mehr als das: Sie ist für sich betrachtet selbst wieder eine Gruppe – bezüglich der in der D_3 gültigen Verknüpfung, also der Komposition. Prüfen wir's nach:

Zunächst ist H abgeschlossen unter Komposition (dies ist ein wichtiger Punkt, den man nicht übersehen darf!), denn das Produkt von $r^m \in H$ mit $r^n \in H$ ist für beliebige $m, n \in \{\, 0,1,2 \,\}$ wieder von der Form r^k mit $k \in \{\, 0,1,2 \,\}$ und damit ein Element von H. So gilt z.B.

$$r^2 \circ r^2 = r^4 = r^3 \circ r^1 = \text{id} \circ r = r;$$

analog für alle anderen Kombinationen. Nun zu den eigentlichen Gruppenaxiomen:

(G_1) Da die Verknüpfung in H dieselbe wie die in D_3 ist, „vererbt" sich die Assoziativität natürlich von D_3 auf H. Hier gibt es also gar nichts mehr explizit nachzuprüfen.

(G_2) Das Neutralelement id von D_3 liegt in H und ist selbstverständlich auch dort weiterhin das Neutralelement (wir haben an der Verknüpfung beim Übergang von D_3 zu H ja nichts geändert).

(G_3) Jedes Element von H besitzt auch ein Inverses in H, denn id ist selbstinvers und r ist invers zu r^2, da $r \circ r^2 = r^3 = \text{id} = r^2 \circ r$ gilt.

Um auszudrücken, dass die Teilmenge $H \subseteq D_3$ selbst wieder eine Gruppe ist, schreibt man $H \leqslant D_3$ und nennt H eine *Untergruppe* von D_3. Das $\leqslant$-Zeichen ist hier nicht als „kleiner gleich" zu lesen, sondern als „ist Untergruppe von", und ist als Abwandlung des $\subseteq$-Zeichens zu verstehen. Dadurch kommt eben zum Ausdruck, dass H neben der reinen Teilmengeneigenschaft auch noch dieselbe algebraische Struktur aufweist wie die Gruppe, in der H liegt.

Definition 2.2   Ist $H \subseteq G$ Teilmenge einer Gruppe $(G, \cdot)$, so dass $(H, \cdot)$ selbst eine Gruppe ist, so nennt man H *Untergruppe von G* und schreibt $H \leqslant G$. $\Diamond$

Beispiel 2.3   Jede Gruppe G mit Neutralelement e besitzt stets die Teilmengen $H_1 = \{e\}$ und $H_2 = G$, die trivialerweise selbst wieder Gruppen sind. Deshalb nennt man sie die *trivialen Untergruppen* von G.

Wie Beispiel 2.2 zeigt, kann man sich beim Nachweis der Gruppeneigenschaften von H einiges an Mühe sparen, wenn man ausnutzt, dass H bereits in einer größeren Gruppe liegt.

Satz 2.1   (*Untergruppen-Kriterium*)

Um nachzuweisen, dass eine nicht leere Teilmenge $H \subseteq G$ einer Gruppe $(G, \cdot)$ eine Untergruppe ist, muss man nur prüfen, dass H abgeschlossen bezüglich der Verknüpfung und der Inversenbildung ist. Es muss also gelten

(U_1) Für beliebige $a, b \in H$ ist auch $a \cdot b \in H$.

(U_2) Für jedes $a \in H$ gilt auch $a^{-1} \in H$.

Beweis: Wir müssen nachweisen, dass $H \neq \varnothing$ bereits dann schon eine Gruppe ist, wenn nur (U_1) und (U_2) gelten. Zunächst garantiert (U_1), dass $\cdot$ eine innere Verknüpfung auf H definiert. Gültigkeit der Gruppenaxiome:

(G_1) Die Verknüpfung in H ist assoziativ, weil sie es in G ist und H in G liegt.

(G_2) Da $H \neq \varnothing$ vorausgesetzt wurde, gibt es mindestens ein Element $a \in H$. Nach (U_2) liegt dann auch a^{-1} in H und mit (U_1) folgt $e = a \cdot a^{-1} \in H$.

(G$_3$) Die Existenz der Inversen in H wird durch (U$_2$) gewährleistet. □

Oftmals wendet man das Untergruppenkriterium in einer noch kompakteren Form an. Bearbeite hierzu Aufgabe 2.3, und zwar jetzt sofort; zackzack!

Viel länger wollen wir hier auch gar nicht mehr verweilen; im Laufe des nächsten Kapitels kommen dann genügend interessante Beispiele für Untergruppen. Zum Abschluss führen wir jedoch anhand eines Beispiels noch zwei Begriffe ein, die wir im Folgenden ab und an verwenden werden.

Die Untergruppe $H = \{\,\mathrm{id},\, r,\, r^2\,\} = \{\, r^k \mid k = 0, 1, 2\,\} \leqslant D_3$ aus Beispiel 2.2, die aus den verschiedenen Potenzen von r besteht, heißt die *von r erzeugte Untergruppe* und wird mit $\langle\, r\,\rangle$ bezeichnet. Siehe Seite 54 für eine allgemeinere Definition.
Die Ordnung dieser Untergruppe, d.h. die Anzahl ihrer Elemente, nennt man gleichzeitig auch die *Ordnung* des Elements r. Da $\langle\, r\,\rangle$ aus drei Elementen besteht, ist also

$$\mathrm{ord}(r) := |\langle\, r\,\rangle| = 3.$$

Anders ausgedrückt ist die Ordnung von r die kleinste natürliche Zahl k, die $r^k = \mathrm{id}$ werden lässt.

A **2.3**   Zeige: Eine nicht leere Teilmenge $H \subseteq G$ einer Gruppe $(G, \cdot)$ ist genau dann eine Untergruppe von G, wenn gilt

(U) Für beliebige $a, b \in H$ liegt auch $a \cdot b^{-1}$ in H.

Als Tipp für die Rückrichtung „⇐": Zeige zuerst (U$_2$); hierzu wirst du $e \in H$ brauchen, was du zunächst aus (U) folgern musst. Für (U$_1$) musst du (U$_2$) verwenden und das Produkt $a \cdot b$ geschickt umschreiben (Tipp im Tipp: $(b^{-1})^{-1} = b$; siehe Satz 2.2), da in

(U) der zweite Faktor als Inverses eines Elements von H auftritt. Obwohl jetzt eigentlich alles verraten wurde, ist es keine Schande, wenn man diesen Beweis als Anfänger nicht auf Anhieb hinbekommt. Ich erinnere mich noch gut daran, wie ich damals gefailed habe.

$\boxed{\text{A}}$ **2.4**   Es sei G eine abelsche Gruppe. Weise nach, dass es sich bei den folgenden Teilmengen um Untergruppen von G handelt. Achte genau darauf, wo die Kommutativität von G eingeht.

a) $H_1 = \{\, g \in G \mid g^n = e \,\}$, wobei $n \in \mathbb{N}$ eine fest vorgegebene Zahl ist.

b) $H_2 = \{\, g \in G \mid g^{-1} = g \,\}$, die Menge aller selbstinversen Elemente.

c) $H_3 = \{\, g \in G \mid g = x^2 \text{ für ein } x \in G \,\}$, die Menge aller Elemente von G, die eine „Quadratwurzel" besitzen.

$\boxed{\text{A}}$ **2.5**   Seien $r, s \in D_3$ wie in Beispiel 2.2. Wie sehen $\langle\, s \,\rangle$ und $\langle\, rs \,\rangle$ aus, also die von s bzw. rs in D_3 erzeugten Untergruppen, und welche Ordnung besitzen s bzw. rs? (Tipp: $sr = r^{-1}s$.)

$\boxed{\text{A}}$ **2.6**   Für Untergruppen $H, K \leqslant G$ einer Gruppe G gilt:

a) $H \cap K \leqslant G$; der Schnitt zweier (oder sogar beliebig vieler) Untergruppen ist also stets wieder eine Untergruppe.

b) Ist $H \cup K \leqslant G$, so muss bereits $H \subseteq K$ oder $K \subseteq H$, also $H \cup K = K$ oder $H \cup K = H$ gelten. Die Vereinigung zweier Untergruppen kann also nur dann wieder eine Untergruppe sein, wenn die eine Untergruppe bereits in der anderen enthalten ist. ☠

2.4 Folgerungen aus den Axiomen

Bevor wir uns in konkrete Beispiele stürzen, ziehen wir ein paar einfache Folgerungen aus den Axiomen. Das Schöne daran ist, dass sie allgemein in *jeder* Gruppe gelten, weil wir uns im Beweis auf nichts anderes als die Gruppenaxiome berufen.

Vereinbarung: Wir schreiben die Verknüpfung zweier Elemente einer abstrakten Gruppe stets als $a \cdot b$ oder nur ab und nennen dies das „Produkt" von a und b.

Zum Warmwerden halten wir fest, dass für n Elemente $a_1, \ldots, a_n$ einer Gruppe $(G, \cdot)$ der Ausdruck $a_1 \cdot \ldots \cdot a_n$ unabhängig von der Klammersetzung stets dasselbe Element von G beschreibt. So gilt z.B. für $n = 4$

$$(a_1 \cdot a_2) \cdot (a_3 \cdot a_4) = a_1 \cdot (a_2 \cdot a_3) \cdot a_4 = (a_1 \cdot a_2 \cdot a_3) \cdot a_4 = \ldots$$

Dies nennt man das *allgemeine Assoziativgesetz*, das man durch vollständige Induktion über n leicht aus (G_1) folgern kann. Das ist aber einfach nur nervig aufzuschreiben und außerdem ist die Aussage so klar, dass wir darauf verzichten.

Satz 2.2   In einer Gruppe $(G, \cdot)$ gilt:

(1) Das Neutralelement $e \in G$ ist eindeutig bestimmt.

(2) Das Inverse a^{-1} eines jeden $a \in G$ ist eindeutig bestimmt.

(3) Es gilt $(a^{-1})^{-1} = a$ für alle $a \in G$.

(4) Es gilt $(a \cdot b)^{-1} = b^{-1} \cdot a^{-1}$ für alle $a, b \in G$.
    Neinnein, die Reihenfolge ist kein Tippfehler, sondern kehrt sich tatsächlich um, was natürlich nur in nicht abelschen Gruppen wichtig ist.

Jetzt kommt eine Unart vieler Mathebücher. Beim Beweis eines Satzes XY liest man: siehe Aufgabe X.y. Dann blättert man zu dieser Aufgabe in hoffnungsvoller Erwartung einiger Tipps oder Hinweise und dann steht da einfach

Aufgabe X.y   Beweise Satz XY.

Na toll! Wir verfahren nun ähnlich, aber nicht ganz so hinterhältig, denn es gibt Hinweise und ausführliche Lösungen. Aussage (1) machen wir aber gemeinsam.

Beweis: (1) Wir nehmen an, dass e' ein weiteres Neutralelement von G ist und folgern, dass $e' = e$ sein muss. Aufgepasst: Da e (rechts)neutral ist, gilt $e' = e' \cdot e$, und da e' (links)neutral ist, kann man $e' \cdot e = e$ schreiben. Zusammen ist also:

$$e' = e' \cdot e = e.$$

Das ist so einfach, dass es fast schon weh tut, aber wärst du beim ersten Mal von selbst drauf gekommen? Schauen wir mal: Mit dem Beweis der Aussagen (2) – (4) darfst du dich in Aufgabe 2.7 selbst vergnügen.   ⊟

Um den folgenden Satz von einem etwas abstrakteren Blickwinkel aus formulieren zu können, machen wir Folgendes: Jedem $g \in G$ ordnen wir die Linksmultiplikation mit g zu. Indem wir also

$$\ell_g(x) := g \cdot x$$

definieren, assoziieren wir mit dem Gruppenelement $g \in G$ auf „natürliche[3] Weise" eine *Abbildung* ℓ_g, nämlich die *Linkstranslation* mit g

$$\ell_g \colon G \to G, \quad x \mapsto g \cdot x.$$

Völlig analog können wir g auch seine *Rechtstranslation* zuordnen:

$$r_g \colon G \to G, \quad x \mapsto x \cdot g.$$

---

[3]Was könnte natürlicher sein, als ein $x \in G$ mit einem anderen Element $g \in G$ zu verknüpfen; viel anderes können wir in Gruppen ja (noch) gar nicht anstellen.

Dies ist ein ganz zentrales Konzept in der Algebra: Indem wir ein Gruppenelement auf allen $x \in G$ „wirken" lassen, begeben wir uns vom Objekt „Gruppe" auf die höhere Ebene der „Abbildungen zwischen Gruppen" und können nun dort die Werkzeuge verwenden, die uns in dieser Kategorie zur Verfügung stehen. So z.B. die Begriffe In-, Sur- und Bijektivität (wenn du davon noch nie gehört hast, blättere schnell zu Seite 121). Auch wenn das hier nicht mehr als eine Spielerei zu sein scheint, um den nächsten Satz prägnant aufschreiben zu können, kann man sich gar nicht früh genug an solche abstrakten Konzepte gewöhnen.

Satz 2.3   Für jedes Gruppenelement $g \in G$ sind Links- und Rechtstranslation ℓ_g und r_g bijektive Abbildungen.

Beweis: Nach Satz 8.2 genügt zum Nachweis der Bijektivität von ℓ_g die Angabe einer Umkehrfunktion. Und deren Gestalt liegt hier auf der Hand: Wir betrachten einfach die Linkstranslation $\ell_{g^{-1}}$ mit dem Inversen von g. Es gilt für alle $x \in G$

$$(\ell_{g^{-1}} \circ \ell_g)(x) = \ell_{g^{-1}}(\ell_g(x)) = \ell_{g^{-1}}(g \cdot x) = g^{-1} \cdot (g \cdot x)$$

$$= (g^{-1} \cdot g) \cdot x = e \cdot x = x = \mathrm{id}_G(x),$$

d.h. es ist $\ell_{g^{-1}} \circ \ell_g = \mathrm{id}_G$ und völlig analog zeigt man $\ell_g \circ \ell_{g^{-1}} = \mathrm{id}_G$. Somit ist $\ell_{g^{-1}} = (\ell_g)^{-1}$ die Umkehrabbildung von ℓ_g, und deren Bijektivität folgt.
Entsprechend gilt auch $r_{g^{-1}} = (r_g)^{-1}$. $\qquad\square$

Als nette kleine Anwendung dieses Satzes beweisen wir zum Abschluss ein abgeschwächtes Untergruppen-Kriterium.

Satz 2.4   (*Ugr.-Kriterium für endliche Teilmengen*)
Ist $\varnothing \neq H \subseteq G$ eine nicht leere, *endliche* Teilmenge einer Gruppe G, so folgt aus der Gültigkeit von (U_1), d.h. $a \cdot b \in H$ für alle $a, b \in H$, bereits $H \leqslant G$.

Beweis: Wir müssen (U_2) verifizieren, d.h. die Abgeschlossen-
heit von H unter Inversenbildung, denn dann ist H nach Satz 2.1
eine Untergruppe von G. Für ein beliebiges $a \in H$ müssen wir
also $a^{-1} \in H$ folgern.

Laut (U_1) folgt aus $a, b \in H$ stets $\ell_a(b) = a \cdot b \in H$, d.h. es ist
$\ell_a(H) \subseteq H$, weshalb man die Linkstranslation $\ell_a : G \to G$ zu einer
Selbstabbildung

$$\ell'_a : H \to H, \quad b \mapsto a \cdot b,$$

einschränken kann. Als Einschränkung der injektiven Abbildung
ℓ_a ist ℓ'_a natürlich ebenfalls injektiv (klar?), und aus $|H| < \infty$ folgt
die Surjektivität von ℓ'_a.[4] Insbesondere besitzt $a \in H$ ein Urbild
unter ℓ'_a, d.h. wir finden ein $b \in H$ mit

$$\ell'_a(b) = a = a \cdot e = \ell_a(e). \quad (\star)$$

Beachte, dass wir hier (noch) nicht $\ell'_a(e)$ schreiben dürfen, denn
wir wissen ja noch gar nicht, ob e in H, dem Definitionsbereich
von ℓ'_a, liegt. Klar ist aber, dass $\ell'_a(b) = \ell_a(b)$ ist, also gilt auch
$\ell_a(b) = \ell_a(e)$ laut $(\star)$, und die Injektivität von ℓ_a liefert $e = b \in H$,
d.h. das Neutralelement liegt schon mal in H. Die Surjektivität
von ℓ'_a garantiert die Existenz eines Urbilds von e, d.h. eines $h \in H$
mit $\ell'_a(h) = e$, sprich $a \cdot h = e$. Linksmultiplikation mit a^{-1} (in G
wohlgemerkt), ergibt $h = a^{-1}$, und weil h aus H stammte, folgt
wie gewünscht $a^{-1} \in H$. $\square$

Achtung: Vor allem als Anfänger solltest du dir viel Zeit nehmen, die folgenden Aufgaben gründlich zu bearbeiten und die
Lösungen sauber aufzuschreiben. Dass dies nicht immer sofort
klappt und dabei auch Frustration auftreten kann, ist normal und
sogar erwünscht! Wenn du sofort zu den Lösungen blätterst und
beim Durchlesen denkst „Ach ja, klar", ist der Lerneffekt futsch.

---

[4]Denn wäre ℓ'_a nicht surjektiv, so wäre $|\ell'_a(H)| < |H|$ und mindestens
zwei Elemente von H besäßen dasselbe Bild unter ℓ'_a, was der Injektivität
widerspräche.

Wenn nicht anders erwähnt, ist im Folgenden $(G, \cdot)$ stets eine Gruppe.

A **2.7**   Beweise den Rest von Satz 2.2. Hinweise:

(2) Gehe ähnlich vor wie bei (1). Nimm an, dass b und c beides Inverse von a sind und folgere $b = c$, indem du $e = ac$ als „nahrhafte Eins" an geeigneter Stelle einfügst. Beachte, dass die Assoziativität für diese Rechnung von entscheidender Bedeutung ist.

(3) Betrachte $a \cdot a^{-1} = e = a^{-1} \cdot a$ aus dem Blickwinkel von a^{-1} und wende (2) an. (Sorry, falls das zu kryptisch ist, aber wenn ich noch mehr verrate, steht die Lösung schon da.)

(4) Entweder direkt nachrechnen, dass $b^{-1} \cdot a^{-1}$ invers zu ab ist und (2) anwenden. Oder $c = (ab)^{-1}$ setzen, mit ab multiplizieren und nach c auflösen.

A **2.8**   *Abschwächung der Gruppenaxiome.*

Es sei $(G, \cdot)$ eine Menge mit einer assoziativen Verknüpfung, d.h. (G_1) ist erfüllt. Weise die Äquivalenz der folgenden beiden Axiome zu (G_2) und (G_3) nach.

(G_2') Es existiert ein *linksneutrales* Element, d.h. ein $e \in G$ mit $e \cdot a = a$ für alle $a \in G$.

(G_3') Zu jedem $a \in G$ gibt es ein *linksinverses* Element, d.h. ein $a' \in G$ mit $a' \cdot a = e$.

Tipp: Zeige *zuerst*, dass (G_3) aus (G_2') & (G_3') folgt; hierbei wird das Linksinverse von a' eine Rolle spielen. Danach ist (G_2) dann nicht mehr schwer zu folgern. ☠

Gib ein Beispiel für $(G, \star)$ an, wo es ohne (G_1) zwar ein linksneutrales, aber *kein* rechtsneutrales Element gibt.

A **2.9**   Zeige die Äquivalenz der folgenden Aussagen.

(i) G ist abelsch.

(ii) Für alle $a, b \in G$ gilt $(ab)^{-1} = a^{-1} b^{-1}$.

(iii) Für alle $a, b \in G$ gilt $aba^{-1}b^{-1} = e$.

(iv) Für alle $a, b \in G$ gilt $(ab)^2 = a^2 b^2$.

Anstatt (i) $\Longleftrightarrow$ (ii), (ii) $\Longleftrightarrow$ (iii) usw. zu zeigen, ist es ökonomischer, einmal „im Kreis zu beweisen", d.h. du zeigst (i) $\Longrightarrow$ (ii) $\Longrightarrow$ (iii) $\Longrightarrow$ (iv) $\Longrightarrow$ (i).

$\boxed{\text{A}}$ **2.10**   Zeige, dass die Abbildung $i\colon G \to G$ mit $i(g) = g^{-1}$ bijektiv ist.

$\boxed{\text{A}}$ **2.11**   Beweise – entweder als leichte Folgerung aus Satz 2.3 oder direkt:

a) Für beliebige $a, b \in G$ sind die Gleichungen $x \cdot a = b$ und $a \cdot x = b$ stets eindeutig in G lösbar. (Du musst also zwei Dinge zeigen: die Lösbarkeit der Gleichung *und* die Eindeutigkeit der Lösung.)

b) Für $a, x, y \in G$ gelten die *Kürzungsregeln*: Aus $ax = ay$ folgt $x = y$ und ebenso erfordert $xa = ya$, dass bereits $x = y$ gilt. Findest du ein Beispiel, wo aus $ax = ya$ nicht $x = y$ folgt?

c) Jede Zeile (und Spalte) der Gruppentafel enthält jedes Gruppenelement genau einmal. (Schau dir z.B. die Gruppentafel auf Seite 139 an.)

$\boxed{\text{A}}$ **2.12**   *Gruppen bis zur Ordnung 4.*

Untersuche in den folgenden Teilaufgaben, wie viele verschiedene Verknüpfungen $\cdot$ es auf der Menge G gibt, die $(G, \cdot)$ zu einer Gruppe machen, und beobachte, dass diese Gruppen alle abelsch sind. Stelle dazu unter Beachtung von Aufgabe 2.11 b) und c) alle möglichen Gruppentafeln explizit auf („Gruppen-Sudoku").

a) $G = \{\, e \,\}$ (geschenkt).

b) $G = \{\, e, a \,\}$ (fast geschenkt).

c) $G = \{\, e, a, b \,\}$. Zeige zudem, dass $e^2 \cdot a^2 \cdot b^2 = e$ gilt.

d) $G = \{e, a, b, c\}$. Zeige, dass auch hier $e^2 \cdot a^2 \cdot b^2 \cdot c^2 = e$ gilt. Für eine Verallgemeinerung dieser Tatsache siehe Aufgabe 2.14.

Tipp zu d): Zeige zunächst durch einen Widerspruchsbeweis, dass G ein *Element der Ordnung 2*, d.h. ein $g \neq e$ mit $g^2 = e$, enthalten muss (siehe auch Aufgabe 2.15 für einen allgemeineren Beweis). Da es keine Rolle spielen kann, ob dieses Element a, b oder c heißt, nenne es a.

$\boxed{A}$ **2.13**   Zeige: Gilt $g^2 = e$ für alle $g \in G$, so ist G abelsch. Gilt die Umkehrung?

Tipp: Deine einzige Möglichkeit, um $ab = ba$ zu zeigen, ist an geeigneten Stellen „nahrhafte Einsen" in Form von $e = a^2$ bzw. $e = b^2$ einzufügen.

$\boxed{A}$ **2.14**   Es sei $G = \{g_1, g_2, \ldots, g_n\}$ eine abelsche Gruppe. Zeige, dass stets

$$g_1^2 \cdot g_2^2 \cdot \ldots \cdot g_n^2 = e$$

gilt. In Produkt-Notation (groß Pi steht für Produkt) liest sich dies als

$$\prod_{i=1}^{n} g_i^2 = e \quad \text{oder noch knapper als} \quad \prod_{g \in G} g^2 = e.$$

(Der Audruck $\prod_{y \in G} g^2$ ist nur in abelschen Gruppen sinnvoll, da keine Reihenfolge der Elemente erkennbar ist.)

Tipp: Geeignet umsortieren (G ist abelsch!) und Aufgabe 2.10 beachten.

$\boxed{A}$ **2.15**   Ist $|G|$ geradzahlig, so gibt es ein $g \neq e$ mit $g^2 = e$.

Tipp: $g^2 \neq e$ ist gleichbedeutend mit $g \neq g^{-1}$. Was lässt sich daher über die Anzahl der Elemente von $H := \{g \in G \mid g^2 \neq e\}$ sagen (gerade oder ungerade)? Was bedeutet dies für die Anzahl der Elemente von $G \setminus H$ (G ohne H)? (☠)

A **2.16**   *Potenzgesetze in Gruppen.*

Es sei G eine Gruppe und $g \in G$ ein beliebiges Element von G.

a) Zeige die Gültigkeit des *ersten Potenzgesetzes* in Gruppen:

$$g^{m+n} = g^m \cdot g^n \quad \text{für alle } m, n \in \mathbb{Z}.$$

Dabei bezeichnet g^m für $m > 0$ – wie wir bereits lange wissen – das m-fache Produkt $g \cdot g \cdot \ldots \cdot g$ von g mit sich selbst. Für $m = 0$ setzt man $g^0 := e$, und für negatives $m < 0$ ist die Potenz g^m als

$$g^m := (g^{-1})^{-m}$$

definiert. So ist z.B. $g^{-4} := (g^{-1})^4$ das 4-fache Produkt von g^{-1} mit sich selbst.

Das Potenzgesetz ist völlig einleuchtend, der Beweis allerdings etwas nervig aufzuschreiben. Unterscheide die Fälle m, n beide positiv bzw. beide negativ (für $m = 0$ oder $n = 0$ ist wegen $g^0 = e$ eh nichts zu zeigen), sowie m und n von verschiedenem Vorzeichen.

Ziehe als nützliche Folgerung, dass

$$(g^m)^{-1} = g^{-m}$$

für alle $m \in \mathbb{Z}$ gilt (was natürlich auch ohne das Potenzgesetz leicht einzusehen ist).

b) Beweise das *zweite Potenzgesetz* in Gruppen, nämlich dass

$$(g^m)^n = g^{mn} \quad \text{für alle } m, n \in \mathbb{Z} \text{ gilt.}$$

A **2.17**   *Zyklische Gruppen.*

Es sei $r \in D_n$ die Rotation des regelmäßigen n-Ecks ($n \geqslant 2$) um $\frac{360°}{n}$ und

$$Z_n := \{\, r^k \mid k \in \mathbb{Z} \,\} =: \langle\, r \,\rangle$$

die Teilmenge der Diedergruppe D_n, welche alle Potenzen von r enthält.

a) Weise nach, dass Z_n eine Untergruppe von D_n ist. Das Symbol Z kommt daher, dass man (Unter-)Gruppen, die von nur einem Element (hier r) erzeugt werden, als *zyklische Gruppen* bezeichnet.

b) Begründe, dass $|Z_n| = n$ ist. Anschauliche Begründung unter Bezugnahme auf die geometrischen Eigenschaften von r genügt.

$\boxed{\text{A}}$ **2.18**   Wir treiben die Abstraktion in der Vorbemerkung zu Satz 2.3 noch etwas weiter auf die Spitze. Es sei $S(G) := \mathrm{Bij}(G, G)$ die Menge aller bijektiven Selbstabbildungen von G auf sich (der Buchstabe S kommt vom Bezug zu den symmetrischen Gruppen; siehe später).

a) Zeige, dass $(S(G), \circ)$ bezüglich der Komposition von Abbildungen selbst wieder eine Gruppe bildet.

b) Betrachte die Abbildung

$$\lambda\colon G \to S(G), \quad g \mapsto \ell_g,$$

die jedem Gruppenelement $g \in G$ seine Linkstranslation $\lambda(g) = \ell_g \in S(G)$ zuordnet.
Weise nach, dass λ verknüpfungserhaltend ist, also dass

$$\lambda(g \cdot h) = \lambda(g) \circ \lambda(h)$$

für alle $g, h \in G$ gilt. Das ist gar nicht schwierig, also nur Mut. Falls dich dieser Grad von Abstraktion momentan noch überfordert, gib dir Zeit. Später wirst du die Lösung mit einem müden Lächeln aufschreiben können.   ()

3 Gruppen ohne Ende

Nachdem wir uns nun gründlich mit der abstrakten Axiomatik des Gruppenbegriffs auseinandergesetzt haben, lernen wir eine Vielzahl von (weiteren) Beispielen konkreter Gruppen kennen.

3.1 Restklassengruppen

Wir klären gleich zu Beginn eine ganz grundsätzliche Frage:

> „Gibt es zu jeder Zahl $n \in \mathbb{N}$ eine Gruppe mit n Elementen?"

Naja, wer Aufgabe 2.17 bearbeitet hat, kennt die Antwort bereits: Die zyklische Gruppe $Z_n = \langle r \rangle \leqslant D_n$ ist eine n-elementige Untergruppe der Diedergruppe D_n ($n \geqslant 2$). Wir wollen nun allerdings noch einen abstrakteren Zugang zu diesen zyklischen Gruppen präsentieren, der sich nicht auf geometrische Hintergedanken stützt. Dazu müssen wir uns mit einer einfachen aber äußerst nützlichen Rechenoperation in den ganzen Zahlen $\mathbb{Z}$ vertraut machen.

3.1.1 Modulo-Rechnen

Auf analogen Armbanduhren... ach was, anstatt motivierendem Gelaber kommt jetzt einfach ganz unvermittelt ein Beispiel.

Beispiel 3.1   Wir betrachten die folgende Teilmenge von $\mathbb{Z}$:

$$5\mathbb{Z} := \{ 5k \mid k \in \mathbb{Z} \} = \{ 0, \pm 5, \pm 10, \dots \}.$$

Offenbar enthält $5\mathbb{Z}$ genau die ganzen Zahlen, die durch 5 ohne Rest teilbar sind. Nun verschieben wir diese Menge um 1:

$$1 + 5\mathbb{Z} := \{ 1 + 5k \mid k \in \mathbb{Z} \} = \{ \dots, -4, 1, 6, 11, 16, \dots \}.$$

Diese Zahlen sind zwar nicht mehr durch 5 teilbar, aber die Differenz zweier Elemente von $1 + 5\mathbb{Z}$ ist es, wie z.B. $11 - 1 = 10$ oder $16 - (-4) = 20$; allgemein:

$$1 + 5k - (1 + 5\ell) = 1 + 5k - 1 - 5\ell = 5 \cdot (k - \ell) \in 5\mathbb{Z}.$$

Alternativ kann man die Menge $1 + 5\mathbb{Z}$ auch dadurch beschreiben, dass ihre Elemente bei Division durch 5 stets den Rest 1 hinterlassen, wie z.B.

$$11 = 2 \cdot 5 + 1 \quad \text{oder} \quad -4 = (-1) \cdot 5 + 1.$$

Klar – da sie ja alle von der Gestalt $1 + 5k = k \cdot 5 + 1$ sind. Aus diesem Grund nennt man $1 + 5\mathbb{Z}$ die *Restklasse der* 1 *modulo* 5 und kürzt sie mit [1] oder $\overline{1}$ ab (wenn nicht klar ist, dass es sich um Division durch 5 handelt, muss man noch „mod 5" dazu schreiben). Weitere Restklassen modulo 5 sind

$$[2] = \overline{2} = 2 + 5\mathbb{Z} = \{\, 2 + 5k \mid k \in \mathbb{Z} \,\} = \{\, \ldots, -3, 2, 7, 12, \ldots \,\},$$

$$[3] = \overline{3} = 3 + 5\mathbb{Z} = \{\, 3 + 5k \mid k \in \mathbb{Z} \,\} = \{\, \ldots, -2, 3, 8, 13, \ldots \,\},$$

$$[4] = \overline{4} = 4 + 5\mathbb{Z} = \{\, 4 + 5k \mid k \in \mathbb{Z} \,\} = \{\, \ldots, -1, 4, 9, 14, \ldots \,\},$$

und danach geht alles wieder von vorne los, da $[5] = [0] = 0 + 5\mathbb{Z} = 5\mathbb{Z}$ ist. Es gibt also 5 verschiedene Restklassen modulo 5 (siehe Satz 3.1 für einen allgemeinen Beweis), und grafisch kann man sich die Restklassenbildung so vorstellen, dass wir die ganzen Zahlen wie in Abbildung 3.1 dargestellt „zu einem Kreis aufrollen"[1]. Alle ganzen Zahlen, die auf dem gewöhnlichen Zahlenstrahl den Abstand 5 haben, plumpsen dabei jeweils in die gleiche Restklasse. Um herauszufinden, in welcher der 5 verschiedenen Restklassen (mod 5) eine ganze Zahl liegt, muss man sie einfach mit Rest durch 5 teilen. So ist z.B.

$$42 = 5 \cdot 8 + 2, \quad \text{also gilt} \quad 42 \in [2] = 2 + 5\mathbb{Z}.$$

Man hatte auch überlegen können, welche der Zahlen $42 - r$ für $r = 0, 1, \ldots, 4$ durch 5 teilbar ist, und wäre so ebenfalls auf $r = 2$, also $42 \in [2]$, gestoßen.

Neue Schreibweise: Man sagt „42 ist *kongruent zu* 2 *modulo* 5" und schreibt

$$42 \equiv 2 \pmod 5,$$

was nichts anderes bedeutet, als dass $42 - 2$ durch 5 teilbar ist.

---

[1] Auf dem Ziffernblatt einer analogen Uhr macht man also nichts anderes als die verstrichenen Stunden modulo 12 abzulesen.

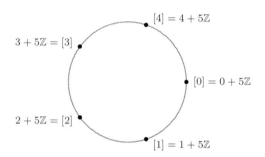

Abbildung 3.1: Die ganzen Zahlen modulo 5.

Nach diesem episch breitgetretenen Beispiel sollte die allgemeine Definition nun gut bekömmlich sein.

Definition 3.1   Es sei $n \in \mathbb{N}$ eine natürliche Zahl. Zwei ganze Zahlen $a, b \in \mathbb{Z}$ heißen *kongruent modulo n*, in Zeichen

$$a \equiv b \pmod{n},$$

wenn $n \mid (b-a)$ gilt, d.h. wenn die Differenz $b-a$ (ohne Rest) durch n teilbar ist, also von der Form[2] $b - a = kn$ mit einem $k \in \mathbb{Z}$. Die Menge

$$[a] = \overline{a} = \{\, b \in \mathbb{Z} \mid b \equiv a \pmod{n} \,\}.$$

heißt *Restklasse von a modulo n*.

Die Restklasse sieht auf den ersten Blick etwas anders aus als in obigem Beispiel, aber simples Umformulieren beseitigt dieses Problem (das Zeichen $\exists$ ist die Abkürzung für „es gibt ein" bzw.

---

[2] wir schreiben Elemente $n \cdot k$ von $n\mathbb{Z}$ kürzer als kn anstatt nk einerseits aus alphabetischen Gründen, aber auch weil man ja z.B. $n \cdot 2$ als $2n$ und nicht als $n2$ schreibt. Ist eigentlich auch völlig wurscht...

„es existiert ein"):

$$b \equiv a \pmod{n} \iff n \mid (b - a)$$

$$\iff \exists\, k \in \mathbb{Z}\colon b - a = kn$$

$$\iff \exists\, k \in \mathbb{Z}\colon b = a + kn.$$

Somit ist b kongruent zu a mod n genau dann, wenn b von der Form $a + kn$ mit einem $k \in \mathbb{Z}$ ist, sprich in $a + n\mathbb{Z}$ liegt, d.h.:

$$[a] = \{\, b \in \mathbb{Z} \mid b \equiv a \pmod{n} \,\} = a + n\mathbb{Z}.$$

Falls du noch nie von Äquivalenzrelationen gehört hast, darfst du den Rest des Buches nicht mehr lesen, tut mir leid. Nee, Spaß; blättere in diesem Fall sofort zu Seite 124 und arbeite Abschnitt 8.2 gründlich durch, inklusive der Aufgaben 8.1 und 8.2. In der Sprache der Äquivalenzrelationen lässt sich obige Definition so umformulieren: Durch

$$a \sim b \quad :\iff \quad a \equiv b \pmod{n}$$

wird eine Äquivalenzrelation auf $\mathbb{Z}$ erklärt (überzeuge dich hiervon; das geht fast wörtlich wie in Aufgabe 8.1). Die Restklassen modulo n sind nichts anderes als die Äquivalenzklassen dieser Relation, weshalb nach Satz 8.3 zwei Restklassen entweder gleich oder disjunkt sein müssen. Zudem bildet die Menge aller Restklassen modulo n eine Partition von $\mathbb{Z}$. Genauer gilt:

Satz 3.1   Für jedes $n \in \mathbb{N}$ gibt es genau n verschiedene Restklassen modulo n: $[0], [1], \ldots, [n-1]$, und es gilt

$$\mathbb{Z} = \bigsqcup_{r=0}^{n-1} [r] = \bigsqcup_{r=0}^{n-1} (r + n\mathbb{Z}).$$

Beweis: Wir erinnern uns an die hoffentlich noch aus der Schule bekannte *Division mit Rest*: Zu jeder ganzen Zahl $a \in \mathbb{Z}$ gibt es

eindeutig bestimmte Zahlen $q \in \mathbb{Z}$ und $r \in \{0, 1, \ldots, n-1\}$
(„Rest"), so dass

$$a = q \cdot n + r$$

gilt. (Siehe z.B. [PIN] oder [LOO] für einen Beweis.) Daraus ergibt sich sofort $a - r = qn$, sprich $a \equiv r \pmod{n}$, so dass jedes $a \in \mathbb{Z}$ in einer Restklasse $[r]$ mit $r \in \{0, 1, \ldots, n-1\}$ liegt. Die Eindeutigkeit des Rests r garantiert überdies, dass die Restklasse von a eindeutig bestimmt ist. Denn gäbe es Restklassen $[r] \neq [s]$ mit $r, s \in \{0, 1, \ldots, n-1\}$, so dass a in $[r] \cap [s]$ läge, so besäße a verschiedene Reste $r \neq s$ bei Division durch n. Insbesondere sind die Restklassen also disjunkt. (Wer mag, kann hierzu auch den allgemeinen Satz 8.4 heranziehen.) Damit haben wir

$$\mathbb{Z} \subseteq \bigsqcup_{r=0}^{n-1} [r]$$

gezeigt. Die umgekehrte Inklusion ist klar, da $[r] \subseteq \mathbb{Z}$.   □

Die Faktormenge von $\mathbb{Z}$ nach der Äquivalenzrelation „kongruent mod n" bezeichnen wir fortan mit „$\mathbb{Z}$ modulo $n\mathbb{Z}$":

$$\mathbb{Z}/n\mathbb{Z} := \mathbb{Z}/\sim = \{[0], [1], \ldots, [n-1]\},$$

und schreiben deren Elemente meist nur noch als $\overline{k}$ statt $[k]$.
Wenn dir von dieser ganzen Terminologie jetzt der Kopf brummt, ist das gar nicht schlimm. Dann merk dir einfach ganz konkret, dass z.B. für $n = 5$ die Menge

$$\mathbb{Z}/5\mathbb{Z} = \{\overline{0}, \overline{1}, \overline{2}, \overline{3}, \overline{4}\}$$

aus den 5 verschiedenen Restklassen modulo 5 besteht. Das für uns wirklich Bedeutsame kommt nämlich erst jetzt: Auf dieser Menge lässt sich ganz leicht eine Verknüpfung definieren, die $\mathbb{Z}/5\mathbb{Z}$ zu einer Gruppe macht! Bearbeite zur Vorbereitung unbedingt Aufgabe 3.2.

A **3.1** *Eine äquivalente Definition von Kongruenz.*

Zeige, dass $a \equiv b \pmod{n}$ genau dann gilt, wenn a und b bei Division durch n denselben Rest hinterlassen.

A **3.2** *Rechnen mit Kongruenzen.*

Für ein $n \in \mathbb{N}$ und $a, b, c, d \in \mathbb{Z}$ gelte $a \equiv b \pmod{n}$ sowie $c \equiv d \pmod{n}$. Zeige dass dann auch

a) $a + c \equiv b + d \pmod{n}$ und b) $a \cdot c \equiv b \cdot d \pmod{n}$

gilt. Insbesondere gilt dies für $c = d$, da dann natürlich $c \equiv d \pmod{n}$ ist. Man darf also auf beiden Seiten einer Kongruenz eine beliebige Zahl addieren oder ranmultiplizieren, ohne dass sich die Kongruenz dabei ändert.

c) Kann man Kongruenzen auch durch $c \neq 0$ dividieren, d.h. folgt aus

$$a \cdot c \equiv b \cdot c \pmod{n} \qquad \text{auch} \qquad a \equiv b \pmod{n} \ ?$$

3.1.2 $\mathbb{Z}/n\mathbb{Z}$ als Gruppe

Beispiel 3.2 Wir wollen auf der Menge aller Restklassen modulo 5,

$$\mathbb{Z}_5 := \mathbb{Z}/5\mathbb{Z} = \{\overline{0}, \overline{1}, \ldots, \overline{4}\},$$

eine innere Verknüpfung

$$\oplus \colon \mathbb{Z}_5 \times \mathbb{Z}_5 \to \mathbb{Z}_5, \quad (\overline{k}, \overline{\ell}) \mapsto \overline{k} \oplus \overline{\ell},$$

einführen (diesmal gleich additiv geschrieben, da sie sich als kommutativ herausstellen wird). Betrachten wir z.B. $\overline{1}$ und $\overline{3}$; nun muss man kein Genie sein, um auf die Idee zu kommen, die Summe dieser beiden Restklassen als

$$\overline{1} \oplus \overline{3} := \overline{1+3} = \overline{4}.$$

festzulegen. Wir addieren zwei Restklassen, indem wir ihre Repräsentanten 1 und 3 in $\mathbb{Z}$ addieren und dann vom Ergebnis wieder die Restklasse mod 5 bilden.

Allerdings ist es doch nicht ganz so einfach, wie es auf den ersten Blick erscheint: Da z.B. $6 \equiv 1 \pmod 5$ und $18 \equiv 3 \pmod 5$ ist und daher $\overline{6} = \overline{1}$ sowie $\overline{18} = \overline{3}$ in $\mathbb{Z}_5$ gilt, hätte jemand anders mit gleichem Recht die Summe

$$\overline{1} \oplus \overline{3} \quad \text{auch als} \quad \overline{6} \oplus \overline{18} := \overline{6+18}$$

definieren können – indem er einfach zu anderen Repräsentanten greift. Beidesmal muss aber dasselbe rauskommen, da wir in beiden Fällen dieselben Restklassen addiert haben. Tut es hier glücklicherweise auch, denn modulo 5 ist $24 \equiv 4$, d.h.

$$\overline{6+18} = \overline{24} = \overline{4}.$$

Dass dies ganz allgemein gilt, hast du (hoffentlich!) gerade erst in Aufgabe 3.2 gezeigt; falls du das noch nicht verstehst, hast du beim Beweis des folgenden Satzes nochmal Gelegenheit, darüber nachzudenken.

Was wir hier soeben diskutiert haben, schimpft sich *Repräsentantenunabhängigkeit* und garantiert die *Wohldefiniertheit* obiger Verknüpfung: Es ist egal, ob wir bei der Addition $\overline{1} \oplus \overline{3}$ die Zahl 1 oder 6 (oder 11, 16, ...) als Repräsentant für die erste Restklasse und die Zahl 3 oder 18 (oder -2, 8, 13,...) als Repräsentant der zweiten Restklasse wählen; das Ergebnis wird stets $\overline{4}$ sein.

Wir lassen ab jetzt den Kringel weg und schreiben $\overline{1} + \overline{3}$ anstelle von $\overline{1} \oplus \overline{3}$; dir sollte aber stets klar sein, dass es sich hierbei um eine Addition von Restklassen handelt. Zudem einigen wir uns darauf, stets Repräsentanten aus $\{0, \ldots, 4\}$ zu wählen, d.h. wir schreiben das Ergebnis von $\overline{3} + \overline{4}$ nicht als $\overline{7}$, sondern als $\overline{2}$.

Weitere Beispiele für Summen in $\mathbb{Z}_5$ sind:

$$\overline{0} + \overline{k} = \overline{0+k} = \overline{k} \quad \text{für alle } k \in \{0, \ldots, 4\},$$

d.h. $\overline{0}$ ist (links-)neutral,

$$\overline{2} + \overline{3} = \overline{5} = \overline{0}, \quad \text{d.h. } \overline{3} \text{ ist das (Rechts-)Inverse von } \overline{2}, \text{ usw.}$$

Es ist nun gar nicht mehr schwer nachzuprüfen, dass $(\mathbb{Z}_5, +)$ eine abelsche Gruppe ist! Somit haben wir ein Beispiel für eine Gruppe mit 5 Elementen gefunden.

Der Nachweis der Gruppenaxiome ist in der Tat so leicht, dass ich ihn dir guten Gewissens sogar für beliebiges n als Übungsaufgabe 3.3 anvertrauen kann.

Satz 3.2 Für jedes $n \in \mathbb{N}$ bildet die Menge

$$\mathbb{Z}_n := \mathbb{Z}/n\mathbb{Z} = \{\overline{0}, \overline{1}, \ldots, \overline{n-1}\}$$

aller Restklassen modulo n zusammen mit der (wohldefinierten!) Verknüpfung

$$\overline{k} + \overline{\ell} := \overline{k + \ell}$$

eine abelsche Gruppe der Ordnung n.

Damit ist die eingangs gestellte Frage (erneut) positiv beantwortet: Zu jeder natürlichen Zahl n gibt es eine Gruppe mit n Elementen. Das ist doch schon mal etwas. Dass $\mathbb{Z}_n$ und Z_n „im Wesentlichen gleich" sind, lernst du in Aufgabe 4.13.

A **3.3** Beweise Satz 3.2.

A **3.4** Stelle die Gruppentafel von $\mathbb{Z}_n$ für $n = 1, \ldots, 4$ auf und vergleiche mit Aufgabe 2.12 (beachte dabei, dass $a^2 = a \cdot a$ in additiver Schreibweise $2a := a + a$ bedeutet!).

3.1.3 Direkte Produkte von Restklassengruppen

Wir kennen nun eine unendliche Familie abelscher Gruppen:

$$\{\, \mathbb{Z}_n \mid n \in \mathbb{N} \,\}.$$

Bilden wir doch einfach mal direkte Produkte (siehe Aufgabe 2.2) solcher Gruppen und schauen, ob dabei noch etwas Neues herauskommt. Das einfachste nicht triviale Beispiel ist die sogenannte *Kleinsche Vierergruppe*

$$\mathbb{Z}_2 \times \mathbb{Z}_2 = \{\, (\overline{k}, \overline{\ell}) \mid \overline{k}, \overline{\ell} \in \mathbb{Z}_2 \,\}$$
$$= \{\, (\overline{0}, \overline{0}), (\overline{0}, \overline{1}), (\overline{1}, \overline{0}), (\overline{1}, \overline{1}) \,\} =: V_4$$

mit komponentenweiser Verknüpfung

$$(\overline{k}, \overline{\ell}) + (\overline{k'}, \overline{\ell'}) := (\overline{k} + \overline{k'}, \overline{\ell} + \overline{\ell'}).$$

Wie bereits ihr Name und ihr Symbol V_4 dezent andeuten, besteht sie aus vier Elementen und besitzt aufgrund von $\overline{1} + \overline{1} = \overline{0}$ die folgende Gruppentafel.

$+$	$(\overline{0},\overline{0})$	$(\overline{0},\overline{1})$	$(\overline{1},\overline{0})$	$(\overline{1},\overline{1})$
$(\overline{0},\overline{0})$	$(\overline{0},\overline{0})$	$(\overline{0},\overline{1})$	$(\overline{1},\overline{0})$	$(\overline{1},\overline{1})$
$(\overline{0},\overline{1})$	$(\overline{0},\overline{1})$	$(\overline{0},\overline{0})$	$(\overline{1},\overline{1})$	$(\overline{1},\overline{0})$
$(\overline{1},\overline{0})$	$(\overline{1},\overline{0})$	$(\overline{1},\overline{1})$	$(\overline{0},\overline{0})$	$(\overline{0},\overline{1})$
$(\overline{1},\overline{1})$	$(\overline{1},\overline{1})$	$(\overline{1},\overline{0})$	$(\overline{0},\overline{1})$	$(\overline{0},\overline{0})$

Tabelle 3.1: Gruppentafel von V_4.

Nennen wir $(\overline{0},\overline{0}) = e$, $(\overline{0},\overline{1}) = a$, $(\overline{1},\overline{0}) = b$ und $(\overline{1},\overline{1}) = c$, so steht hier nichts anderes als Tabelle 9.7 – die Gruppentafel der „zweiten" Gruppe der Ordnung 4, die in diesem Kontext bisher noch gefehlt hat (siehe Aufgabe 3.4). Die grau unterlegten Felder zeigen, dass ein nicht triviales Element $e \neq x \in V_4$ stets $x^2 = e$

erfüllt, also die *Ordnung 2 besitzt*[3], was sich in additiver Notation als $2x := x + x = 0$ liest mit $0 := (\overline{0}, \overline{0})$ als Neutralelement. Allein schon daran erkennt man den Unterschied der V_4 zur $\mathbb{Z}_4$; beide Gruppen sind zwar von Ordnung 4, aber die $\mathbb{Z}_4$ besitzt nur ein Element der Ordnung 2, nämlich $\overline{2}$.

Setzt man dieses Verfahren fort, so erhält man abelsche Gruppen wie z.B.

$$\mathbb{Z}_2 \times \mathbb{Z}_2 \times \mathbb{Z}_2, \quad \mathbb{Z}_2 \times \mathbb{Z}_2 \times \mathbb{Z}_2 \times \mathbb{Z}_2, \quad \text{usw.}$$

der Ordnung $2 \cdot 2 \cdot 2 = 2^3 = 8$, $2 \cdot 2 \cdot 2 \cdot 2 = 2^4 = 16$, usw., deren nicht triviale Elemente alle $2x = 0$ erfüllen, also die Ordnung 2 besitzen. Somit unterscheiden sich diese Gruppen von $\mathbb{Z}_8$, $\mathbb{Z}_{16}$, usw., denn letztere enthalten zahlreiche Elemente mit $2x \neq 0$. Denke kurz über diese Aussagen nach!

Dass die Prozedur des direkten Produkt-Bildens nicht zwangsläufig etwas Neues liefert, zeigt Aufgabe 3.6.

$\boxed{\text{A}}$ **3.5** *Geometrische Version der V_4.*

Es sei R ein Rechteck, welches kein Quadrat ist. Zeige, dass die Symmetriegruppe S_R dieses Rechtecks der Kleinschen Vierergruppe entspricht – in dem Sinne, dass die Gruppentafeln von S_R und V_4 nach einer geeigneten Umbenennung der Elemente ineinander übergehen.

$\boxed{\text{A}}$ **3.6** Weise nach, dass $\mathbb{Z}_2 \times \mathbb{Z}_3$ und $\mathbb{Z}_6$ bis auf die unterschiedliche Schreibweise ihrer Elemente ein und dieselbe Gruppe sind. (Dies ist übrigens das letzte Mal, dass ich dich mit dem Aufstellen von Gruppentafeln belästige, versprochen.)

---

[3]Achtung: Die Ordnung der Gruppe, also die Anzahl ihrer Elemente, darf nicht mit der Ordnung eines Elements verwechselt werden. Siehe Seite 29.

3.2 Symmetrische Gruppen

Der Name „symmetrische Gruppe" ist zunächst etwas irreführend. Er hat nämlich nichts damit zu tun, dass sich die Elemente dieser Gruppe in irgendeiner Weise symmetrisch (zueinander) verhalten, wie z.B. dass man ihre Reihenfolge bei Verknüpfung vertauschen könnte, die Gruppe also kommutativ wäre. Den wirklichen Ursprung des Namens haben wir bereits in Kapitel 1 kennen gelernt: Dort haben wir gesehen, dass man die Symmetrien gewisser geometrischer Objekte ganz konkret aufschreiben kann, wenn man sich ihre Wirkung als Permutationen auf den Eckpunkten anschaut. So gaben z.B. die Symmetrien des gleichseitigen Dreiecks Anlass zur S_3, der symmetrischen Gruppe vom Grad $n = 3$. Wir wollen dieses Konzept nun auf jedes beliebige $n \in \mathbb{N}$ verallgemeinern; dabei wird der Bezug zu geometrischen Symmetrien zunächst überhaupt keine Rolle mehr spielen.

Definition 3.2   Sei M_n die n-elementige Menge $\{1, 2, \ldots, n\}$. Eine bijektive Selbstabbildung $\pi \colon M_n \to M_n$ heißt (n-stellige) *Permutation* von M_n. Die Menge aller n-stelligen Permutationen bezeichnen wir mit S_n, d.h.

$$S_n := \{\pi \mid \pi \text{ ist Permutation von } M_n\}.$$

Alternativ: Sym_n oder $\mathfrak{S}_n$, aber wer vermag heutzutage noch ein altdeutsches $\mathfrak{S}$ (dasis'n S, kein G!) zu schreiben?   ◇

Wir fassen Permutationen nie als abstrakte Abbildungen auf (sonst sollte man eher die Bezeichnung $S(M_n) = \text{Bij}(M_n, M_n)$ wählen), sondern notieren sie durch konkrete Angabe ihrer Funktionswerte, wie das nächste Beispiel zeigt.

Beispiel 3.3   Ist $\pi \in S_4$ die Permutation mit $\pi(1) = 2$, $\pi(2) = 4$, $\pi(3) = 1$ und $\pi(4) = 3$, so schreiben wir

$$\pi = \begin{pmatrix} 1 & 2 & 3 & 4 \\ 2 & 4 & 1 & 3 \end{pmatrix}.$$

Diese doch etwas klobige „Zweizeilenform" kann man eleganter gestalten, indem man zur *Zykelschreibweise* übergeht und π als

$$\pi = (\,1\ \ 2\ \ 4\ \ 3\,)$$

notiert. Dies ist so zu lesen, dass die 1 auf die 2 geht, die 2 auf die 4, die 4 auf die 3 und die 3 schließlich wieder auf die 1, womit sich der Zyklus schließt. Grafisch dargestellt:

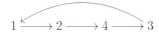

Abbildung 3.2: Ein 4-Zykel.

Man sagt, π ist ein *Zykel der Länge 4* (kurz: *4-Zykel*) in S_4. Als Konvention beginnt ein Zykel in der Regel mit der kleinsten Ziffer, hier also der 1, aber auch

$$\pi = (\,2\ \ 4\ \ 3\ \ 1\,) = (\,4\ \ 3\ \ 1\ \ 2\,) = (\,3\ \ 1\ \ 2\ \ 4\,)$$

sind weitere zulässige Darstellungen desselben Zykels π. Als weiteres Beispiel ist

$$\tau = \begin{pmatrix} 1 & 2 & 3 & 4 \\ 2 & 1 & 3 & 4 \end{pmatrix} = (\,1\ \ 2\,)\,(3)\,(4) = (\,1\ \ 2\,)$$

ein Zykel der Länge 2 (die Zykel (3) und (4) der Länge 1 lässt man einfach weg), was man eine *Transposition* nennt. Und schließlich ist

$$\sigma = \begin{pmatrix} 1 & 2 & 3 & 4 \\ 3 & 4 & 1 & 2 \end{pmatrix} = (\,1\ \ 3\,)\,(\,2\ \ 4\,)$$

ein Produkt zweier *disjunkter* Transpositionen, die so heißen, weil sie keine Zahl gemeinsam haben.

Satz 3.3 Für jedes $n \in \mathbb{N}$ bildet S_n zusammen mit der Komposition $\circ$ als Verknüpfung eine Gruppe, die sogenannte *symmetrische Gruppe vom Grad n*. Ihre Ordnung beträgt

$$|S_n| = n! = n \cdot (n-1) \cdot \ldots \cdot 2 \cdot 1$$

und sie ist für $n \geqslant 3$ nicht abelsch.

Beweis: Die Komposition $\circ \colon S_n \times S_n \to S_n$, $(\pi, \sigma) \mapsto \pi \circ \sigma$, ist eine innere Verknüpfung auf S_n, denn wenn π und σ bijektive Selbstabbildungen von M_n sind, so ist es auch ihre Komposition. Falls dir das nicht klar sein sollte, kannst du leicht nachrechnen, dass $\sigma^{-1} \circ \pi^{-1}$ die Umkehrabbildung von $\pi \circ \sigma$ ist (tue dies!), was die Bijektivität letzterer Abbildung beweist (Satz 8.2).

Gruppenaxiome: Die Komposition ist stets assoziativ, die identische Permutation id_{M_n} ist das Neutralelement, und nach Definition von S_n (als Menge von bijektiven Abbildungen) gibt es zu jedem Element π ein Inverses, nämlich seine Umkehrabbildung π^{-1}, da diese $\pi^{-1} \circ \pi = \mathrm{id}_{M_n} = \pi \circ \pi^{-1}$ erfüllt (Satz 8.2).

Zur Ordnung von S_n: Für das Bild der 1 unter einer Permutation $\pi \in S_n$ gibt es genau n Möglichkeiten. Da π insbesondere injektiv sein muss, bleiben nach Wahl von $\pi(1)$ noch genau $n-1$ Möglichkeiten für $\pi(2)$ übrig, für $\pi(3)$ noch genau $n-2$ usw., bis schließlich für $\pi(n)$ nur die bislang noch nicht vergebene Zahl bleibt. Somit gibt es $n \cdot (n-1) \cdot \ldots \cdot 2 \cdot 1 = n!$ verschiedene injektive Selbstabbildungen von M_n. Da eine Selbstabbildung einer endlichen Menge bereits bijektiv ist, wenn sie injektiv ist[4], ist $|S_n| = n!$ gezeigt.

Dass $S_1 = \{\mathrm{id}\}$ und $S_2 = \{\,\mathrm{id}, (1\ 2)\,\}$ abelsch sind, ist klar. Für $n \geqslant 3$ enthält jede S_n die beiden Transpositionen $\sigma = (1\ 2)$ und $\tau = (1\ 3)$, die

$$\sigma \circ \tau = (1\ 2) \circ (1\ 3) = (1\ 3\ 2) \neq (1\ 2\ 3) = \tau \circ \sigma$$

erfüllen, weshalb S_n für $n \geqslant 3$ nicht abelsch ist. $\square$

---

[4]Aus der Injektivität folgt, dass im Bild von π keine Zahl doppelt vorkommen kann, also gilt $|\pi(M_n)| = n$, d.h. es muss bereits $\pi(M_n) = M_n$ sein. Somit ist π automatisch auch surjektiv.

Somit kennen wir mit $\{\,S_n \mid n \geqslant 3\,\}$ eine weitere unendliche Familie nicht abelscher Gruppen (neben den Diedergruppen; siehe früher und unten). Die S_n liefert schöne Beispiele, um die Aussagen vieler Sätze zu illustrieren, oder hilft Gegenbeispiele zu konstruieren, die bestimmte Vermutungen widerlegen.

Beispiel 3.4   Wir betrachten die von dem 3-Zykel $\sigma = (\,1\,2\,3\,)$ erzeugte Untergruppe (siehe Seite 29) von S_3. Die verschiedenen Potenzen von σ sind $\sigma^0 := \mathrm{id}$, $\sigma^1 = \sigma$, sowie

$$\sigma^2 = (\,1\;\;2\;\;3\,) \circ (\,1\;\;2\;\;3\,) = (\,1\;\;3\;\;2\,) \quad \text{(check this!)} \quad \text{und}$$

$$\sigma^3 = \sigma^2 \circ \sigma = (\,1\;\;3\;\;2\,) \circ (\,1\;\;2\;\;3\,) = (1)\,(2)\,(3) = \mathrm{id},$$

d.h. wir sind wieder bei σ^0 angelangt und starten von vorne. Negative Hochzahlen bringen nichts Neues, denn aufgrund von $\sigma^2 \circ \sigma = \mathrm{id}$ ist $\sigma^{-1} = \sigma^2$, und es folgt $\sigma^{-2} := (\sigma^{-1})^2 = \sigma^4 = \sigma$ und so weiter. Somit ist

$$\langle\,\sigma\,\rangle = \{\,\mathrm{id}, \sigma, \sigma^2\,\} = \{\,\mathrm{id}, (\,1\;\;2\;\;3\,), (\,1\;\;3\;\;2\,)\,\},$$

insbesondere besitzt der 3-Zykel σ die Ordnung 3. Die Untergruppe $\langle\,\sigma\,\rangle \leqslant S_3$ taufen wir *alternierende Gruppe vom Grad 3* und kürzen sie mit A_3 ab.

$\boxed{\text{A}}$ **3.7**   Bestimme die Zykelzerlegung der folgenden Permutationen in S_6 und überprüfe anschließend, ob sie kommutieren.

$$\sigma = \begin{pmatrix} 1 & 2 & 3 & 4 & 5 & 6 \\ 3 & 2 & 6 & 1 & 5 & 4 \end{pmatrix} \qquad \pi = \begin{pmatrix} 1 & 2 & 3 & 4 & 5 & 6 \\ 4 & 6 & 5 & 1 & 3 & 2 \end{pmatrix}$$

$\boxed{\text{A}}$ **3.8**   Begründe, dass disjunkte Zykel kommutieren (Argumentation anhand eines Beispiels genügt).

A **3.9** *Ordnung von Zykeln.*

a) Bestimme die von $\sigma = (\,1\ \ 4\ \ 2\ \ 3\,) \in S_4$ erzeugte Untergruppe $\langle\,\sigma\,\rangle$, die aus allen Potenzen σ^k besteht. Welche Ordnung besitzt demnach dieser 4-Zykel?

b) Begründe allgemein, dass ein n-Zykel stets Ordnung n besitzt; dabei genügt es, den Nachweis für $\sigma = (\,1\ \ 2\ \dots\ n\,)$ zu führen. (Denn jeden n-Zykel kann man durch Umnummerierung der permutierten Objekte so schreiben, wobei sich die Zykel-Ordnung nicht ändert.)

3.3   Diedergruppen

In Kapitel 1 haben wir bereits eine unendliche Familie nicht abelscher Gruppen kennen gelernt, die *Diedergruppen* D_n mit $n \geqslant 3$ (für $n = 2$ ist $D_2 = S_2$ abelsch). In Aufgabe 1.10 wurden alle wichtigen Eigenschaften der D_n zusammengestellt und bewiesen, wobei wir die konkrete Realisierung der D_n als Matrixgruppe D_n^{Mat} betrachtet haben.

Wir möchten hier einen weiteren Zugang zur Diedergruppe präsentieren, der auch für LeserInnen ohne Kenntnisse der Linearen Algebra gut nachvollziehbar ist, indem wir die D_n als Untergruppe der symmetrischen Gruppe S_n betrachten. Dazu empfiehlt es sich, erst ein neues Konzept allgemein einzuführen.

3.3.1   Vorspiel: Erzeuger erzeugen Erzeugnisse

Früher haben wir ab und zu das Wort „Erzeuger" ohne präzise Definition verwendet. Dieser Begriff soll nun präzisiert werden.

Definition 3.3   Es sei $M \subseteq G$ eine nicht leere Teilmenge einer Gruppe G. Unter der von M *erzeugten Untergruppe*, in Zeichen $\langle\,M\,\rangle$, verstehen wir die k l e i n s t e Untergruppe von G, welche M

enthält. Das soll Folgendes bedeuten: $\langle M \rangle$ ist eine M enthaltende Untergruppe mit der Eigenschaft

ist $H \leqslant G$ eine Untergruppe mit $M \subseteq H$, so folgt $\langle M \rangle \subseteq H$.

Man nennt $\langle M \rangle$ auch das *Erzeugnis* von M und die Elemente von M heißen *Erzeuger* der Untergruppe $\langle M \rangle$. $\diamond$

Dass das Erzeugnis stets existiert, kann man leicht einsehen, indem man

$$\langle M \rangle := \bigcap_{H \in \mathcal{H}} H \qquad \text{mit} \quad \mathcal{H} = \{ H \leqslant G \mid M \subseteq H \}$$

setzt, also einfach alle Untergruppen schneidet, die M enthalten (die Indexmenge $\mathcal{H}$ des Schnittes ist nicht leer, da G selbst auf jeden Fall die Bedingungen $G \leqslant G$ und $M \subseteq G$ erfüllt). Dieser Schnitt ist eine Untergruppe (siehe Aufgabe 2.6 a)) und natürlich ist er auch die *kleinste* Untergruppe, die M enthält, da wir ja alle Untergruppen mit dieser Eigenschaft geschnitten haben.
Diese abstrakte Definition des Erzeugnisses ist für praktische Belange jedoch völlig ungeeignet; wer möchte schon alle Untergruppen bestimmen, die M enthalten, und diese dann schneiden, um $\langle M \rangle$ zu bekommen? Der folgende Satz stellt uns eine handlichere Beschreibung von $\langle M \rangle$ zur Verfügung, die überhaupt nicht so schlimm ist, wie sie auf den ersten Blick vielleicht erscheint.

Satz 3.4 Für eine Teilmenge $\varnothing \neq M \subseteq G$ einer Gruppe G gilt

$$\langle M \rangle = \{ x_1^{\varepsilon_1} x_2^{\varepsilon_2} \cdots x_n^{\varepsilon_n} \mid n \in \mathbb{N}, \, x_i \in M, \, \varepsilon_i = \pm 1 \text{ für alle } i \}.$$

In Worten: Das Erzeugnis von M besteht aus allen endlichen Produkten von Elementen von M und deren Inversen.

Bevor wir dies beweisen, nehmen wir der Menge auf der rechten Seite ihren Schrecken, indem wir die gut überschaubaren Fälle $|M| = 1$ und $|M| = 2$ betrachten.

○ Im Falle einer einelementigen Menge $M = \{x\}$ schreiben wir $\langle \{x\} \rangle$ kürzer als $\langle x \rangle$. Da hier stets $x_i = x$ für alle i ist, besteht das Erzeugnis laut obigem Satz aus Produkten wie

$$x_1^{-1} x_2^{-1} = x^{-1} x^{-1} = x^{-2} \qquad \text{oder}$$

$$x^1 x^1 x^{-1} x^1 = x^2 x^{-1} x = x^2 e = x^2.$$

Unter Verwendung des ersten Potenzgesetzes aus Aufgabe 2.16 sieht man, dass alle Elemente von $\langle x \rangle$ die Gestalt

$$x_1^{\varepsilon_1} x_2^{\varepsilon_2} \cdots x_n^{\varepsilon_n} = x^{\varepsilon_1} x^{\varepsilon_2} \cdots x^{\varepsilon_n} = x^{\varepsilon_1 + \varepsilon_2 + \dots + \varepsilon_n},$$

besitzen. Da $\varepsilon_i = \pm 1$ und $n \in \mathbb{N}$ beliebig wählbar sind, durchlaufen die Exponenten von x alle ganzen Zahlen, d.h. es gilt

$$\langle x \rangle = \{ x^k \mid k \in \mathbb{Z} \}$$

in Übereinstimmung mit unserer früheren Festlegung von Seite 29 (beachte, dass die Potenzen sich dort bereits ab $k = 3$ wiederholten, da der Erzeuger von Ordnung 3 war).

○ Auch für $M = \{ x, y \}$ mit $x \neq y$ schreiben wir $\langle x, y \rangle$ anstelle von $\langle \{ x, y \} \rangle$. Hier könnte ein Element des Erzeugnisses z.B. so aussehen:

$$x_1^1 x_2^{-1} x_3^{-1} x_4^1 x_5^1 = x^1 y^{-1} y^{-1} x^1 x^1 = xy^{-2} x^2.$$

Ist G nicht abelsch, und haben wir keine weiteren Informationen über Beziehungen zwischen x und y, wie z.B. $xy^{-2} = x^3$, so lässt sich dies nicht mehr weiter vereinfachen. Alles, was wir über das Erzeugnis $\langle x, y \rangle$ dann sagen können, ist, dass seine Elemente (nach Zusammenfassen benachbarter xe bzw. ys) von der Form

$$x^{k_1} y^{k_2} \cdots x^{k_{n-1}} y^{k_n} \qquad \text{mit } n \in \mathbb{N} \text{ und } k_i \in \mathbb{Z}$$

sind. Man nennt solche Ausdrücke (*reduzierte*) *Wörter* (hier in den zwei *Buchstaben* x und y).

Beweis von Satz 3.4: Die Monstermenge auf der rechten Seite nennen wir $[M]$. Offenbar ist $[M] \neq \varnothing$, und für beliebige $x = x_1^{\varepsilon_1} \cdots x_m^{\varepsilon_m}$, $y = y_1^{\delta_1} \cdots y_n^{\delta_n} \in [M]$ gilt

$$xy^{-1} = x_1^{\varepsilon_1} \cdots x_m^{\varepsilon_m} y_n^{-\delta_n} \cdots y_1^{-\delta_1}.$$

(Zur Berechnung von y^{-1} wurde die Verallgemeinerung der Formel $(ab)^{-1} = b^{-1}a^{-1}$ auf n Faktoren angewendet.) Somit ist auch xy^{-1} wieder ein endliches Produkt aus Elementen von M und deren Inversen, und liegt damit in $[M]$. Nach dem Untergruppenkriterium folgt $[M] \leqslant G$.

Da $M \subseteq [M]$ gilt (nach Definition von $[M]$), folgt $\langle M \rangle \subseteq [M]$, da $\langle M \rangle$ die kleinste Untergruppe ist, die M enthält. Umgekehrt ist $M \subseteq \langle M \rangle$, und da $\langle M \rangle$ als Untergruppe abgeschlossen unter Produkt- und Inversenbildung ist, liegen alle Ausdrücke der Gestalt $x_1^{\varepsilon_1} x_2^{\varepsilon_2} \cdots x_n^{\varepsilon_n}$ mit $x_i \in M$ und $\varepsilon_i = \pm 1$ ebenfalls in $\langle M \rangle$. Da $[M]$ aus genau diesen Elementen besteht, folgt $[M] \subseteq \langle M \rangle$, so dass wir insgesamt $[M] = \langle M \rangle$ nachgewiesen haben. $\square$

3.3.2 D_n als Untergruppe von S_n

Mit diesem Rüstzeug ausgestattet können wir nun eine weitere Definition der D_n geben, die lediglich Kenntnisse über die symmetrische Gruppe voraussetzt. Der Übersichtlichkeit halber gliedern wir unsere Konstruktion in mehrere Schritte.

a) Definition der Erzeuger r und s:

Die der Rotation des regelmäßigen n-Ecks um den Winkel $\frac{360°}{n}$ entsprechende Permutation definieren wir als den n-Zykel

$$r := (\, 1 \ \ 2 \ \ldots \ n\,),$$

so dass r den Eckpunkt i auf $i+1$ abbildet ($1 \leqslant i \leqslant n-1$) und n auf 1.

Um die Spiegel-Permutation s zu finden, wählen wir die Mittelsenkrechte der Kante $(1, n)$ als Spiegelachse[5]. In Abbildung 3.3 ist

---

[5] Also nicht die x_1-Achse wie damals in Abbildung 1.9 auf Seite 19; dadurch bleibt uns hier eine Fallunterscheidung zwischen geradem und ungeradem n erspart.

s inklusive seiner Zerlegung in Transpositionen für $n = 5$ und 6 ablesbar. Allgemein ist

$$s := \begin{pmatrix} 1 & 2 & \cdots & n \\ n & n-1 & \cdots & 1 \end{pmatrix}, \quad \text{d.h.} \quad i + s(i) = n + 1 \quad \text{bzw.}$$

$$s(i) = n + 1 - i \quad \text{für alle } 1 \leqslant i \leqslant n$$

die zur Spiegelung an besagter Mittelsenkrechten gehörige Permutation.

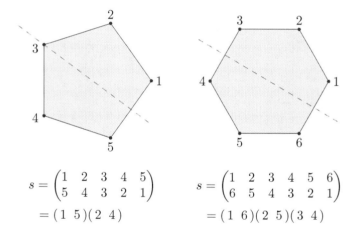

$$s = \begin{pmatrix} 1 & 2 & 3 & 4 & 5 \\ 5 & 4 & 3 & 2 & 1 \end{pmatrix} \qquad s = \begin{pmatrix} 1 & 2 & 3 & 4 & 5 & 6 \\ 6 & 5 & 4 & 3 & 2 & 1 \end{pmatrix}$$

$$= (1\ 5)(2\ 4) \qquad\qquad = (1\ 6)(2\ 5)(3\ 4)$$

Abbildung 3.3: Geschickte Wahl der Spiegelachse von s.

Nach Aufgabe 3.9 b) gilt $\operatorname{ord}(r) = n$, und wie es sich für Spiegelungen gehört, ist $\operatorname{ord}(s) = 2$, was unmittelbar an der Permutationsdarstellung von s ablesbar ist (man erkennt $s^{-1} = s$ bzw. $s^2 = \operatorname{id}$).

b) Nichtkommutativität / Vertauschungsrelationen:

Die beiden Erzeuger erfüllen die wichtige Relation

$$sr = r^{-1}s.$$

Den Nachweis führen wir durch elementweise Überprüfung, d.h. durch Bestätigen von $(sr)(i) = (r^{-1}s)(i)$ für alle $1 \leqslant i \leqslant n$. Dabei verwenden wir, dass $r(i) = i + 1$ für $1 \leqslant i \leqslant n - 1$ und $r(n) = 1$ ist:

$$(sr)(i) = s(r(i)) = s(i + 1) = n + 1 - (i + 1) = n - i$$

für alle $1 \leqslant i \leqslant n - 1$. Für $i = n$ ergibt sich $(sr)(n) = s(1) = n$. Beachtet man, dass die zu r inverse Permutation durch $r^{-1}(i) = i - 1$ für $2 \leqslant i \leqslant n$ und $r^{-1}(1) = n$ gegeben ist (entspricht einer Drehung um $\frac{360°}{n}$ im Uhrzeigersinn), dann erhält man

$$(r^{-1}s)(i) = r^{-1}(s(i)) = r^{-1}(n + 1 - i) = (n + 1 - i) - 1 = n - i$$

für $1 \leqslant i \leqslant n - 1$, und für $i = n$ wird $(r^{-1}s)(n) = r^{-1}(1) = n$, so dass wir insgesamt die Gleichheit $sr = r^{-1}s$ bewiesen haben.

Da $r^{-1} \neq r$ für $n \geqslant 3$ gilt, folgt $sr = r^{-1}s \neq rs$, d.h. r und s *kommutieren nicht*!

Aus obiger Relation folgert man induktiv leicht

$$sr^k = r^{-k}s \quad \text{für } k \in \{0, \ldots, n - 1\},$$

und zwar so: Gilt diese Beziehung für ein k (Induktionsvoraussetzung IV), so folgt der Induktionsschritt aus

$$sr^{k+1} = sr^k r \overset{(IV)}{=} r^{-k}sr \overset{(IA)}{=} r^{-k}r^{-1}s = r^{-(k+1)}s,$$

wobei im vorletzten Schritt $sr = r^{-1}s$, also der Induktionsanfang (IA) für $k = 1$, einging.

c) Definition der Diedergruppe:

Wir definieren D_n als die von $\{r, s\}$ in S_n erzeugte Untergruppe:

$$D_n := \langle r, s \rangle \leqslant S_n.$$

Laut 3.3.1 lässt sich jedes Element von D_n als Wort

$$r^{k_1}s^{k_2}\cdots r^{k_{n-1}}s^{k_n} \quad \text{mit } n \in \mathbb{N} \text{ und } k_i \in \mathbb{Z}$$

in r und s darstellen, welches man aufgrund der Vertauschungs-relationen aus b), $sr^k = r^{-k}s$, weiter umsortieren und vereinfachen kann zu

$$r^k s^\ell \quad \text{mit } k \in \{\, 0, \ldots, n-1 \,\} \text{ und } \ell \in \{\, 0,1 \,\}.$$

(Die Einschränkungen der Hochzahlen folgen aus $r^n = \text{id} = s^2$.) Somit erhalten wir die Darstellung

$$D_n = \{\, r^k s^\ell \mid k = 0, \ldots, n-1; \; \ell = 0,1 \,\},$$

was man unter Verwendung der Untergruppen $X := \langle\, r \,\rangle = \{\, r^k \mid k = 0, \ldots, n-1 \,\}$ und $Y := \langle\, s \,\rangle = \{\, s^\ell \mid \ell = 0,1 \,\}$ auch als sogenanntes *Komplexprodukt* schreiben kann:

$$D_n = XY := \{\, xy \mid x \in X, y \in Y \,\}.$$

d) Ordnung der Diedergruppe:

Wir halten zunächst fest, dass $X \cap Y = \{\text{id}\}$ ist. Denn gäbe es ein $z \neq \text{id}$ in $X \cap Y$, so wäre $s = z = r^k$ für ein $k \in \{\, 1, \ldots, n-1 \,\}$. Dann müsste insbesondere $s(1) = r^k(1)$ gelten, was wegen $s(1) = n$ und $r^k(1) = 1 + k$ auf $k = n - 1$ führt. $s = r^{n-1}$ ist aber wegen $s(2) = n - 1 \neq 1 = r^{n-1}(2)$ (für $n \geqslant 3$) nicht möglich.

Aus $X \cap Y = \{\text{id}\}$ kann man nun leicht folgern, dass die Darstellung $r^k s^\ell$ eines Elements von $D_n = XY$ eindeutig ist. Gilt nämlich

$$r^k s^\ell = r^p s^q, \qquad \text{so folgt} \qquad r^{-p} r^k = s^q s^{-\ell} \in X \cap Y,$$

denn das linke Produkt $r^{-p}r^k$ liegt in X, während das rechte Produkt $s^q s^{-\ell}$ in Y liegt. Da der Schnitt von X und Y trivial ist, muss $r^{-p}r^k = \text{id}$ und $s^q s^{-\ell} = \text{id}$ sein, woraus man $r^k = r^p$ und $s^q = s^\ell$ erhält.

Aus der Eindeutigkeit der Darstellung folgt, dass $r^k s^\ell \mapsto (r^k, s^\ell)$ eine Bijektion von $D_n = XY$ nach $X \times Y$ darstellt, weshalb wir für die Ordnung von D_n folgendes Resultat erhalten:

$$|D_n| = |X \times Y| = |X| \cdot |Y| = \text{ord}(r) \cdot \text{ord}(s) = n \cdot 2 = 2n.$$

e) Fazit: Insgesamt haben wir den folgenden Satz bewiesen.

> **Satz 3.5**   Für jede natürliche Zahl $n \geqslant 3$ gibt es Permutationen $r, s \in S_n$ mit $\operatorname{ord}(r) = n$ und $\operatorname{ord}(s) = 2$, die den Vertauschungsrelationen
>
> $$sr^k = r^{-k}s \quad \text{für } k \in \{\, 0, \ldots, n-1 \,\}$$
>
> gehorchen. Die von ihnen erzeugte Untergruppe besitzt die Gestalt
>
> $$D_n = \langle\, r, s \,\rangle = \{\, r^k s^\ell \mid k = 0, \ldots, n-1; \; \ell = 0, 1 \,\} \leqslant S_n$$
>
> und heißt *Diedergruppe* vom Grad n ($=$ Symmetriegruppe des regelmäßigen n-Ecks). Sie ist nicht abelsch und besteht aus $|D_n| = 2n$ Elementen.

Beispiel 3.5   Wir betrachten den Fall $n = 4$ genauer. Eine Version der Symmetriegruppe des Quadrats als Untergruppe der S_4 ist $D_{4,1} = \langle\, r_1, s_1 \,\rangle$ mit den Erzeugern (der Grund für den Indexzusatz „1" wird gleich ersichtlich werden)

$$r_1 = (1\ 2\ 3\ 4) \quad \text{und} \quad s_1 = (1\ 4)(2\ 3).$$

Mache dir deren Wirkung anhand von Abbildung 3.4 nochmals klar. Ausgeschrieben besitzt $D_{4,1}$ die folgenden 8 Elemente:

$$\begin{aligned} D_{4,1} = \{\, &\mathrm{id}, (1\ 3), (2\ 4), (1\ 2)(3\ 4), (1\ 3)(2\ 4), \\ &(1\ 4)(2\ 3), (1\ 2\ 3\ 4), (1\ 4\ 3\ 2) \,\}. \end{aligned}$$

Überzeuge dich hiervon wieder anhand von Abbildung 3.4 oder durch explizites Berechnen der Wörter $r_1^k s_1^\ell$ für $k = 0, \ldots, 3$ und $\ell = 0, 1$.

Nun gibt es aber auch andere Möglichkeiten, die Eckpunkte des Quadrats zu nummerieren, was Anlass zu anderen Realisierungen der D_4 gibt. In Abbildung 3.4 sind drei Nummerierungsmöglichkeiten aufgeführt, und tatsächlich lässt sich jede andere Nummerierung durch Anwenden einer Symmetrie in eine dieser drei

Möglichkeiten überführen, während die drei dargestellten Arten selbst nicht ineinander überführt werden können.

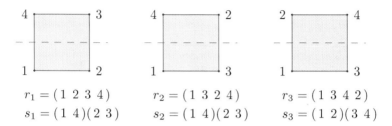

$r_1 = (\,1\ 2\ 3\ 4\,)$ $r_2 = (\,1\ 3\ 2\ 4\,)$ $r_3 = (\,1\ 3\ 4\ 2\,)$

$s_1 = (\,1\ 4\,)(\,2\ 3\,)$ $s_2 = (\,1\ 4\,)(\,2\ 3\,)$ $s_3 = (\,1\ 2\,)(\,3\ 4\,)$

Abbildung 3.4: Drei Nummerierungen des Quadrats.

Nummerierungsarten 2 und 3 liefern folgende Permutationsdarstellungen der D_4:

$$D_{4,2} = \langle\, r_2, s_2\,\rangle = \{\,\mathrm{id}, (\,1\ 2\,), (\,3\ 4\,), (\,1\ 2\,)(\,3\ 4\,),$$
$$(\,1\ 3\,)(\,2\ 4\,), (\,1\ 4\,)(\,2\ 3\,), (\,1\ 3\ 2\ 4\,), (\,1\ 4\ 2\ 3\,)\,\},$$

$$D_{4,3} = \langle\, r_3, s_3\,\rangle = \{\,\mathrm{id}, (\,1\ 4\,), (\,2\ 3\,), (\,1\ 2\,)(\,3\ 4\,),$$
$$(\,1\ 3\,)(\,2\ 4\,), (\,1\ 4\,)(\,2\ 3\,), (\,1\ 3\ 4\ 2\,), (\,1\ 2\ 4\ 3\,)\,\}.$$

Somit haben wir drei verschiedene Untergruppen der S_4 mit 8 Elementen gefunden. Beachte, dass sie alle die Kleinsche Vierergruppe $V_4 = \{\,\mathrm{id}, (\,1\ 2\,)(\,3\ 4\,), (\,1\ 3\,)(\,2\ 4\,), (\,1\ 4\,)(\,2\ 3\,)\,\}$ enthalten. In Beispiel 7.1 werden wir zeigen, dass S_4 keine weiteren Untergruppen der Ordnung 8 besitzt.

A   **3.10**   Weise die Vertauschungsrelation $sr = r^{-1}s$ für $n = 6$ erneut nach, indem du beide Kompositionen in Permutationsschreibweise berechnest. Mache dir zudem klar, welche geometrische Bedeutung die Permutationen r^k für $k \geqslant 2$ bzw. $r^k s$ für $k \geqslant 1$ besitzen.

3.3.3 Ausblick: Freie Präsentierungen

Bisher haben wir die Gruppe D_n als recht „geometrisches Objekt" behandelt, denn die Darstellung ihrer Elemente als Permutationen bzw. Matrizen stützte sich immer auf den Bezug zu den Symmetrien des regelmäßigen n-Ecks. Für Untersuchungen der algebraischen Struktur der D_n ist es allerdings gar nicht mehr wichtig, ob die Erzeuger r und s nun Permutationen oder Matrizen sind, entscheidend ist einzig und allein die Darstellung der Elemente als $r^k s^\ell$ zusammen mit den Vertauschungsrelationen $sr^k = r^{-k}s$ (für deren Beweis in Satz 3.5 die explizite Kenntnis von r und s allerdings unentbehrlich war).

Nun kann man in der Theorie der *freien Gruppen* (auf die wir hier nicht eingehen) völlig losgelöst von geometrischen Ideen zeigen, dass eine Gruppe D_n existiert, die von zwei Elementen r und s erzeugt wird, denen man die Relationen

$$\operatorname{ord}(r) = n, \quad \operatorname{ord}(s) = 2 \quad \text{und} \quad sr = r^{-1}s$$

„künstlich aufzwängen" kann. Da man in einer freien Gruppe keinen Bezug mehr zu einer konkreten Darstellung von r und s (z.B. als Permutation oder Matrix) hat bzw. braucht, muss man die definierenden Relationen in das Erzeugnis mit hineinpacken. Man schreibt[6]

$$D_n = \langle\, r, s \mid \operatorname{ord}(r) = n, \operatorname{ord}(s) = 2, \, sr = r^{-1}s \,\rangle$$

und nennt dies eine (*freie*) *Präsentierung* der D_n. Man kann dann zeigen, dass sich aufgrund der Relationen von r und s jedes Element von D_n eindeutig in der Form $r^k s^\ell$ darstellen lässt und dass $|D_n| = 2n$ gilt. Außerdem lässt sich leicht einsehen, dass jede andere Gruppe, die von zwei Elementen mit denselben Relationen wie r und s erzeugt wird, dieselbe Gruppentafel wie D_n besitzt. D_n ist demnach eindeutig durch diese freie Präsentierung bestimmt.

---

[6]In der Literatur ist auch $D_n = \langle\, r, s \mid r^n = \operatorname{id} = s^2, \, sr = r^{-1}s \,\rangle$ eine gebräuchliche Darstellung, die ich aber nicht eindeutig finde. So erfüllen z.B. auch $r = s = \operatorname{id}$ (oder z.B. r^2 und s in D_4) diese beiden Relationen, ohne die D_n zu erzeugen.

Anmerkung: In der wunderbar „starren" Theorie der Vektorräume sind Erzeugnisse leicht zu durchschauen: Sind $u, v \in V$ zwei linear unabhängige Vektoren eines $\mathbb{K}$-Vektorraumes, so ist deren Erzeugnis (Aufspann) stets ein zweidimensionaler Unterraum von V und es gilt

$$\langle\, u, v \,\rangle_{\mathbb{K}} \cong \mathbb{K}^2.$$

In der Gruppentheorie sind die Verhältnisse leider sehr viel komplizierter. So hängt es z.b. stark von den Relationen zwischen den Erzeugern ab, welche Größe und Gestalt die von ihnen erzeugte Untergruppe besitzt. Zum Beispiel könnte man für das Erzeugnis Y zweier Elemente $u \neq v$, das durch die Präsentierung

$$Y = \langle\, u, v \mid u^4 = v^3 = e,\, uv = v^2 u^2 \,\rangle$$

gegeben ist, die Gruppenordnung $|Y| = 12$ vermuten (kleinstes gemeinsames Vielfaches der Potenzen 4 und 3). Es stellt sich jedoch heraus, dass beide Relationen zusammen $u = v = e$ erzwingen und Y deshalb zur trivialen Gruppe $Y = \{e\}$ kollabiert (siehe [DuF], Section 1.2, Exercise 18).

Dass zudem die Ordnungen der Erzeuger keinen erkennbaren Zusammenhang zur Ordnung des Erzeugnisses haben müssen, zeigt Beispiel 3.9 im nächsten Abschnitt.

3.4   Matrixgruppen

Wenn du mit der Linearen Algebra nicht vertraut bist, kannst du diesen Abschnitt wieder ohne großen Verlust überspringen. Allerdings solltest du dir Beispiel 3.8 anschauen, da hier eine wichtige Gruppe der Ordnung 8 präsentiert wird.

Satz 3.6   Ist $\mathbb{K}$ ein Körper, so bildet die Menge

$$\mathrm{GL}_n(\mathbb{K}) := \{\, A \in \mathrm{Mat}_n(\mathbb{K}) \mid \det A \neq 0 \,\}$$

aller invertierbaren $n \times n$–Matrizen mit Einträgen aus $\mathbb{K}$

bezüglich Matrixmultiplikation eine Gruppe, die sogenannte *allgemeine lineare Gruppe* (die Abkürzung GL steht für „general linear").
Für $n \geqslant 2$ ist $\mathrm{GL}_n(\mathbb{K})$ nicht abelsch und im Fall $|\mathbb{K}| = \infty$ ist $|\mathrm{GL}_n(\mathbb{K})| = \infty$.

Beweis: Das einzig wirklich Beweisenswerte ist die Tatsache, dass Matrixmultiplikation eine innere Verknüpfung auf $\mathrm{GL}_n(\mathbb{K})$ definiert, d.h. dass $\mathrm{GL}_n(\mathbb{K})$ abgeschlossen unter dem Matrixprodukt ist. Dies folgt aus dem Determinantenmultiplikationssatz: Sind $A, B \in \mathrm{GL}_n(\mathbb{K})$ invertierbare Matrizen, so gilt $\det A \neq 0$ sowie $\det B \neq 0$, und für das Matrixprodukt folgt ebenfalls

$$\det(A \cdot B) = \det A \cdot \det B \neq 0,$$

also ist auch $A \cdot B$ invertierbar, sprich ein Element von $\mathrm{GL}_n(\mathbb{K})$. Die Gültigkeit der Gruppenaxiome ist banal: Matrixmultiplikation ist stets assoziativ, die Einheitsmatrix E_n ist das Neutralelement und nach Definition von $\mathrm{GL}_n(\mathbb{K})$ besitzt jedes Element ein Inverses, nämlich seine inverse Matrix A^{-1}.
Für $n = 1$ ist $\mathrm{GL}_1(\mathbb{K}) = \mathbb{K}^* = \mathbb{K} \setminus \{0\}$ abelsch. Die Nichtkommutativität von $\mathrm{GL}_2(\mathbb{K})$ erkennt man an folgendem Beispiel:

$$A \cdot B = \begin{pmatrix} 1 & 1 \\ 0 & 1 \end{pmatrix} \cdot \begin{pmatrix} 1 & 0 \\ 1 & 1 \end{pmatrix} = \begin{pmatrix} 2 & 1 \\ 1 & 1 \end{pmatrix}, \quad \text{wohingegen}$$

$$B \cdot A = \begin{pmatrix} 1 & 0 \\ 1 & 1 \end{pmatrix} \cdot \begin{pmatrix} 1 & 1 \\ 0 & 1 \end{pmatrix} = \begin{pmatrix} 1 & 1 \\ 1 & 2 \end{pmatrix}$$

ist. Da sich die Matrizen A und B in jede $\mathrm{GL}_n(\mathbb{K})$ für $n \geqslant 3$ einbetten lassen (man fülle einfach die Hauptdiagonale mit 1en auf und die restlichen Einträge mit 0), folgt auch für $n \geqslant 3$ die Nichtkommutativität der allgemeinen linearen Gruppe.
Da jede $\mathrm{GL}_n(\mathbb{K})$ die Menge $\{\, \lambda \cdot E_n \mid \lambda \in \mathbb{K}^* \,\}$ der skalaren Vielfachen der Einheitsmatrix enthält, folgt $|\mathrm{GL}_n(\mathbb{K})| = \infty$, sobald $|\mathbb{K}| = \infty$ ist. $\qquad\square$

Beispiel 3.6 Es ist $\mathrm{SO}(2) \leqslant \mathrm{GL}_2(\mathbb{R})$, d.h. die spezielle orthogonale Gruppe ist eine Untergruppe der $\mathrm{GL}_2(\mathbb{R})$. Denn nach

Aufgabe 1.11 ist SO(2) eine (sogar abelsche!) Gruppe, die offensichtlich in $GL_2(\mathbb{R})$ liegt.

Ebenso ist $U(1) \leqslant GL_1(\mathbb{C}) = \mathbb{C}^*$; siehe Aufgabe 1.11 b).

Beispiel 3.7   Die allgemeinen Diedergruppen im Matrixkostüm, D_n^{Mat} aus Aufgabe 1.10, sind Beispiele endlicher, für $n \geqslant 3$ nicht abelscher Untergruppen von $GL_2(\mathbb{R})$ der Ordnung $2n$. Insbesondere ist D_4^{Mat} (siehe Aufgabe 1.9) ein Beispiel einer nicht abelschen, 8-elementigen Untergruppe. Im nächsten Beispiel wird eine weitere nicht kommutative Gruppe der Ordnung 8 eingeführt, diesmal als Untergruppe von $GL_2(\mathbb{C})$.

Beispiel 3.8   Betrachte die folgenden vier Matrizen aus $GL_2(\mathbb{C})$.

$$E := \begin{pmatrix} 1 & 0 \\ 0 & 1 \end{pmatrix}, \quad I := \begin{pmatrix} \mathrm{i} & 0 \\ 0 & -\mathrm{i} \end{pmatrix}, \quad J := \begin{pmatrix} 0 & 1 \\ -1 & 0 \end{pmatrix}, \quad K := \begin{pmatrix} 0 & \mathrm{i} \\ \mathrm{i} & 0 \end{pmatrix}$$

Die 8-elementige Menge

$$Q_8 := \{ \pm E, \pm I, \pm J, \pm K \}$$

ist eine Untergruppe der $GL_2(\mathbb{C})$ und trägt den feinen Namen *Quaternionengruppe*. Laut Satz 2.4 muss man dazu nur nachweisen, dass für $X, Y \in Q_8$ stets auch $X \cdot Y$ in Q_8 liegt, was problemlos gelingt.

Die Relationen an, die das Rechnen in Q_8 bestimmen, lauten:

(1) $I^2 = J^2 = K^2 = -E = IJK,$

(2) $IJ = K \neq -K = JI$

(check this!). Aus (1) folgt z.B.

$$(-I) \cdot I = I \cdot (-I) = -I^2 = -(-E) = E,$$

d.h. es gilt $I^{-1} = -I \in Q_8$ und ebenso $J^{-1} = -J$, sowie $K^{-1} = -K$. Desweiteren:

$$I^3 = I^2 \cdot I = -E \cdot I = -I \quad \text{und} \quad I^4 = I^2 \cdot I^2 = (-E)^2 = E,$$

d.h. I (und damit auch $-I$) besitzt die Ordnung 4, was ebenfalls für $\pm J$ und $\pm K$ gilt. Alle Elemente in $Q_8 \setminus \{\pm E\}$ sind somit von der Ordnung 4.

Relation (2) zeigt, dass Q_8 nicht abelsch ist. Außerdem folgt durch Linksmultiplikation der Beziehung $K = IJ$ mit $-I$, dass $-IK = -I^2 J = -(-E)J = J$, also gilt für das bisher noch fehlende Produkt $IK = -J$. Analog erhält man $KI = J$, $JK = I$ und $KJ = -I$.

Anmerkung zum Namen „Quaternionen"gruppe: Die 4 Matrizen E, I, J und K sind über $\mathbb{R}$ linear unabhängig und spannen demnach einen vierdimensionalen $\mathbb{R}$-Unterraum $\mathbb{H} \subseteq \mathrm{Mat}_2(\mathbb{C})$ auf. Die Elemente von $\mathbb{H}$ besitzen die Gestalt

$$aE + bI + cJ + dK = \begin{pmatrix} a + b\,\mathrm{i} & c + d\,\mathrm{i} \\ -c + d\,\mathrm{i} & a - b\,\mathrm{i} \end{pmatrix} = \begin{pmatrix} w & z \\ -\overline{z} & \overline{w} \end{pmatrix}$$

mit $w = a + b\,\mathrm{i}$ und $z = c + d\,\mathrm{i}$ (für $a, b, c, d \in \mathbb{R}$). Dies ist die Matrixdarstellung der *hamiltonschen Quaternionen* $\mathbb{H}$, einer vierdimensionalen reellen Divisionsalgebra (siehe [Ebb]), die Hamilton berühmt (und verrückt) gemacht haben.

Beispiel 3.9 Dieses abschließende Beispiel (aus [DuF], Section 2.4) zeigt, dass die Ordnungen der Erzeuger einer Untergruppe rein gar nichts mit der Ordnung ihres Erzeugnisses zu tun haben müssen. Die Matrizen

$$A = \begin{pmatrix} 0 & 1 \\ 1 & 0 \end{pmatrix}, \qquad B = \begin{pmatrix} 0 & 2 \\ \frac{1}{2} & 0 \end{pmatrix}$$

sind beide von Ordnung 2, da $A^2 = B^2 = E_2$ ist, aber für ihr Produkt

$$AB = \begin{pmatrix} \frac{1}{2} & 0 \\ 0 & 2 \end{pmatrix} \qquad \text{gilt} \qquad (AB)^n = \begin{pmatrix} \frac{1}{2^n} & 0 \\ 0 & 2^n \end{pmatrix}.$$

Somit besitzt AB unendliche Ordnung ($(AB)^n \neq E_2$ für alle $n \geqslant 1$), und folglich ist das Erzeugnis $\langle A, B \rangle$ eine unendliche Untergruppe von $\mathrm{GL}_2(\mathbb{R})$.

A **3.11**   Zeige, dass $\mathrm{SL}_n(\mathbb{K}) := \{\, A \in \mathrm{GL}_n(\mathbb{K}) \mid \det A = 1 \,\}$ eine Untergruppe von $\mathrm{GL}_n(\mathbb{K})$ ist, welche man die *spezielle lineare Gruppe* nennt.

A **3.12**   Wenn du noch nie etwas von endlichen Körpern gehört hast, lies zunächst die Anmerkung.

a) Bestimme $|\mathrm{GL}_2(\mathbb{F}_2)|$, indem du alle Matrizen in $\mathrm{GL}_2(\mathbb{F}_2)$ angibst. Bestimme zudem die Ordnung aller Elemente.

b) Bestimme $|\mathrm{GL}_2(\mathbb{F}_3)|$ (bzw. gleich $|\mathrm{GL}_2(\mathbb{F}_q)|$). Hier müsstest du bereits $3^4 = 81$ Matrizen auf Determinante $\neq 0$ prüfen, was natürlich niemand machen will. Deshalb als Tipp: Die Determinante einer $2 \times 2-$Matrix ist genau dann Null, wenn eine Spalte ein Vielfaches der anderen ist.

Anmerkung zu endlichen Körpern. Wie man Restklassen in $\mathbb{Z}_n = \mathbb{Z}/n\mathbb{Z}$ addiert, wissen wir bereits. Ebenso ist die Multiplikation von Restklassen definiert:

$$\bar{a} \cdot \bar{b} := \overline{a \cdot b},$$

also wieder einfach repräsentantenweise (wenn du Lust dazu verspürst, prüfe die Wohldefiniertheit dieser Multiplikation). Mit diesen beiden Verknüpfungen wird

$$\mathbb{F}_p := \mathbb{Z}/p\mathbb{Z} = \{\, \bar{0}, \bar{1}, \ldots, \overline{p-1} \,\}$$

zu einem Körper, falls p eine Primzahl ist. Insbesondere sind $\mathbb{F}_2 := \mathbb{Z}/2\mathbb{Z} = \{\, \bar{0}, \bar{1} \,\}$ und $\mathbb{F}_3 := \mathbb{Z}/3\mathbb{Z} = \{\, \bar{0}, \bar{1}, \bar{2} \,\}$ Körper mit zwei bzw. drei Elementen. Wenn du's nicht glaubst, überprüfe einfach die Körperaxiome!

In der Körpertheorie lernt man, dass es sogar zu jeder Primzahlpotenz $q = p^n$, $n \in \mathbb{N}$, einen endlichen Körper $\mathbb{F}_q$ mit q Elementen gibt (allerdings ist dieser für $n > 1$ nicht mehr von der Gestalt $\mathbb{Z}/q\mathbb{Z}$).

4 Homomorphismen

Nachdem wir nun einen gründlichen Blick auf die *Objekte* der Gruppentheorie, also die Gruppen, geworfen haben, studieren wir jetzt die *(Homo)Morphismen* der Gruppentheorie. Das sind die Abbildungen zwischen Gruppen, die eine gewisse Zusatzforderung erfüllen. Interessanterweise hilft das Verständnis dieser Abbildungen dabei, die Struktur der Objekte selbst besser zu verstehen.

4.1 Homomo. . . häh?

Auch wenn der Name erstmal gewöhnungsbedürftig klingt, so ist das Konzept eines Gruppenhomomorphismus etwas ganz Natürliches und Einleuchtendes. Ist $\varphi \colon G \to H$ eine Abbildung zwischen Gruppen, so bildet φ auf der Mengenebene die Elemente von G auf die Elemente von H ab. Nun sind Gruppen aber mehr als nur schnöde Mengen – sie besitzen eine innere Verknüpfung, und wir interessieren uns fortan nur noch für Abbildungen, die diese Verknüpfung in folgendem Sinne „respektieren":

Definition 4.1 Eine Abbildung $\varphi \colon G \to H$ zwischen Gruppen $(G, \circ)$ und $(H, \star)$ heißt *Gruppenhomomorphismus* wenn für alle $a, b \in G$ gilt:

$$\varphi(a \circ b) = \varphi(a) \star \varphi(b).$$

Bei einem Gruppenhomomorphismus spielt es also keine Rolle, ob wir a und b in G verknüpfen und dann mit φ nach H schieben, oder ob wir a und b zuerst mit φ abbilden und dann die Bilder in H verknüpfen. $\diamondsuit$

Beispiel 4.1 Die (nicht sonderlich interessante) Abbildung zwischen Gruppen

$$\varphi \colon (G, \circ) \to (H, \star), \quad g \mapsto e_H,$$

ist trivialerweise ein Homomorphismus, denn für alle $a, b \in G$ gilt $\varphi(a \circ b) = e_H$, was dasselbe ist wie $\varphi(a) \star \varphi(b) = e_H \star e_H = e_H$.

Beispiel 4.2   Es sei π_n die „Restklassenprojektion" von $(\mathbb{Z}, +)$ nach $(\mathbb{Z}_n, +)$,

$$\pi_n \colon \mathbb{Z} \to \mathbb{Z}_n, \quad k \mapsto \overline{k} = k + n\mathbb{Z},$$

die jeder ganzen Zahl k ihre Restklasse modulo n zuordnet. Nach Definition der Addition von Restklassen (siehe Seite 47) gilt

$$\pi_n(k + \ell) = \overline{k + \ell} = \overline{k} + \overline{\ell} = \pi_n(k) + \pi_n(\ell)$$

für alle $k, \ell \in \mathbb{Z}$, d.h. π_n erfüllt die Homomorphieeigenschaft und ist somit ein Gruppenhomomorphismus von $\mathbb{Z}$ nach $\mathbb{Z}_n$.

Für $n = 2$ lässt sich die Wirkung von $\pi_2 \colon \mathbb{Z} \to \mathbb{Z}_2 = \{\,\overline{0}, \overline{1}\,\}$ besonders schön veranschaulichen: Es ist $\pi_2(k) = \overline{0}$ genau dann, wenn $k \in 2\mathbb{Z}$ gilt, d.h. wenn k eine gerade Zahl ist; und es gilt $\pi_2(k) = \overline{1}$ genau dann, wenn k in $1 + 2\mathbb{Z}$ liegt, d.h. wenn k ungerade ist. π_2 ist ein „Vergiss-Homomorphismus", der alle Eigenschaften der Zahl $k \in \mathbb{Z}$ vergisst, außer eben, ob sie gerade oder ungerade ist. Sind nun k und ℓ beides gerade Zahlen, so folgt aus der Homomorphieeigenschaft von π_2, dass

$$\pi_2(k + \ell) = \pi_2(k) + \pi_2(\ell) = \overline{0} + \overline{0} = \overline{0}$$

gilt, sprich die Summe zweier gerader Zahlen ist wieder gerade. Ebenso ist die Summer zweier ungerader Zahlen k, ℓ gerade, denn

$$\pi_2(k + \ell) = \pi_2(k) + \pi_2(\ell) = \overline{1} + \overline{1} = \overline{2} = \overline{0}.$$

Ist eine der Zahlen gerade, etwa k, und ℓ ungerade, so folgt

$$\pi_2(k + \ell) = \pi_2(k) + \pi_2(\ell) = \overline{0} + \overline{1} = \overline{1},$$

d.h. die Summe ist diesmal ungerade. Na gut, zugegebenermaßen alles triviale Tatsachen, aber trotzdem ist dieses Beispiel nett.

Beispiel 4.3 ℂ   Der komplexe Betrag

$$|\cdot| \colon (\mathbb{C}^*, \cdot) \to (\mathbb{R}^+, \cdot), \quad z = a + b\,\mathrm{i} \mapsto |z| = \sqrt{a^2 + b^2}$$

(mit $a, b \in \mathbb{R}$), ist ein Gruppenhomomorphismus von der multiplikativen Gruppe $\mathbb{C}^* = \mathbb{C} \setminus \{0\}$ des Körpers $\mathbb{C}$ in die multiplikative Gruppe der positiven reellen Zahlen, denn für alle $z, w \in \mathbb{C}$ gilt

$$|z \cdot w| = |z| \cdot |w|.$$

Dies sieht man am leichtesten mit Hilfe von $|z|^2 = z \cdot \overline{z}$ ein, wobei $\overline{z} = a - b\,\mathrm{i}$ die konjugiert komplexe Zahl von z ist (siehe [Glo]).

Beispiel 4.4 Mat Die Determinantenabbildung

$$\det\colon \mathrm{GL}_n(\mathbb{K}) \to \mathbb{K}^*, \quad A \mapsto \det A,$$

ist ein Gruppenhomomorphismus von der allgemeinen linearen Gruppe in die multiplikative Gruppe $\mathbb{K}^* = \mathbb{K} \setminus \{0\}$ des Körpers, denn aufgrund des Determinantenmultiplikationssatzes gilt für alle Matrizen $A, B \in \mathrm{GL}_n(\mathbb{K})$

$$\det(A \cdot B) = \det A \cdot \det B.$$

A **4.1** Es seien G und H Gruppen mit Neutralelementen e_G und e_H, und $\varphi\colon G \to H$ ein Homomorphismus. Zeige:

a) $\varphi(e_G) = e_H$, d.h. φ schiebt stets Neutralelement auf Neutralelement.

b) $\varphi(g^{-1}) = \varphi(g)^{-1}$ für alle $g \in G$, d.h. das Bild von g^{-1} ist invers zu $\varphi(g)$.

A **4.2** Mat Es sei $G = \mathbb{K}$ die additive Gruppe eines Körpers und

$$H = \left\{ \begin{pmatrix} 1 & a \\ 0 & 1 \end{pmatrix} =: A_a \mid a \in \mathbb{K} \right\}.$$

a) Zeige, dass H eine Gruppe bezüglich Matrixmultiplikation ist, indem du sie als Untergruppe von $\mathrm{GL}_2(\mathbb{K})$ entlarvst.

b) Zeige, dass $\varphi \colon G \to H$, $a \mapsto A_a$, ein Homomorphismus ist.

$\boxed{\text{A}}$ **4.3** Zeige, dass $\varphi \colon G \to G$, $g \mapsto g^2$, genau dann ein Homomorphismus ist, wenn G abelsch ist.

$\boxed{\text{A}}$ **4.4** Finde Gruppen G und H, so dass die gute alte e-Funktion, $x \mapsto \mathrm{e}^x$, ein Homomorphismus von G nach H wird.

$\boxed{\text{A}}$ **4.5** Es sei G eine Gruppe und $g \in G$ ein Element von G.

a) Ich behaupte, dass jedes $g \in G$ Anlass zu einem Homomorphismus $\varphi_g \colon \mathbb{Z} \to G$ gibt. Wie sieht φ_g wohl aus? (Tipp: Aufgabe 2.16 a) könnte hilfreich sein.)

b) Warum ist *jeder* Homomorphismus $\psi \colon \mathbb{Z} \to G$ von der Gestalt φ_g für ein geeignetes $g \in G$? (Tipp: $\psi(1)$ spielt eine dominante Rolle!) (☠)

$\boxed{\text{A}}$ **4.6** Zeige, dass für einen Homomorphismus $\varphi \colon G \to H$

$$\varphi(g^n) = \varphi(g)^n \quad \text{für alle } n \in \mathbb{Z} \text{ gilt.}$$

(Tipp: Unterscheide die Fälle $n \geqslant 0$ und $n < 0$. Führe den zweiten Fall unter Beachtung von $g^n := (g^{-1})^{-n}$ auf den ersten zurück.)

$\boxed{\text{A}}$ **4.7** Wenn dir Aufgabe 2.18 damals zu hart war, ist jetzt ein guter Zeitpunkt, sie nochmals zu probieren. Du solltest dort nichts anderes zeigen, als dass

$$\lambda \colon G \to S(G), \quad g \mapsto \ell_g,$$

ein Gruppenhomomorphismus von G in die symmetrische Gruppe $S(G)$, also die Gruppe aller Bijektionen von G, ist.

4.2 Kern und Bild

Einem jeden Homomorphismus lassen sich zwei Untergruppen zuordnen, deren Größen von seiner In- bzw. Surjektivität abhängen.

Definition 4.2 Seien G und H Gruppen und $\varphi\colon G \to H$ ein Homomorphismus. Sein *Kern* und *Bild* (engl.: image) definiert als

$$\ker\varphi = \{\, g \in G \mid \varphi(g) = e_H \,\} = \varphi^{-1}(e_H) \quad \text{und}$$

$$\operatorname{im}\varphi = \{\, \varphi(g) \mid g \in G \,\} = \varphi(G). \qquad\qquad \diamond$$

Satz 4.1 Für jeden Homomorphismus $\varphi\colon G \to H$ gilt:

(1) $\ker\varphi$ und $\operatorname{im}\varphi$ sind Untergruppen von G bzw. H.

(2) φ ist genau dann injektiv, wenn $\ker\varphi = \{e_G\}$, sein Kern also trivial ist.

(3) φ ist genau dann surjektiv, wenn $\operatorname{im}\varphi = H$ gilt.

Der Beweis dieses Satzes wird dir als Übungsaufgabe 4.8 anvertraut. Er ist nicht ganz geschenkt (bis auf (3)), aber sollte machbar sein. Teste dein mathematisches Können, indem du dich gleich an diese Aufgabe setzt (zunächst ohne in der Lösung zu spicken, versprochen?).

Bevor wir uns Beispiele anschauen, kommt noch ein wenig Terminologie.

Definition 4.3 Ein Gruppenhomomorphismus φ heißt *Monomorphismus*, falls er injektiv ist, *Epimorphismus*, falls er surjektiv ist, und *Isomorphismus*, falls φ beides erfüllt, also bijektiv ist. $\diamond$

Nun bestimmen wir Kern und Bild für die Homomorphismen aus den Beispielen des letzten Abschnitts.

Beispiel 4.1′ Für den trivialen Homomorphismus ist $\ker\varphi = G$ (da *jedes* $g \in G$ auf e_H abgebildet wird) und $\operatorname{im}\varphi = \{e_H\}$.

Beispiel 4.2′ Für die Restklassenprojektion $\pi_n \colon \mathbb{Z} \to \mathbb{Z}_n$ gilt

$$\ker \pi_n = n\mathbb{Z} = \{\, 0, \pm\, n, \pm\, 2n, \dots \,\}, \quad \text{denn es ist}$$

$$k \in \ker \pi_n \iff \pi_n(k) = \overline{k} = \overline{0} \iff k \in 0 + n\mathbb{Z} = n\mathbb{Z}.$$

Insbesondere ist π_n nicht injektiv, da sein Kern nicht trivial ist. Das Bild von π_n ist die Menge aller Restklassen, also ganz $\mathbb{Z}_n$:

$$\operatorname{im} \pi_n = \{\, \pi_n(k) \mid k \in \mathbb{Z} \,\} = \{\, \overline{k} \mid k \in \mathbb{Z} \,\} = \{\, \overline{0}, \dots, \overline{n-1} \,\} = \mathbb{Z}_n.$$

π_n ist somit ein Epimorphismus.

Beispiel 4.3′ Für den komplexen Betrag gilt

$$\ker |\,\cdot\,| = \{\, z \in \mathbb{C}^* \mid |z| = 1 \,\} = \{\, z = \mathrm{e}^{\mathrm{i}\theta} \mid \theta \in [\,0, 2\pi\,) \,\},$$

also ist $\ker |\,\cdot\,| = S^1$ der Einheitskreis in der gaußschen Zahlenebene. Als Bild erhalten wir

$$\operatorname{im} |\,\cdot\,| = \mathbb{R}^+,$$

denn für jedes $z = r \cdot \mathrm{e}^{\mathrm{i}\theta}$ mit $r > 0$ ist $|z| = r$.

Beispiel 4.4′ Es ist

$$\ker \det = \{\, A \in \mathrm{GL}_n(\mathbb{K}) \mid \det A = 1 \,\} = \mathrm{SL}_n(\mathbb{K})$$

(nach Definition der speziellen linearen Gruppe) und

$$\operatorname{im} \det = \mathbb{K}^*,$$

denn zu jedem $0 \neq \lambda \in \mathbb{K}$ lässt sich eine Matrix in $\mathrm{GL}_n(\mathbb{K})$ finden, die λ als Determinante besitzt (z.B. die Einheitsmatrix, bei der im ersten Eintrag die 1 durch λ ersetzt wurde).

$\boxed{\text{A}}$ **4.8** Beweise Satz 4.1.

A **4.9** Ist $\varphi\colon G \to H$ ein Homomorphismus und $K \leqslant H$, so ist $\varphi^{-1}(K) \leqslant G$. „Urbilder von Untergruppen unter Homomorphismen bleiben Untergruppen."

A **4.10** Bestimme Kern und Bild für die Homomorphismen aus den Aufgaben des letzten Abschnitts.

4.3 Isomorphie

Bereits auf Seite 11 hatten wir erkannt, dass es eine 1:1-Beziehung zwischen den Elementen der Gruppen D_3 und S_3 gibt, die sogar „verknüpfungserhaltend" ist. Inzwischen können wir dies konkreter so ausdrücken: Die Abbildung

$$\pi\colon D_3 \to S_3, \quad g \mapsto \pi_g,$$

wobei π_g die von der Dreieckssymmetrie $g \in D_3$ auf den Eckpunkten bewirkte Permutation bezeichnet, ist ein bijektiver Homomorphismus, also ein Isomorphismus zwischen diesen Gruppen.

Dass π verknüpfungserhaltend ist, bedeutet nichts anderes als die Gültigkeit der Homomorphieeigenschaft, also dass

$$\pi(g \circ h) = \pi_g \circ \pi_h$$

für alle $g, h \in D_3$ gilt. Dies ist hier klar, denn die Dreiecksymmetrie $g \circ h$ bewirkt dieselbe Eckpunkt-Permutation wie die Hintereinanderausführung $\pi_g \circ \pi_h$ der zu g und h gehörigen Permutationen. Die Injektivität von π folgt aus $\ker \pi = \{\mathrm{id}\}$, was offensichtlich ist, da nur die identische Bewegung auf die identische Permutation abgebildet wird (alle anderen Dreiecksbewegungen verändern mindestens zwei Eckpunktnummern). Aufgrund von $|D_3| = 6 = |S_3|$ ist π automatisch auch sur- und damit bijektiv. Dass D_3 und S_3 isomorph sind, notiert man so:

$$D_3 \cong S_3.$$

Entscheidend ist nun Folgendes: Abgesehen von den unterschiedlichen Bezeichnungen ihrer Elemente, sind die isomorphen Gruppen D_3 und S_3 für alle gruppentheoretischen Belange als exakt *gleich* anzusehen; das Wort „isomorph" bedeutet auch nichts anderes als „gleichgestaltig". In Aufgabe 4.12 wird präzisiert, was damit alles gemeint ist; nimm dir gleich jetzt Zeit, sie gründlich zu bearbeiten. Weiter im Text: Wenn wir also Gruppen der Ordnung 6 klassifizieren, so werden D_3 und S_3 nicht unterschieden.

Wir beschließen diesen kurzen, aber wichtigen Abschnitt mit einer nicht ganz selbstverständlichen Tatsache.

Satz 4.2   Ist $\varphi \colon G \to H$ ein Isomorphismus, so ist seine Umkehrabbildung $\varphi^{-1} \colon H \to G$ automatisch ein Homomorphismus. (Wir müssen also die Homomorphie von φ^{-1} nicht jedes Mal gesondert überprüfen.)

Beweis: Es seien $h, h' \in H$ beliebig. Da φ bijektiv ist, gibt es $g, g' \in G$ mit $\varphi(g) = h$ und $\varphi(g') = h'$, und es folgt

$$\varphi^{-1}\left(h \cdot h'\right) = \varphi^{-1}\left(\varphi(g) \cdot \varphi(g')\right) = \varphi^{-1}\left(\varphi(g \cdot g')\right)$$

$$= \left(\varphi^{-1} \circ \varphi\right)(g \cdot g') = \mathrm{id}_G(g \cdot g') = g \cdot g'$$

$$= \varphi^{-1}(h) \cdot \varphi^{-1}(h').$$

Beachte, dass hierbei wirklich nur die Homomorphie von φ einging (zweites Gleichzeichen), sowie $\varphi^{-1} \circ \varphi = \mathrm{id}_G$. $\square$

Anmerkung: Die Umkehrabbildung φ^{-1} ist natürlich ebenfalls bijektiv, also insgesamt ein *Iso*morphismus von H nach G. Überraschend ist hierbei nicht die Bijektivität, sondern eben, dass φ^{-1} automatisch homomorph ist, weshalb in obigem Satz absichtlich nur „Homomorphismus" steht.

Beispiel 4.5   Die e-Funktion $\exp \colon (\mathbb{R}, +) \to (\mathbb{R}^+, \cdot)$, $x \mapsto \mathrm{e}^x$, ist bekanntermaßen ein Isomorphismus, da sie bijektiv ist und

$$\exp(x + y) = \mathrm{e}^{x+y} = \mathrm{e}^x \cdot \mathrm{e}^y = \exp(x) \cdot \exp(y)$$

erfüllt. Die Umkehrfunktion der e-Funktion, also der natürliche Logarithmus, $\ln\colon (\mathbb{R}^+, \cdot) \to (\mathbb{R}, +)$, ist laut obigem Satz automatisch homomorph, d.h. das Logarithmengesetz

$$\ln(x \cdot y) = \ln(x) + \ln(y)$$

braucht nicht gesondert bewiesen zu werden, sondern folgt aus der Isomorphieeigenschaft der e-Funktion.

A 4.11 Es sei $\mathscr{G}$ eine nicht leere Menge von Gruppen. Weise nach, dass durch $G \sim H \;:\Longleftrightarrow\; G \cong H$ eine Äquivalenzrelation auf $\mathscr{G}$ definiert wird.

A 4.12 *Eigenschaften isomorpher Gruppen.*

Seien $G \cong H$ isomorphe Gruppen mit Isomorphismus $\varphi\colon G \to H$. Zeige:

(1) $|G| = |H|$, d.h. Isomorphie erhält die Ordnung. Folgere, dass $D_4 \not\cong S_4$ ist.

(2) G und H besitzen dieselbe Gruppentafel. (G und H seien endlich.)

(3) Ist G kommutativ, dann auch H. Folgere $\mathbb{Z}_6 \not\cong S_3$.

(4) G und H besitzen gleich viele Elemente der Ordnung n ($n \in \mathbb{N}$ beliebig). Reminder: Die Ordnung von $g \in G$ ist die kleinste natürliche Zahl mit $g^n = e$. Folgere $\mathbb{Z}_4 \not\cong \mathbb{Z}_2 \times \mathbb{Z}_2$ und $Q_8 \not\cong D_4$.

(5) Wird $G = \langle\, g \,\rangle = \{\, g^k \mid k \in \mathbb{Z} \,\}$ von einem Element g erzeugt, so wird auch H von einem Element erzeugt. Folgere erneut $\mathbb{Z}_4 \not\cong \mathbb{Z}_2 \times \mathbb{Z}_2$.

Mittels der Kriterien dieser Aufgabe lässt sich oft rasch erkennen, dass zwei bestimmte Gruppen *nicht* isomorph sein können. Zu zeigen, *dass* zwei Gruppen isomorph sind, ist ohne weitere Theorie hingegen meist kein leichtes Unterfangen, denn man muss ja zunächst eine Idee davon haben, wie man den Isomorphismus konstruieren könnte. Manchmal ist dies offensichtlich wie z.B. in

$\boxed{\text{A}}$ **4.13**   Zeige $Z_n \cong \mathbb{Z}_n$ (siehe Aufgabe 2.17 für Z_n).

Doch bereits die nächste Aufgabe zeigt, dass es selbst bei kleiner Gruppenordnung nicht immer ganz trivial ist, auf den Isomorphismus zu kommen. (Um den Totenkopf zu rechtfertigen, gibt es keinen Tipp; wenn du gar nicht weiterkommst, hol dir eine Idee in der Lösung.)

$\boxed{\text{A}}$ **4.14** ₘₐₜ Beweise, dass $GL_2(\mathbb{F}_2) \cong S_3$ ist. (Siehe dazu Aufgabe 3.12.)   ☠

$\boxed{\text{A}}$ **4.15**   Sei $(G, \star)$ die Gruppe aus Aufgabe 2.1 c) mit der Verknüpfung $a \star b := a + b + ab$ auf der Menge $G = \mathbb{Q} \setminus \{-1\}$. Zeige dass $\varphi \colon G \to \mathbb{Q}^*$, $a \mapsto a + 1$, ein Isomorphismus von G in die multiplikative Gruppe $\mathbb{Q}^*$ des Körpers $\mathbb{Q}$ ist.
Kannst du auch einen Isomorphismus von $(\mathbb{Q}^*, \cdot)$ nach $(\mathbb{Q}, +)$ finden?

$\boxed{\text{A}}$ **4.16**   Für eine endliche Gruppe G kann eine echte Untergruppe $H < G$ natürlich niemals isomorph zu G sein, da $|H| < |G|$ ist. Finde ein möglichst einfaches Beispiel dafür, dass dies bei unendlichen Gruppen durchaus möglich ist.

$\boxed{\text{A}}$ **4.17**   Einen Isomorphismus $\varphi \colon G \to G$ einer Gruppe in sich selbst nennt man *Automorphismus*. Die Menge aller Automorphismen bezeichnet man mit $\mathrm{Aut}(G)$.

a) Zeige, dass $\mathrm{Aut}(G)$ mit der Komposition als Verknüpfung eine Gruppe bildet, die sogenannte *Automorphismengruppe* von G.

b) Jedem Gruppenelement $g \in G$ lässt sich eine Abbildung κ_g zuordnen durch

$$\kappa_g \colon G \to G, \quad x \mapsto gxg^{-1},$$

Konjugation mit g genannt. Weise $\kappa_g \in \mathrm{Aut}(G)$ nach.

c) Man fasst alle Konjugationen zusammen als

$$\mathrm{Inn}(G) := \{\, \kappa_g \mid g \in G \,\}$$

und nennt dies die Menge der *inneren Automorphismen* von G. Zeige, dass $\mathrm{Inn}(G)$ eine Untergruppe von $\mathrm{Aut}(G)$ ist, und dass $\mathrm{Inn}(G)$ im Falle einer abelschen Gruppe G trivial ist.

$\boxed{\text{A}}$ **4.18** Zeige, dass $\mathrm{Aut}(\mathbb{Z}_2 \times \mathbb{Z}_2) \cong S_3$ ist.

5 Der Satz von Lagrange

In diesem Kapitel verallgemeinern wir das, was wir schon von der Restklassenbildung in $\mathbb{Z}$ kennen, auf beliebige Gruppen. Als Krönung erhalten wir am Ende den Satz von Lagrange, unser erstes fundamentales Resultat, das eine Aussage über die möglichen Ordnungen von Untergruppen einer endlichen Gruppe macht.

5.1 Nebenklassen

Alles beginnt mit einer ganz harmlosen Definition.

Definition 5.1   Es sei $H \leqslant G$ eine Untergruppe einer Gruppe G und $g \in G$ ein Element von G. Die *Linksnebenklasse* von g ist definiert als

$$gH := \{\, gh \mid h \in H \,\} \subseteq G.$$

Entsprechend ist $Hg := \{\, hg \mid h \in H \,\} \subseteq G$ die *Rechtsnebenklasse* von g. $\diamondsuit$

Beispiel 5.1   Für jedes $n \in \mathbb{N}$ ist $H = n\mathbb{Z} = \{\, kn \mid k \in \mathbb{Z} \,\}$ eine Untergruppe von $G = \mathbb{Z}$, denn mit $kn, \ell n \in H$ liegt auch $kn - \ell n = (k - \ell)n$ wieder in H. Die Linksnebenklasse von $g \in \mathbb{Z}$, die wir hier additiv als $g + H$ anstelle von gH schreiben, ist nichts anderes als die gute alte Restklasse von g modulo n:

$$g + H = g + n\mathbb{Z} = \{\, g + kn \mid k \in \mathbb{Z} \,\} = \overline{g}.$$

Da $(\mathbb{Z}, +)$ eine abelsche Gruppe ist, gibt es hier natürlich keinen Unterschied zwischen Links- und Rechtsnebenklassen:

$$
\begin{aligned}
H + g = n\mathbb{Z} + g &= \{\, kn + g \mid k \in \mathbb{Z} \,\} \\
&= \{\, g + kn \mid k \in \mathbb{Z} \,\} = g + n\mathbb{Z} = g + H.
\end{aligned}
$$

Beachte, dass $g + H$ in der Regel keine Untergruppe ist, denn für $g \not\equiv 0 \pmod{n}$ liegt das Neutralelement $e = 0$ nicht mehr in $g + H$.

Beispiel 5.2   Als nicht kommutatives Beispiel betrachten wir die von der Transposition $\tau = (1\ 2) \in S_3$ erzeugte Untergruppe $H = \langle \tau \rangle = \{\text{id}, \tau\} \leqslant S_3$. Die Linksnebenklasse des 3-Zykels $\gamma = (1\ 2\ 3)$ ist gegeben durch

$$\gamma H = \{\gamma \circ \text{id}, \gamma \circ \tau\} = \{(1\ 2\ 3), (1\ 3)\},$$

während für die Rechtsnebenklasse von γ gilt:

$$H\gamma = \{\text{id} \circ \gamma, \tau \circ \gamma\} = \{(1\ 2\ 3), (2\ 3)\} \neq \gamma H.$$

Im nicht abelschen Fall kann es also durchaus einen Unterschied machen, ob man Links- oder Rechtsnebenklassen betrachtet. Wir werden in diesem Buch fast ausschließlich mit Linksnebenklassen arbeiten und reservieren dafür ab jetzt den Begriff „Nebenklasse".

Das folgende simple Lemma ist nützlich beim Umgang mit Nebenklassen.

Lemma 5.1   Sei $H \leqslant G$ und $x, y \in G$ beliebig. Dann sind äquivalent:

(i) $xH = yH$

(ii) $y \in xH$

(iii) $x^{-1}y \in H$.

Beweis: (i) $\Rightarrow$ (ii): Wegen $e \in H$ gilt $y = ye \in yH = xH$.

(ii) $\Rightarrow$ (iii): Ist $y \in xH$, dann gibt es ein $h \in H$ mit $y = xh$, und Anwenden von $\ell_{x^{-1}}$ ergibt $x^{-1}y = h \in H$.

(iii) $\Rightarrow$ (i): Gibt es ein $h' \in H$ mit $x^{-1}y = h'$, so ist $y = xh'$, und für alle $h \in H$ gilt

$$yh = (xh')h = x(h'h) \in xH, \quad \text{also ist} \quad yH \subseteq xH.$$

Umgekehrt folgt aus $x^{-1}y = h'$ bzw. $y = xh'$, dass $x = yh'^{-1}$ ist. Aufgrund von $h'^{-1} \in H$ erhalten wir $xh = yh'^{-1}h \in yH$ für alle $h \in H$, sprich $xH \subseteq yH$. Zusammen zeigt dies $xH = yH$.   □

Ist dir aufgefallen, an welchen Stellen des Beweises verwendet wurde, dass H eine Untergruppe von G ist? Falls nein, schau ihn dir nochmals gründlich an!

Wir halten noch einen trivialen, aber nützlichen Spezialfall fest.

Korollar 5.1   Ist $H \leqslant G$, dann gilt

$$gH = H \iff g \in H \qquad (\text{analog} \quad Hg = H \iff g \in H).$$

Beweis: Die erste Äquivalenz ergibt sich sofort, wenn man in Lemma 5.1 $x = e$ und $y = g$ setzt. Für Rechtsnebenklassen gilt analog $Hx = Hy$ genau dann, wenn xy^{-1} in H liegt (Beweis fast wörtlich wie oben), also folgt die Klammeraussage für $x = g$ und $y = e$.   □

Beispiel 5.3   Schauen wir uns an, was Bedingung (iii), also $x^{-1}y \in H$, in der Situation $G = \mathbb{Z}$ und $H = n\mathbb{Z}$ bedeutet. Additiv geschrieben lautet (iii)

$$-x + y \in H = n\mathbb{Z},$$

was $y - x = kn$ für ein $k \in \mathbb{Z}$ heißt. Somit bedeutet Bedingung (iii) hier nichts anderes als die aus Abschnitt 3.1.1 wohlbekannte Äquivalenzrelation $y \sim x \iff y \equiv x \pmod{n}$. Die damaligen Restklassen $x + n\mathbb{Z}$ sind genau die Nebenklassen $x + H$, wie obiges Lemma bestätigt (denn (iii) ist gleichbedeutend mit (ii)). Dies übertragen wir nun auf beliebige Gruppen.

Satz 5.1   Ist $H \leqslant G$ eine Untergruppe der Gruppe G, so wird durch

$$y \sim_H x :\iff x^{-1}y \in H$$

eine Äquivalenzrelation auf G definiert, deren Äquivalenzklassen genau die Nebenklassen von H sind. Insbesondere bildet die Menge aller Nebenklassen von H eine Partition von G, d.h. es ist

$$G = \biguplus_{i \in I} g_i H,$$

wobei $(g_i)_{i \in I}$ ein vollständiges Repräsentantensystem der Nebenklassen sei.

(Die Indexmenge I, um deren exakte Definition ich mich hier elegant drücke, braucht dich nicht zu erschrecken; sie wird im Folgenden meist eine endliche Teilmenge von $\mathbb{N}$ sein.)

Beweis: Die mühsame Kleinarbeit haben wir bereits in Lemma 5.1 erledigt. Laut diesem ist nämlich $y \sim_H x$, d.h. $x^{-1}y \in H$, äquivalent zu $xH = yH$, und diese Gleichheit von Nebenklassen ist offensichtlich reflexiv, symmetrisch und transitiv und stellt somit eine Äquivalenzrelation dar. Dass die zu $\sim_H$ gehörigen Äquivalenzklassen $[x]_H$ die Nebenklassen xH sind, folgt aus

$$y \in [x]_H \iff y \sim_H x \iff x^{-1}y \in H \iff y \in xH,$$

wobei die letzte Äquivalenz wieder auf Lemma 5.1 basiert[1]. Der Rest folgt nun ganz allgemein aus Satz 8.3 bzw. 8.4. $\square$

Beispiel 5.4 Wir bestimmen in $G = \mathbb{Z}_6$ alle Nebenklassen der Untergruppe $H = \langle\, \overline{3}\, \rangle = \{\, \overline{0}, \overline{3}\, \}$ (beachte $\overline{3} + \overline{3} = \overline{6} = 0$). Es gibt drei verschiedene Nebenklassen:

$$\overline{0} + H = \{\, \overline{0}, \overline{3}\, \} = \overline{3} + H,$$
$$\overline{1} + H = \{\, \overline{1}, \overline{4}\, \} = \overline{4} + H,$$
$$\overline{2} + H = \{\, \overline{2}, \overline{5}\, \} = \overline{5} + H.$$

Man erkennt wunderbar, dass alle Nebenklassen entweder gleich oder disjunkt sind und eine Partition von $G = \mathbb{Z}_6$ bilden. Es ist

$$\mathbb{Z}_6 = (\overline{0} + H) \cup (\overline{1} + H) \cup (\overline{2} + H) = \biguplus_{i \in \{0,1,2\}} (\overline{i} + H),$$

---

[1] Beachte, dass all dies nur funktioniert, wenn H eine Untergruppe ist; siehe Aufgabe 5.1.

d.h. $(\overline{0}, \overline{1}, \overline{2}) = (\overline{i})_{i \in \{0,1,2\}}$ ist hier ein vollständiges Repräsentantensystem der Nebenklassen und die Indexmenge $I = \{0, 1, 2\}$ besitzt die Ordnung $|I| = 3$. Man sagt, dass H den *Index* 3 in G besitzt, da $|I| = 3$ ist.

Definition 5.2   Es sei $H \leqslant G$ und $G = \biguplus_{i \in I} g_i H$ die Nebenklassenzerlegung von G bezüglich H. Dann heißt $|I|$, also die Anzahl der verschiedenen Nebenklassen, der (linke) *Index* von H in G und wird mit $|G : H|$ bezeichnet. $\diamond$

Beispiel 5.5   Natürlich gilt $|G : G| = 1$ für jede Gruppe G, da es nur eine einzige G-Nebenklasse, nämlich G selbst, gibt, da $gG = G$ für alle $g \in G$.

Weiterhin ist $|G : \{e\}| = |G|$, da bezüglich der trivialen Untergruppe $H = \{e\}$ genau $|G|$ Nebenklassen existieren: $gH = g\{e\} = \{g\}$ für alle $g \in G$.

Beispiel 5.6   Der Index der Untergruppe $H = n\mathbb{Z} \leqslant \mathbb{Z}$ beträgt $|\mathbb{Z} : n\mathbb{Z}| = n$, da es n verschiedene Nebenklassen bezüglich H gibt, nämlich $k + H = k + n\mathbb{Z} = \overline{k}$ für $k \in \{0, \dots, n-1\}$.

A **5.1**   Es sei $H = \{\overline{1}, \overline{2}\} \subset \mathbb{Z}_3$ eine Teilmenge von $\mathbb{Z}_3$, die keine Untergruppe ist. Überzeuge dich davon, dass in diesem Fall die Mengen $\overline{k} + H$, $\overline{k} \in \mathbb{Z}_3$, keine Partition von $\mathbb{Z}_3$ bilden.

A **5.2**   Wiederhole Beispiel 5.4 für $G = S_3$ und $H = \langle (1\ 2\ 3) \rangle$.

A **5.3**   Bestimme den Index von $H = \langle r \rangle$ in $G = D_4 = \langle r, s \rangle$.

A **5.4**   Ist $H \leqslant G$ und $G = \biguplus_{j \in J} H g_j$ die Rechtsnebenklassenzerlegung von G bezüglich H, dann heißt $|J|$, also die Anzahl der verschiedenen Rechtsnebenklassen, der *rechte Index* von H in G. Zeige, dass rechter Index = (linker) Index gilt. ☠
(Tipp: Die Inversion inv: $G \to G$, $x \mapsto x^{-1}$, wird dir helfen.)

5.2 Der Satz von Lagrange

Lemma 5.2 Ist $H \leqslant G$ Untergruppe einer Gruppe G, so besitzen alle H-Nebenklassen dieselbe Ordnung.

Beweis: Die Linkstranslation $\ell_g \colon H \to gH$, $h \mapsto gh$, ist bijektiv, denn ihre Umkehrabbildung ist $\ell_{g^{-1}}$. Folglich gilt $|gH| = |\ell_g(H)| = |H|$ für alle $g \in G$. $\qquad\square$

Aus dieser simplen Beobachtung folgt im Falle $|G| < \infty$ ein fundamentales Resultat.

Satz 5.2 (*Satz von Lagrange*[2])

Ist H eine Untergruppe der endlichen Gruppe G, so ist die Ordnung von H ein Teiler der Ordnung von G und der Quotient $\frac{|G|}{|H|}$ ist der Index von H in G. In Kurzform:

$$H \leqslant G \implies |G : H| = \frac{|G|}{|H|} \in \mathbb{N}.$$

Beweis: Es sei $|G : H| = n \in \mathbb{N}$ der Index von H und weiter sei $G = \biguplus_{i=1}^{n} g_i H$ die Nebenklassenzerlegung von G. Aufgrund von $|g_i H| = |H|$ für alle i folgt daraus für die Ordnung von G sofort $|G| = n \cdot |H| = |G : H| \cdot |H|$. Teilen durch $|H|$ und fertig. $\qquad\square$

Anmerkung: Lass dich von der Einfachheit des Beweises nicht darüber hinwegtäuschen, dass dieser Satz eine sehr starke Aussage macht: Die Gruppenordnung $|G|$, also einfach nur eine *Zahl*, beinhaltet bereits einige Informationen über die *algebraische Struktur* der Gruppe selbst bzw. über ihre Untergruppenstruktur. So kann z.B. die Gruppe $G = \mathbb{Z}_{12}$ keine Untergruppe der Ordnung 20 besitzen, da 20 kein Teiler von $|G| = 42$ ist. Viel Spaß dabei, die

---

[2] Joseph-Louis Lagrange (1736 – 1813); italienisch-französischer Mathematiker und Physiker. War bereits mit 19 Jahren Professor in Turin und wurde von Napoleon als „Pyramidenspitze der mathematischen Wissenschaften" betitelt. Leistete monumentale Beiträge zur Analysis, Zahlentheorie, Mechanik, Astronomie undundund...

Nichtexistenz einer solchen Untergruppe elementar zu beweisen, etwa durch Rumgemurkse mit der Gruppentafel.

Und noch was: Die Umkehrung des Satzes von Lagrange ist *falsch*. Es muss nicht zu jedem Teiler t der Gruppenordnung $|G|$ auch eine Untergruppe H mit $|H| = t$ geben (einfachstes Gegenbeispiel: A_4, eine Untergruppe der S_4 der Ordnung 12, besitzt keine Untergruppe der Ordnung 6; siehe [DuF]).

$\boxed{\text{A}}$ **5.5**   Welche Untergruppenordnungen sind in $\mathbb{Z}_{12}$ möglich? Sind all diese Möglichkeiten in $\mathbb{Z}_{12}$ auch tatsächlich realisiert?

$\boxed{\text{A}}$ **5.6**   Es seien $H \leqslant K$ ineinander liegende Untergruppen der Gruppe G. Beweise für den Fall $|G| < \infty$ die „3-Index-Formel"

$$|G : H| = |G : K| \cdot |K : H|.$$

[Schaffst du auch einen Beweis ohne Verwendung des Satzes von Lagrange? Dieser hätte den Vorteil, dass er auch Erkenntnisse für unendliche Indizes bringt.   ☠]

$\boxed{\text{A}}$ **5.7**   Es seien H und K Untergruppen einer Gruppe G.

a) Sind deren Ordnungen $|H| = m$ und $|K| = n$ teilerfremd, so besitzen sie trivialen Schnitt, also $H \cap K = \{e\}$.

b) Gilt $H \neq K$ und ist $|H| = |K| = p$ prim, so folgt ebenfalls $H \cap K = \{e\}$.

6 Faktorgruppen

Nun kommen wir zu einer der fundamentalsten Ideen der Gruppentheorie bzw. der Algebra überhaupt, dem „Herausteilen" oder „Wegfaktorisieren" einer Unterstruktur. Erfahrungsgemäß ist der Umgang mit Faktorgruppen zunächst etwas gewöhnungsbedürftig – es sei denn, du hast bereits Quotientenvektorräume in der Linearen Algebra kennen gelernt. Gib dir also genügend Zeit, dich an die folgenden Konzepte zu gewöhnen.

6.1 Faktormengen müssen keine Gruppen sein

Wie wir in 5.1 gesehen haben, kann man jeder Untergruppe H einer Gruppe G eine Äquivalenzrelation zuordnen, indem man $x \sim_H y$ setzt, wenn $x^{-1}y \in H$ gilt. Die Äquivalenzklassen dieser Relation sind dann genau die Nebenklassen von H und diese partitionieren G, d.h. $G = \biguplus_{i \in I} g_i H$. Die Faktormenge dieser Relation, $G/\sim_H$, sprich die Menge aller Äquivalenzklassen (siehe Seite 126 im Anhang), bezeichnet man in diesem Fall mit G/H, gelesen als „G modulo H", d.h. es ist

$$G/H = \{\, g_i H \mid i \in I \,\}.$$

(Da von der Mengenschreibweise $\{\ldots\}$ Mehrfachnennungen verschluckt werden, könnte man auch $G/H = \{\, gH \mid g \in G \,\}$ schreiben, muss dann aber beachten, dass es für $H \neq \{e\}$ stets Elemente $g \neq g'$ mit $gH = g'H$ gibt. Ich glaube, diese Klammerbemerkung verwirrt mehr, als dass sie hilft, also vergiss sie einfach wieder.)

Beispiel 6.1   Schauen wir unser klassisches Beispiel $G = \mathbb{Z}$ und $H = n\mathbb{Z}$ an. Hier kennen wir die Faktormenge bereits gut: Es ist $G/H = \mathbb{Z}/n\mathbb{Z}$ die Menge aller Restklassen modulo n, da die von $H = n\mathbb{Z}$ gestiftete Äquivalenzrelation nichts anderes als Kongruenz modulo n ist (siehe Beispiel 5.3).
Abbildung 6.1 illustriert den Übergang von der Gruppe $G = \mathbb{Z}$

zur Faktormenge G/H. Zunächst werden die Elemente von $\mathbb{Z}$ in ihre jeweiligen Nebenklassen $k + H = k + n\mathbb{Z}$ (beachte wieder, dass wir hier die additive Schreibweise $k + H$ anstelle von kH verwenden) geschoben, wodurch $\mathbb{Z}$ in n disjunkte „Scheiben" zerschnitten wird. Anschließend werden diese Scheiben zu jeweils einem Punkt zusammengequetscht, d.h. man fasst jede Nebenklasse $k + H$ als ein einziges Element in der Faktormenge G/H auf. Somit besteht die Faktormenge $G/H = \mathbb{Z}/n\mathbb{Z}$ aus den n verschiedenen „Punkten" $0 + H = \overline{0}$, $1 + H = \overline{1}$, ..., $n - 1 + H = \overline{n - 1}$. Jedes $k + H$ ist zwar für sich betrachtet eine Teilmenge von $\mathbb{Z}$, wird nun aber als *ein* Element der Faktormenge G/H aufgefasst.

$$G = \mathbb{Z} \text{ partitioniert durch } H = n\mathbb{Z}$$

$\vdots$	$\vdots$	$\vdots$	$\vdots$	$\vdots$
$0 + 2n$	$1 + 2n$	$2 + 2n$		$n - 1 + 2n$
$0 + n$	$1 + n$	$2 + n$		$n - 1 + n$
0	**1**	**2**	$\cdots$	$\boldsymbol{n - 1}$
$0 - n$	$1 - n$	$2 - n$		$n - 1 - n$
$0 - 2n$	$1 - 2n$	$2 - 2n$		$n - 1 - 2n$
$\vdots$	$\vdots$	$\vdots$	$\vdots$	$\vdots$

$\downarrow$	$\downarrow$	$\downarrow$		$\downarrow$
❋	❋	❋	$\cdots$	❋
$\boldsymbol{0 + H}$	$\boldsymbol{1 + H}$	$\boldsymbol{2 + H}$		$\boldsymbol{(n - 1) + H}$

$$\text{Faktormenge } G/H = \mathbb{Z}/n\mathbb{Z}$$

Abbildung 6.1: Übergang zur Faktormenge.

My apologies an die LeserInnen, die ich jetzt zu Tode gelangweilt habe, weil ihnen ein Blick auf das Bildchen genügt hätte, aber mir erschien die ausführliche Erklärung hier angebracht, damit wirklich jeder versteht, was es mit der Faktormenge auf sich hat.

Ja Moment mal, wieso ist hier eigentlich immer nur die Rede von der Faktor*menge*? In obigem Beispiel ist $G/H = \mathbb{Z}/n\mathbb{Z}$ ja sogar eine Gruppe: Die Verknüpfung

$$(k + H) + (\ell + H) = (k + \ell) + H,$$

also repräsentantenweises Addieren der Nebenklassen, macht aus $\mathbb{Z}/n\mathbb{Z}$ selbst wieder eine (abelsche) Gruppe, wie wir bereits seit Satz 3.2 wissen. Genau hier liegt aber der Hund begraben: Diese Art der Verknüpfung kann schiefgehen, wenn H Untergruppe einer nicht abelschen Gruppe ist, wie das nächste Beispiel zeigt.

Beispiel 6.2 Es sei $H = \{\,\mathrm{id}, (1\ 2)\,\}$ die von $\tau = (1\ 2)$ erzeugte Untergruppe von $G = S_3$. Nach Lagrange gibt es

$$|G : H| = \frac{|G|}{|H|} = \frac{6}{2} = 3$$

verschiedene Nebenklassen von H in G und diese sind

$$g_1 H = H = \{\,\mathrm{id}, (1\ 2)\,\} \qquad \text{mit } g_1 = \mathrm{id},$$
$$g_2 H = \{\,(1\ 3), (1\ 2\ 3)\,\} \qquad \text{mit } g_2 = (1\ 3),$$
$$g_3 H = \{\,(2\ 3), (1\ 3\ 2)\,\} \qquad \text{mit } g_3 = (2\ 3).$$

Nun versuchen wir auf der Faktormenge

$$G/H = \{\,g_1 H, g_2 H, g_3 H\,\}$$

eine repräsentantenweise Multiplikation einzuführen durch

$$g_i H \cdot g_j H := (g_i g_j) H. \qquad (\star)$$

Sieht gut aus, ist aber leider nicht mal wohldefiniert, da nicht repräsentenunabhängig: Es ist nämlich $g_1 H \cdot g_2 H = (g_1 g_2) H = (\mathrm{id} g_2) H = g_2 H$, aber

$$g_1' H \cdot g_2 H = (g_1' g_2) H = ((1\ 2)(1\ 3)) H = (1\ 3\ 2) H$$
$$= g_3' H \neq g_2 H,$$

was aufgrund von $g_1 H = g_1' H$ auf das absurde Resultat

$$g_1 H \cdot g_2 H \neq g_1 H \cdot g_2 H$$

führt. Pech gehabt! Es ist hier also nicht möglich, die Gruppenstruktur von $G = S_3$ mittels $(\star)$ auf die Faktormenge G/H zu übertragen.

Abbildung 6.2 stellt die Bedingung, die für die Wohldefiniertheit der Multiplikation $(\star)$ von Nebenklassen erfüllt sein muss, grafisch dar: Unabhängig davon, welche Vertreter g_i, g_i' von $g_i H$ und g_j, g_j' von $g_j H$ man auch wählt, durch die Produktbildung $g_i g_j$ oder $g_i' g_j'$ muss man stets in derselben Nebenklasse $(g_i g_j) H$ landen!

Nebenklassenzerlegung von G nach H

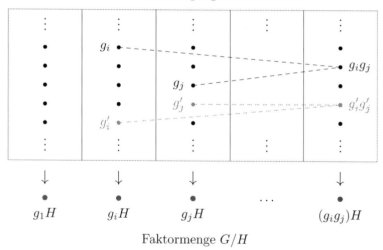

Abbildung 6.2: Zur Wohldefiniertheit der Nkls.multiplikation.

Die Frage ist nun: Gibt es eine (einfache) Bedingung an H, die garantiert, dass sich die Gruppenstruktur von G vermöge $(\star)$ auf G/H abpausen lässt?

6.2 Normalteiler

Die Antwort lautet: Ja, die gibt es, und sie ist Inhalt von

> **Satz 6.1** Es sei $H \leqslant G$ Untergruppe einer Gruppe G und $(g_i)_{i \in I}$ ein vollständiges Repräsentantensystem der H-Nebenklassen in G.
> Erfüllt H die Bedingung „Links- = Rechtsnebenklassen", also
>
> $$gH = Hg \quad \text{für alle } g \in G,$$
>
> so ist G/H bezüglich $g_iH \cdot g_jH := (g_ig_j)H$ für alle $i, j \in I$ eine Gruppe.

Ein Wort der **Warnung** vorneweg: $gH = Hg$ bedeutet nur, dass

$$gH = \{ gh \mid h \in H \} \quad \text{und} \quad Hg = \{ h'g \mid h' \in H \},$$

als Mengen gleich sind, was noch lange nicht $gh = hg$ für alle $h \in H$ zu bedeuten hat! Es heißt lediglich, dass es zu jedem $gh \in gH$ ein $h' \in H$ mit $gh = h'g$ gibt (und umgekehrt). Ist G allerdings abelsch, so ist die Bedingung $gH = Hg$ natürlich automatisch erfüllt, da $gh = hg$ für beliebige Gruppenelemente gilt.

Beweis: Wir überprüfen zunächst die Wohldefiniertheit der durch $g_iH \cdot g_jH := (g_ig_j)H$ auf G/H definierten Multiplikation. Dazu seien g_i, g_i' und g_j, g_j' jeweils verschiedene Repräsentanten ihrer Nebenklassen, d.h. es gelte $g_iH = g_i'H$ sowie $g_jH = g_j'H$. Wir müssen uns von $(g_ig_j)H = (g_i'g_j')H$ überzeugen, da dies die Repräsentantenunabhängigkeit der Multiplikation garantiert. Aufgrund von $g_iH = g_i'H$ ist $g_i' \in g_iH$ (klar; bzw. Lemma 5.1), d.h. es existiert ein $h \in H$ mit $g_i' = g_ih$. Ebenso findet man ein $k \in H$ mit $g_j' = g_jk$ und es folgt $g_i'g_j' = g_ihg_jk$. Nun lässt sich das in der Mitte eingequetschte hg_j auch als g_jh' mit einem geeigneten $h' \in H$ darstellen, da H nach Voraussetzung die Bedingung $Hg_j = g_jH$ erfüllt. Dies ergibt

$$g_i'g_j' = g_i(hg_j)k = g_i(g_jh')k = (g_ig_j)\underbrace{(h'k)}_{\in H} \in (g_ig_j)H,$$

und mit Lemma 5.1 folgt $(g_i g_j)H = (g_i' g_j')H$.

Die Überprüfung der Gruppenaxiome ist nun ein Kinderspiel.

- Die Assoziativiät der Verknüpfung in G/H folgt leicht aus der in G herrschenden Assoziativiät.

- Das Neutralelement $e_{G/H}$ von G/H ist $eH = H$, denn für alle $gH \in G/H$ gilt

$$gH \cdot H = gH \cdot eH = (ge)H = gH$$

  und ebenso leicht sieht man $H \cdot gH = gH$ ein.

- Das Inverse eines $gH \in G/H$ ist $g^{-1}H$, denn

$$g^{-1}H \cdot gH = (g^{-1}g)H = eH = H = e_{G/H} = gH \cdot g^{-1}H.$$

Somit ist G/H tatsächlich eine Gruppe.   □

Anmerkung: Auch die Rückrichtung des obigen Satzes gilt, wobei hier bereits die Wohldefiniertheit der Multiplikation als Voraussetzung genügt. Beweise dies als Aufgabe 6.2, oder lass es, da diese Richtung in der Praxis selten eine Rolle spielt.

Bevor wir den Untergruppen, die $gH = Hg$ für alle $g \in G$ erfüllen, einen eigenen Namen verpassen, formulieren wir diese Bedingung noch leicht um.

Lemma 6.1   Für eine Ugr. $H \leqslant G$ sind äquivalent:

(i) $gH = Hg$ für alle $g \in G$.

(ii) $gHg^{-1} = H$ für alle $g \in G$.

(iii) $gHg^{-1} \subseteq H$ für alle $g \in G$.

Beweis: (i) $\Rightarrow$ (ii): Anwenden der Rechtstranslation $r_{g^{-1}}$ überführt (i) in (ii).

(ii) $\Rightarrow$ (iii) ist trivial.

(iii) $\Rightarrow$ (i): Da Abbildungen Inklusionen erhalten (siehe Satz 8.1), wird $gHg^{-1} \subseteq H$ durch Anwenden von r_g zu $gH \subseteq Hg$. Weil

$gHg^{-1} \subseteq H$ für *alle* $g \in G$ gilt, darf man statt g auch das Inverse g^{-1} einsetzen, was $g^{-1}Hg \subseteq H$ liefert (da $(g^{-1})^{-1} = g$ ist). Anwenden von ℓ_g überführt dies in $Hg \subseteq gH$, was zusammen mit $gH \subseteq Hg$ die Mengengleichheit $gH = Hg$ liefert. $\qquad\square$

Weil gHg^{-1} nichts anderes als $\kappa_g(H)$ ist, wobei κ_g die Konjugation mit g bezeichnet (siehe Aufgabe 4.17), nennt man Untergruppen, die $gHg^{-1} = H$, also $\kappa_g(H) = H$ erfüllen, *invariant unter Konjugation*. Da man beim „Heraus*teilen*" solcher Untergruppen laut Satz 6.1 wieder eine Gruppe erhält, bekommen sie den folgenden Namen:

Definition 6.1 Eine Untergruppe $N \leqslant G$ einer Gruppe G, die invariant unter Konjugation ist, d.h. die $gNg^{-1} = N$ für alle $g \in G$ erfüllt, heißt *Normalteiler* von G oder *normale Untergruppe*. Symbol: $N \lhd G$. $\qquad\qquad\diamondsuit$

Ebenso hätte man die Bedingungen $gN = Ng$ bzw. $gNg^{-1} \subseteq N$ für alle $g \in G$ wählen können, da diese laut Lemma 6.1 äquivalent zur Konjugationsinvarianz sind.

Beispiel 6.3 Jede Gruppe besitzt die trivialen Normalteiler $\{e\}$ und G (denke eine Sekunde lang darüber nach, warum diese konjugationsinvariant sind).
Ebenso trivialerweise sind alle Untergruppen H einer abelschen Gruppe normal, da hier stets $ghg^{-1} = hgg^{-1} = he = h$ gilt, und damit natürlich auch $gHg^{-1} = H$.

Mit dieser neuen Terminologie können wir Satz 6.1 kurz und knackig so formulieren (die Verknüpfung auf G/N ist immer durch $g_iH \cdot g_jH = (g_ig_j)H$ gegeben, ohne dass wir dies jedesmal von Neuem erwähnen):

Wenn $N \lhd G$ gilt, dann ist G/N eine Gruppe.

(Nach Aufgabe 6.2 sogar „Genau dann, wenn".)

Beispiel 6.4   Es sei $\sigma = (\,1\ \ 2\ \ 3\,) \in S_3$. Wir überzeugen uns davon, dass die alternierende Gruppe aus Beispiel 3.4,

$$A_3 = \langle\,\sigma\,\rangle = \{\,\mathrm{id}, \sigma, \sigma^2\,\} = \{\,\mathrm{id}, (\,1\ \ 2\ \ 3\,), (\,1\ \ 3\ \ 2\,)\,\},$$

normal in S_3 ist. Um die Konjugationsinvarianz der A_3, sprich

$$\pi A_3 \pi^{-1} = A_3 \quad \text{für alle } \pi \in S_3$$

nachzuweisen, genügt es laut Aufgabe 6.1, sich auf Permutationen $\pi \notin A_3$ zu beschränken. Für $\tau = (\,1\ \ 2\,)$ ist $\tau\,\mathrm{id}\,\tau^{-1} = \mathrm{id}$, sowie

$$\tau\sigma\tau^{-1} = (\,1\ \ 2\,)(\,1\ \ 2\ \ 3\,)(\,1\ \ 2\,) = (\,1\ \ 3\ \ 2\,) = \sigma^2.$$

Beim Konjugieren von σ^2 kann man sich durch folgenden Trick die explizite Rechnung ersparen

$$\tau\sigma^2\tau^{-1} = \tau\sigma\sigma\tau^{-1} = \tau\sigma\tau^{-1}\tau\sigma\tau^{-1} = \sigma^2\sigma^2 = \sigma^4 = \sigma.$$

Somit gilt

$$\tau A_3 \tau^{-1} = \{\,\mathrm{id}, \sigma^2, \sigma\,\} = A_3,$$

was man analog auch für die beiden anderen Transpositionen $(\,1\ \ 3\,)$ und $(\,2\ \ 3\,)$ überprüft. Damit wäre dann $A_3 \lhd S_3$ nachgewiesen.

Aufgrund von $|S_3 : A_3| = \frac{|S_3|}{|A_3|} = 2$ gibt es nur zwei Nebenklassen, A_3 und τA_3 (jede Transposition $\tau \notin A_3$ liefert die von A_3 verschiedene Nebenklasse), so dass die Faktorgruppe S_3 modulo A_3 die Gestalt

$$S_3/A_3 = \{\,A_3, \tau A_3\,\}$$

besitzt, insbesondere also abelsch ist. Das Neutralelement ist die Nebenklasse A_3, und τA_3 besitzt Ordnung zwei, denn

$$(\tau A_3)^2 = \tau A_3 \cdot \tau A_3 = \tau^2 A_3 = \mathrm{id}A_3 = A_3 = e_{S_3/A_3}.$$

Es ist $S_3/A_3 \cong \mathbb{Z}_2$, was abstrakt daraus folgt, dass es auf einer zweielementigen Menge nur eine mögliche Gruppenstruktur gibt.

Ein expliziter Isomorphismus ist aber natürlich ebenso leicht anzugeben: Die Abbildung

$$\varphi\colon S_3/A_3 \to \mathbb{Z}_2, \quad A_3 \mapsto \overline{0}, \quad \tau A_3 \mapsto \overline{1},$$

ist offenbar bijektiv und die Homomorphie $\varphi(gh) = \varphi(g) + \varphi(h)$ muss man lediglich für $g = h = \tau A_3$ nachprüfen (ist eines der Elemente g oder h das Neutralelement A_3, so ist sie offensichtlich). Mit obiger Rechnung folgt:

$$\varphi(\tau A_3 \cdot \tau A_3) = \varphi(A_3) = \overline{0} = \overline{1} + \overline{1} = \varphi(\tau A_3) + \varphi(\tau A_3).$$

Definition 6.2 Im Falle $N \lhd G$ nennt man G/N die *Faktorgruppe* G modulo N (manchmal auch *Quotient* von G nach N) und die Abbildung

$$\pi\colon G \to G/N, \quad g \mapsto gN,$$

die jedem Gruppenelement seine Nebenklasse (als Element der Faktorgruppe aufgefasst) zuordnet, heißt *kanonische Projektion* von G auf G/N. ◇

Satz 6.2 Die kanonische Projektion $\pi\colon G \to G/N$ ist ein Epimorphismus mit $\ker \pi = N$.

Beweis: Als simple aber wichtige Übungsaufgabe 6.4. ⊟

Nun zu einer für das nächste Kapitel wichtigen Beobachtung.

Satz 6.3 Für einen Homomorphismus $\varphi\colon G \to H$ gilt stets $\ker \varphi \lhd G$. Kerne von Gruppenhomomorphismen sind also immer Normalteiler.

Beweis: Es seien $k \in \ker \varphi =: K$ und $g \in G$ beliebig. Für $gkg^{-1} \in gKg^{-1}$ gilt unter Verwendung der Homomorphie

$$\varphi(gkg^{-1}) = \varphi(g)\varphi(k)\varphi(g^{-1}) = \varphi(g)e_H\varphi(g)^{-1} = e_H,$$

also ist $gkg^{-1} \in K$, d.h. $gKg^{-1} \subseteq K$. Mit Lemma 6.1 (iii) folgt $K \lhd G$. ☐

Wir beweisen noch ein nützliches Normalitätskriterium.

Satz 6.4   Untergruppen vom Index 2 sind stets normal.

Beweis: Ist $N \leqslant G$ eine Untergruppe mit Index $|G : N| = 2$, so gibt es nur zwei verschiedene N-Nebenklassen. Um daraus $N \lhd G$ zu folgern, eignet sich der Nachweis von $gN = Ng$ für alle $g \in G$ am besten. Unterscheide zwei Fälle:

(1) Im Falle $g \in N$ liefert Korollar 5.1 sofort $gN = N = Ng$.

(2) Ist $g \notin N$, so muss $gN \neq N$ sein (denn sonst wäre $g = ge \in gN = N$), also sind N und gN zwei verschiedene Nebenklassen, und wegen $|G : N| = 2$ folgt $G = N \cup gN$. Das gleiche Argument für Rechtsnebenklassen liefert $G = N \cup Ng$. Aus der ersten Darstellung folgt $N^{\mathsf{C}} = gN$ für das Komplement von N in G (siehe Seite 119), aus der zweiten ist $N^{\mathsf{C}} = Ng$ ablesbar. Somit gilt $gN = N^{\mathsf{C}} = Ng$. $\square$

Anmerkung: Weil für endliche Gruppen $|G : N| = 2$ nach Lagrange äquivalent zu $|N| = \frac{1}{2}|G|$ ist, besagt dieser Satz für eine Untergruppe $N \leqslant G$ einer endlichen Gruppe:

$$|N| = \tfrac{1}{2}|G| \implies N \lhd G.$$

Beispiel 6.5   Mit diesem Satz folgt erneut $A_3 \lhd S_3$, denn es ist $|S_3 : A_3| = \frac{|S_3|}{|A_3|} = 2$.

Jetzt kommt ein weiteres nützliches Normalitätskriterium für Erzeugnisse: Demnach genügt es, Konjugationen der Erzeugermenge zu untersuchen.

Satz 6.5   Es sei $\langle M \rangle$ die von einer Teilmenge M einer Gruppe G erzeugte Untergruppe. Dann gilt:

Aus $gMg^{-1} \subseteq \langle M \rangle$ für alle $g \in G$ folgt bereits $\langle M \rangle \lhd G$.

Beweis: Nach Voraussetzung gilt $gxg^{-1} \in \langle M \rangle$ für alle $x \in M$ und alle $g \in G$. Da $\langle M \rangle$ als Untergruppe abgeschlossen unter Inversenbildung ist, gilt ebenfalls

$$gx^{-1}g^{-1} = g(gx)^{-1} = (g^{-1})^{-1}(gx)^{-1} = (gxg^{-1})^{-1} \in \langle M \rangle$$

für alle $g \in G$ (wobei zweimal die Formel $(ab)^{-1} = b^{-1}a^{-1}$ sowie $g = (g^{-1})^{-1}$ zum Einsatz kam). Somit liegen auch alle Konjugierten der Inversen aus M wieder in $\langle M \rangle$, und da das Erzeugnis nach Satz 3.4 aus allen endlichen Produkten von Elementen aus M und deren Inversen besteht, folgt für ein beliebiges $y = x_1^{\varepsilon_1} x_2^{\varepsilon_2} \cdots x_n^{\varepsilon_n} \in \langle M \rangle$ (mit $x_i \in M$, $\varepsilon_i = \pm 1$ und $n \in \mathbb{N}$)

$$\begin{aligned}
gyg^{-1} &= gx_1^{\varepsilon_1} x_2^{\varepsilon_2} \cdots x_n^{\varepsilon_n} g^{-1} \\
&= gx_1^{\varepsilon_1} g^{-1} gx_2^{\varepsilon_2} g^{-1} g \cdots g^{-1} gx_n^{\varepsilon_n} g^{-1} \\
&= \underbrace{gx_1^{\varepsilon_1} g^{-1}}_{\in \langle M \rangle} \underbrace{gx_2^{\varepsilon_2} g^{-1}}_{\in \langle M \rangle} \cdots \underbrace{gx_n^{\varepsilon_n} g^{-1}}_{\in \langle M \rangle} \in \langle M \rangle.
\end{aligned}$$

Dies zeigt $g\langle M \rangle g^{-1} \subseteq \langle M \rangle$ für alle $g \in G$, also $\langle M \rangle \lhd G$. $\quad\square$

Beispiel 6.6 Wir folgern $\langle r \rangle \lhd D_n$. Hier ist die Erzeugermenge $M = \{r\}$ einelementig und nach eben bewiesenem Satz müssen wir deshalb nur $grg^{-1} \subseteq \langle r \rangle$ für alle $g \in D_n$ nachweisen. Nach Satz 3.5 ist jedes $g \in D_n = \langle r, s \rangle$ von der Form $g = r^k s^\ell$, und für $\ell = 0$ ist klar, dass $r^k r r^{-k} = r^k r^{-k} r = r \in \langle r \rangle$ gilt. Für $\ell = 1$ ergibt sich unter Verwendung der Vertauschungsrelation $sr = r^{-1}s$ in D_n sowie $s^2 = \mathrm{id}$ (d.h. $s^{-1} = s$)

$$\begin{aligned}
r^k sr(r^k s)^{-1} &= r^k srs^{-1}r^{-k} = r^k srsr^{-k} = r^k r^{-1} ssr^{-k} \\
&= r^{k-1} s^2 r^{-k} = r^{k-1} r^{-k} = r^{-1} = r^{n-1} \in \langle r \rangle.
\end{aligned}$$

Satz 6.5 liefert $\langle r \rangle \lhd D_n$ (was natürlich noch schneller aus Satz 6.4 folgt, da $|D_n : \langle r \rangle| = \frac{|D_n|}{|\langle r \rangle|} = \frac{2n}{n} = 2$ ist, aber dieses Glück hat man nicht immer).

Zum Abschluss noch ein Begriff, den wir bereits auf Seite 25 genannt haben, als es um das Klassifikationsproblem ging.

Definition 6.3   Eine endliche Gruppe $G \neq \{e\}$ heißt *einfach*, wenn sie nur die trivialen Normalteiler $\{e\}$ und G besitzt. $\diamond$

Beispiel 6.7   Alle Gruppen $\mathbb{Z}_p$ mit p prim sind einfach. Sie besitzen nämlich überhaupt keine nicht trivialen Untergruppen H, also auch keine nicht trivialen Normalteiler, weil deren Ordnung nach Lagrange die Gruppenordnung p teilen müsste. Dies ist für $1 < |H| < p$ aber unmöglich, da p eine Primzahl ist.

Beispiel 6.8   Die Gruppe $\mathbb{Z}_6$ ist nicht einfach, da sie die nicht trivialen Normalteiler $N_1 = \{\overline{0}, \overline{3}\} \cong \mathbb{Z}_2$ und $N_2 = \{\overline{0}, \overline{2}, \overline{4}\} \cong \mathbb{Z}_3$ $(\cong G/N_1)$ besitzt (da $\mathbb{Z}_6$ abelsch ist, ist jede Untergruppe normal). Laut Aufgabe 3.6 gilt

$$\mathbb{Z}_6 \cong \mathbb{Z}_2 \times \mathbb{Z}_3 \quad (\cong N_1 \times G/N_1),$$

d.h. die nicht einfache Gruppe $\mathbb{Z}_6$ ist aus den beiden einfachen Gruppen $\mathbb{Z}_2$ und $\mathbb{Z}_3$ „zusammengesetzt", deren isomorphe Kopien N_1 und N_2 (bzw. G/N_1) zudem bereits in G enthalten sind, ganz ähnlich wie die Zahl $6 = 2 \cdot 3$ aus dem Produkt der Primzahlen 2 und 3 besteht.

In diesem (noch sehr vagen) Sinne kann man die einfachen Gruppen als die elementaren Bausteine aller endlichen Gruppen betrachten, ähnlich wie die Primzahlen die Elementar-Bausteine aller Zahlen sind.

$\boxed{\text{A}}$ **6.1**   Weise nach, dass für eine Untergruppe $H \leqslant G$ stets $gHg^{-1} = H$ gilt, sobald g aus H stammt. Beim Prüfen der Konjugationsinvarianz einer Untergruppe kann man sich also stets auf die Gruppenelemente $g \notin H$ beschränken!

$\boxed{\text{A}}$ **6.2**   Beweise die (verschärfte) Rückrichtung von Satz 6.1: Ist $g_iH \cdot g_jH := (g_ig_j)H$ wohldefiniert, dann gilt $gH = Hg$ für alle $g \in G$.   ☠

$\boxed{\text{A}}$ **6.3**   Untersuche, ob die folgenden Untergruppen H normal in G sind, und bestimme gegebenenfalls das Aussehen (d.h. den Isomorphietyp) der Faktorgruppe.

a) $H = \langle\, \overline{3}\, \rangle$ in $G = \mathbb{Z}_{12}$.

b) $H = \langle\, r^2\, \rangle$ in $G = D_4 = \langle\, r, s\, \rangle$.

c) $H = \langle\, I\, \rangle$ in $G = Q_8$.

d) $H = \{\overline{0}\} \times \mathbb{Z}_2 = \langle\, (\overline{0}, \overline{1})\, \rangle$ in $G = \mathbb{Z}_4 \times \mathbb{Z}_2$.

e) $H = \langle\, A\, \rangle$ mit $A = \begin{pmatrix} \overline{1} & \overline{1} \\ \overline{0} & \overline{1} \end{pmatrix}$ in $G = \mathrm{GL}_2(\mathbb{F}_2)$.

$\boxed{\text{A}}$ **6.4** Beweise Satz 6.2. Folgere, dass auch die Umkehrung von Satz 6.3 gilt: Ist $N \lhd G$, so gibt es einen Homomorphismus, der N als Kern besitzt.

Kurz: „Normalteiler sind genau die Kerne von Homomorphismen."

$\boxed{\text{A}}$ **6.5** Der *Normalisator* einer Untergruppe $H \leqslant G$ ist die Menge aller Elemente aus G, die H bei Konjugation nicht ändern:

$$N_G(H) := \{\, g \in G \mid gHg^{-1} = H\, \}.$$

a) Zeige, dass $N_G(H)$ eine Untergruppe von G ist und dass $H \lhd N_G(H)$ ist. Wie erkennt man an $N_G(H)$, ob $H \lhd G$?

b) Bestimme den Normalisator von $H = \langle\, (1\ 2)\, \rangle$ in $G = S_3$.

$\boxed{\text{A}}$ **6.6** Betrachte die Kleinschen Vierergruppe

$$V_4 = \{\, \mathrm{id}, (1\ 2)(3\ 4), (1\ 3)(2\ 4), (1\ 4)(2\ 3)\, \} \leqslant S_4.$$

a) Zeige, dass V_4 normal in S_4 ist. (Tipp: Bevor du dich zu Tode konjugierst, überlege, warum $\pi\, (i\ j)\, \pi^{-1} = (\pi(i)\ \pi(j))$ für jedes $\pi \in S_4$ gilt, und was das bringt.)

b) Belege durch ein Beispiel, dass Normalität nicht transitiv ist, d.h. dass aus $H \lhd K$ und $K \lhd G$ nicht zwingend $H \lhd G$ folgt! (Kleiner Tipp: a) könnte eventuell weiterhelfen. :))

c) Beweise $S_4/V_4 \cong S_3$. (Es darf verwendet werden, dass Gruppen der Ordnung 6 entweder zu $\mathbb{Z}_6$ oder zu S_3 isomorph sind. Ein elementarer Beweis hiervon ist möglich, aber mühsam.)

6.3   Was bringen Faktorgruppen?

Schön und gut, jetzt können wir zwar Faktorgruppen bilden, aber was daran toll sein soll, ist vermutlich noch nicht so ganz ersichtlich. Dies soll nun behoben werden.

In Beispiel 6.8 kann man bereits erkennen, dass es manchmal möglich ist, eine Gruppe G, die einen nicht trivialen Normalteiler N besitzt, gemäß $G \cong N \times G/N$ in kleinere Bestandteile zu zerlegen. Kennt man nun die Struktur der kleineren Bauklötze N und der Faktorgruppe G/N gut, so liefert einem dies Aufschlüsse über die größere Gruppe G.

Zudem sind einige Sätze der Gruppentheorie von der Form

> „Ist $N \lhd G$ wuschel und die Faktorgruppe G/N ebenfalls wuschel, dann ist auch G wuschel."

oder

> „Ist G/N puschel, so muss G bereits puschelwuschel gewesen sein."

D.h. Kenntnisse über Normalteiler und die zugehörige Faktorgruppe erlauben Rückschlüsse auf gewisse Eigenschaften der Gruppe selbst. Als illustratives Beispiel beweisen wir den folgenden Satz.

Satz 6.6   Es sei $N \lhd G$ Normalteiler einer Gruppe G. Sind sowohl N als auch G/N *endlich erzeugt*, so ist auch G endlich erzeugt.

Dabei heißt eine Gruppe G endlich erzeugt, wenn G von einer endlichen Teilmenge ihrer Elemente erzeugt wird, d.h. wenn es endlich viele Elemente $g_1, \ldots, g_n$ mit $G = \langle g_1, \ldots, g_n \rangle$ gibt.

Beweis: Nach Voraussetzung gibt es endliche Mengen $X \subseteq G$ mit $N = \langle X \rangle$ und $\overline{Y} \subseteq G/N$ mit $G/N = \langle \overline{Y} \rangle$ (beachte, dass die Elemente von $\overline{Y}$ Nebenklassen sind, also die Gestalt yN besitzen). Die Nebenklasse $gN \in G/N = \langle \overline{Y} \rangle$ eines beliebigen $g \in G$ lässt sich nach Definition des Erzeugnisses darstellen als

$$gN = (y_1 N)^{\varepsilon_1} \cdots (y_n N)^{\varepsilon_n} = (y_1^{\varepsilon_1} \cdots y_n^{\varepsilon_n}) N$$

mit $n \in \mathbb{N}$, $y_i N \in \overline{Y}$ und $\varepsilon_i = \pm 1$ für alle $1 \leqslant i \leqslant n$. Nach Lemma 5.1 bedeutet die Gleichheit obiger Nebenklassen, dass

$$z := (y_1^{\varepsilon_1} \cdots y_n^{\varepsilon_n})^{-1} g \in N$$

gilt. Da N von X endlich erzeugt ist, finden wir ein $m \in \mathbb{N}$, sowie $x_1, \ldots, x_m \in X$ und $\delta_1, \ldots, \delta_m \in \{\pm 1\}$, so dass $z = x_1^{\delta_1} \cdots x_m^{\delta_m}$ ist. Linksmultiplikation mit $y_1^{\varepsilon_1} \cdots y_n^{\varepsilon_n}$ liefert

$$g = y_1^{\varepsilon_1} \cdots y_n^{\varepsilon_n} x_1^{\delta_1} \cdots x_m^{\delta_m}.$$

Da $g \in G$ beliebig war, zeigt dies $G \subseteq \langle X \cup Y \rangle$, wobei Y die Teilmenge von G ist, die man erhält, wenn man jedem Element von $\overline{Y} \subseteq G/N$ einen Repräsentanten zuordnet (auf deutsch: Ist $\overline{Y} = \{y_1 N, \ldots, y_k N\}$, so ist $Y = \{y_1, \ldots, y_k\}$). Die umgekehrte Inklusion $\langle X \cup Y \rangle \subseteq G$ ist aufgrund von $X, Y \subseteq G$ klar. Also gilt $G = \langle X \cup Y \rangle$, d.h. G ist endlich erzeugt, denn da X und Y endlich sind, ist auch die Vereinigung $X \cup Y$ endlich. $\qquad \square$

Das nächste Beispiel zeigt, wie man durch den Übergang zur Faktorgruppe gewisse (evtl. unerwünschte) Eigenschaften einfach „wegfaktorisieren" kann.

Beispiel 6.9 (*Kommutatorgruppe*)

Der *Kommutator* zweier Elemente x, y einer Gruppe G ist

$$[x, y] := xyx^{-1}y^{-1}.$$

Aufgrund von $[x, y] yx = xyx^{-1}y^{-1}yx = xyx^{-1}ex = xy$ gilt

$$xy = [x, y] yx,$$

d.h. die Elemente x und y kommutieren genau dann, d.h. erfüllen $xy = yx$, wenn $[x, y] = e$ ist. Ist $K := \{[x, y] \mid x, y \in G\}$ die Menge aller Kommutatoren, so definieren wir die *Kommutatorgruppe* von G als das Erzeugnis von K:

$$[G, G] := \langle K \rangle = \langle [x, y] \mid x, y \in G \rangle \leqslant G.$$

Offenbar ist G genau dann abelsch, wenn $[G,G] = \{e\}$ gilt. Die Größe von $[G,G]$ ist ein Maß dafür, „wie stark nicht abelsch" G ist, da eben genau die nicht vertauschbaren Elemente von G einen nicht trivialen Kommutator besitzen. Demnach sollte man nach Herausteilen von $[G,G]$ (falls dies überhaupt ein Normalteiler ist) eine abelsche Faktorgruppe erhalten, da man sich so ja aller nicht kommutativer Elemente entledigt hat. Und tatsächlich gilt:

Satz 6.7   (*Charakterisierung der Kommutatorgruppe*)

Die Kommutatorgruppe $[G,G]$ einer Gruppe G ist der *kleinste Normalteiler mit abelscher Faktorgruppe*. Im Einzelnen bedeutet dies:

(i) $[G,G]$ ist ein Normalteiler von G und $G/[G,G]$ ist abelsch.

(ii) Ist $N \lhd G$ und G/N abelsch, so gilt bereits $[G,G] \subseteq N$.

Beweis: (i) Beim Konjugieren eines Kommutators kann man durch Einfügen mehrerer nahrhafter Einsen Folgendes erkennen:

$$g\,[x,y]\,g^{-1} = gxyx^{-1}y^{-1}g^{-1}$$

$$= gxg^{-1}gyg^{-1}gx^{-1}g^{-1}gy^{-1}g^{-1}$$

$$= gxg^{-1}gyg^{-1}(gxg^{-1})^{-1}(gyg^{-1})^{-1}$$

$$= [\,gxg^{-1},gyg^{-1}\,] \in K.$$

(Beachte $(gxg^{-1})^{-1} = (g^{-1})^{-1}x^{-1}g^{-1} = gx^{-1}g^{-1}$.) Somit ist die Menge K aller Kommutatoren abgeschlossen unter Konjugation, d.h. es gilt $gKg^{-1} \subseteq K$ (also auch $\subseteq \langle K \rangle$) für alle $g \in G$, und mit Satz 6.5 folgt $[G,G] = \langle K \rangle \lhd G$.

Zur Kommutativität der Faktorgruppe (wir kürzen hier $[G,G]$ mit G' ab; einer ebenfalls üblichen Bezeichnung für die Kommutatorgruppe): Der Kommutator zweier beliebiger Elemente xG', $yG' \in G/G'$ ist

$$[xG', yG'] = xG'yG'(xG')^{-1}(yG')^{-1} = (xy)G'x^{-1}G'y^{-1}G'$$

$$= (xyx^{-1}y^{-1})G' = \underbrace{[x, y]}_{\in G'}\, G' \overset{\star}{=} G' = e_{G/G'}$$

($\star$: Lemma 5.1), d.h. alle Kommutatoren von G/G' sind trivial, was nichts anderes bedeutet, als dass G/G' abelsch ist.

(ii) Da G/N abelsch ist, gilt $[xN, yN] \overset{(i)}{=} [x, y]N = e_{G/N} = N$ für alle $x, y \in G$ (da die abelsche Faktorgruppe G/N triviale Kommutatorgruppe besitzt). Wieder nach Lemma 5.1 muss daher jeder Kommutator $[x, y]$ bereits in N liegen, sprich $K \subseteq N$, woraus $[G, G] = \langle K \rangle \subseteq N$ folgt, da das Erzeugnis $\langle K \rangle$ die kleinste Untergruppe ist, die K enthält. $\square$

Zum Abschluss zeigen wir, dass die Kenntnis der Untergruppenstruktur einer Faktorgruppe G/N Rückschlüsse auf die Untergruppenstruktur von G (zumindest „oberhalb von N") erlaubt. Eine Anwendung dieses Prinzips erfolgt in Beispiel 7.1.

Satz 6.8　(*Korrespondenzprinzip*)

Es sei N ein Normalteiler der Gruppe G und $\pi\colon G \to G/N$ der kanonische Epimorphismus. Die Zuordnung

$$H \mapsto \pi(H) = H/N$$

ist eine bijektive Korrespondenz zwischen den Untergruppen von G, die oberhalb von N liegen, und den Untergruppen von G/N (siehe Abbildung 6.3). Insbesondere ist jede Untergruppe $\overline{H} \leqslant G/N$ von der Gestalt $\overline{H} = H/N$ mit einem H, das $N \leqslant H \leqslant G$ erfüllt.

Beweis:　Es sei $\mathcal{H} := \{\, H \mid H \leqslant G \text{ und } H \supseteq N \,\}$ die Menge aller Untergruppen von G, die oberhalb von N liegen, und $\mathcal{K} := \{\, K \mid K \leqslant G/N \,\}$ die Menge aller Untergruppen der Faktorgruppe G/N. Um zu zeigen, dass $\mathcal{H}$ und $\mathcal{K}$ in bijektiver Kor-

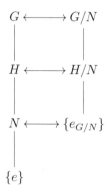

Abbildung 6.3: Zum Korrespondenzprinzip.

respondenz zueinander stehen, definieren wir eine Abbildung[1]

$$p\colon \mathcal{H} \to \mathcal{K}, \quad H \mapsto \pi(H) = H/N.$$

Dies ist eine wohldefinierte Abbildung, da H/N für jedes $H \leqslant G$ mit $H \supseteq N$ eine Untergruppe von G/N ist (klar?), also in $\mathcal{K}$ liegt. Die Umkehrabbildung von p liegt ebenso auf der Hand: Urbild-Nehmen unter π, d.h.

$$q\colon \mathcal{K} \to \mathcal{H}, \quad K \mapsto \pi^{-1}(K) = \{\, g \in G \mid \pi(g) \in K \,\}.$$

Nach Aufgabe 4.9 ist $\pi^{-1}(K)$ für jedes $K \leqslant G/N$ eine Untergruppe von G. Diese enthält zudem N, denn aus $\{\, e_{G/N} \,\} \subseteq K$ folgt $\pi^{-1}(\{\, e_{G/N} \,\}) \subseteq \pi^{-1}(K)$, aber $\pi^{-1}(\{\, e_{G/N} \,\})$ ist nichts anderes als N selbst (beachte, dass das Neutralelement $e_{G/N}$ der

---

[1]Wir verwenden den Buchstaben p und nicht auch π, da p auf Elemente von $\mathcal{H}$, also Teilmengen von G wirkt, während π selbst auf Elemente von G anzuwenden ist. Letztendlich ist zwar doch $p(H) = \pi(H)$, wobei aber das erste H als $H \in \mathcal{H}$ aufzufassen ist, während das zweite H als $H \subseteq G$ zu lesen ist. Irgendwie bereue ich es jetzt, diese Fußnote überhaupt geschrieben zu haben.

Faktorgruppe die Nebenklasse $eN = N \in G/N$ ist):

$$\pi^{-1}(\{\,e_{G/N}\,\}) = \{\,g \in G \mid \pi(g) = e_{G/N}\,\}$$
$$= \{\,g \in G \mid gN = N\,\} = N,$$

da $gN = N$ nach Korollar 5.1 genau dann gilt, wenn $g \in N$ ist. Somit bildet q tatsächlich $\mathcal{K}$ nach $\mathcal{H}$ ab. Nun müssen wir uns davon überzeugen, dass p und q Umkehrabbildungen voneinander sind, d.h. dass $q \circ p = \mathrm{id}_{\mathcal{H}}$ und $p \circ q = \mathrm{id}_{\mathcal{K}}$ gilt.

(1) $q \circ p = \mathrm{id}_{\mathcal{H}}$, d.h. $\pi^{-1}(\pi(H)) = H$ für alle $H \in \mathcal{H}$.

$\subseteq$: Es sei $g \in \pi^{-1}(\pi(H))$, d.h. g erfüllt $\pi(g) = gN \in \pi(H) = H/N$, weshalb es ein $h \in H$ gibt mit $gN = hN$. Daraus folgt $h^{-1}g \in N \subseteq H$, also $h^{-1}g \in H$ bzw. $g \in hH = H$.

$\supseteq$: Gilt für beliebige Abbildungen; für $h \in H$ ist $\pi(h) \in \pi(H)$ und damit $h \in \pi^{-1}(\pi(H))$.

(2) $p \circ q = \mathrm{id}_{\mathcal{K}}$, d.h. $\pi(\pi^{-1}(K)) = K$ für alle $K \in \mathcal{K}$.

$\subseteq$: Gilt für beliebige Abbildungen; ist $k \in \pi(\pi^{-1}(K))$, so ist $k = \pi(g)$ mit einem $g \in \pi^{-1}(K)$, was aber nichts anderes als $k = \pi(g) \in K$ bedeutet.

$\supseteq$: Aufgrund der Surjektivität von π gibt es zu jedem $k \in K$ ein $g \in G$ mit $k = \pi(g)$; insbesondere ist $g \in \pi^{-1}(K)$ und damit $k \in \pi(\pi^{-1}(K))$. $\qquad\square$

Ist gar nicht weiter schlimm, wenn dich dieser doch recht formale Beweis beim ersten Lesen überfahren hat. In diesem Fall genügt es vollkommen, wenn du dir die besagte 1:1-Korrespondenz anhand des Bildchens 6.3 einprägst.

A 6.7 Es sei $N \leqslant G$ Untergruppe einer abelschen Gruppe G (also $N \lhd G$), und sowohl in N als auch in G/N sollen die

Quadratwurzeln aller Elemente existieren, d.h. zu jedem $x \in N$ gibt es ein $y \in N$ mit $x = y^2$ und ebenso für G/N. Zeige, dass dann auch G diese Eigenschaft besitzt.

$\boxed{\text{A}}$ **6.8** Es sei $N = \{\, g \in G \mid$ es gibt ein $n \in \mathbb{N}$ mit $g^n = e \,\}$ die Teilmenge aller Elemente der abelschen Gruppe G mit endlicher Ordnung. Zeige, dass $N \lhd G$ ist und dass kein Element der Faktorgruppe (außer $e_{G/N} = N$) endliche Ordnung besitzt.

7 Der Homomorphiesatz und seine Homies

Im letzten Abschnitt solltest du ein G'schmäckle vom Nutzen der Faktorgruppen-Konstruktion bekommen haben, aber die wichtigste Anwendung überhaupt, in Form des legendären Homomorphiesatzes, kennst du noch nicht! Dieser und die sich daraus ergebenden Isomorphiesätze sind mit die nützlichsten Werkzeuge, um Homo- oder Isomorphismen zwischen Gruppen elegant zu konstruieren.

7.1 Induzierte Homomorphismen

Das folgende Lemma bereitet alles Weitere vor (und keine Sorge, „Häh, was soll das?", ist eine normale erste Reaktion):

Lemma 7.1 Es sei $\varphi\colon G \to H$ ein Gruppenhomomorphismus und $N \lhd G$ ein Normalteiler von G, der im Kern von φ enthalten ist: $N \subseteq \ker \varphi$. Weiter sei $\pi\colon G \to G/N$, $g \mapsto gN$, die kanonische Restklassenprojektion. Dann ist

$$\overline{\varphi}\colon G/N \to H, \quad gN \mapsto \varphi(g),$$

ein wohldefinierter Gruppenhomomorphismus. Man sagt auch „φ *induziert* einen Homomorphismus $\overline{\varphi}$ von G/N nach H".

Beweis: Vornehmlich ist die Wohldefiniertheit von $\overline{\varphi}$ zu prüfen, also dass aus

$$gN = g'N \quad \text{stets} \quad \overline{\varphi}(gN) = \overline{\varphi}(g'N), \quad \text{d.h.} \quad \varphi(g) = \varphi(g')$$

folgt. Nach Lemma 5.1 ist $gN = g'N$ äquivalent zu $g \in g'N$, also $g = g'n$ mit einem $n \in N$. Aufgrund von $N \subseteq \ker \varphi$ liegt dieses n im Kern von φ, und es ergibt sich

$$\varphi(g) = \varphi(g'n) = \varphi(g')\varphi(n) = \varphi(g')e = \varphi(g'),$$

d.h. $\overline{\varphi}(gN) := \varphi(g)$ ist tatsächlich unabhängig von der Wahl des Repräsentanten der Nebenklasse gN, sprich $\overline{\varphi}$ ist wohldefiniert. Dass es auch ein Homomorphismus ist, rechnet man mühelos nach: Für alle $xN, yN \in G/N$ gilt

$$\overline{\varphi}(xNyN) = \overline{\varphi}(xyN) = \varphi(xy) = \varphi(x)\varphi(y) = \overline{\varphi}(xN)\overline{\varphi}(yN),$$

wobei lediglich die Nebenklassenmultiplikationsdefinition (langes Wort!) und die Homomorphie von φ selbst eingingen. $\square$

Anmerkung: Am besten merkt man sich das Lemma durch das Bildchen 7.1. Der (im Falle $N \subseteq \ker\varphi$ wohldefinierte) Homomorphismus $\overline{\varphi}$ macht das Diagramm in Abbildung 7.1 *kommutativ*, d.h. es gilt $\overline{\varphi} \circ \pi = \varphi$.

Abbildung 7.1: Kommutatives Diagramm.

Das bedeutet, dass es keinen Unterschied macht, ob man „direkt" mit φ von G nach H abbildet, oder ob man den „Umweg" über G/N nimmt: Zuerst den kanonischen Epimorphismus π anwenden und danach die Abbildung $\overline{\varphi}$. Elementweise bedeutet dies:

$$(\overline{\varphi} \circ \pi)(g) = \varphi(g), \quad \text{d.h.} \quad \overline{\varphi}(\pi(g)) = \overline{\varphi}(gN) = \varphi(g)$$

für alle $g \in G$, was genau die ursprüngliche Definition von $\overline{\varphi}$ wiedergibt.

Tatsächlich hätten wir bereits obiges Lemma als Homomorphiesatz bezeichnen können. Da wir ihn in dieser allgemeinen Form aber selten brauchen, behalten wir diesen Namen der nun folgenden fundamentalen Tatsache vor.

7.2 Der Homomorphiesatz

> **Satz 7.1** (*Homomorphiesatz*)
>
> Für einen Gruppenhomomorphismus $\varphi \colon G \to H$ gilt stets
>
> $$G/\ker\varphi \cong \operatorname{im}\varphi.$$

Beweis: Wählen wir $N = \ker\varphi =: K$, was laut Satz 6.3 ein Normalteiler von G ist, so induziert φ gemäß Lemma 7.1 einen wohldefinierten Homomorphismus

$$\overline{\varphi} \colon G/K \to H, \quad gK \mapsto \varphi(g).$$

Offenbar ist $\operatorname{im}\overline{\varphi} = \operatorname{im}\varphi$, d.h. $\overline{\varphi}$ wird surjektiv, wenn wir seinen Bildbereich auf $\operatorname{im}\varphi \leqslant H$ einschränken. Weiterhin gilt

$$\ker\overline{\varphi} = \{\, gK \mid \overline{\varphi}(gK) = e \,\} = \{\, gK \mid \varphi(g) = e \,\}$$

$$= \{\, gK \mid g \in \ker\varphi = K \,\} = \{\, K \,\} = \{\, e_{G/K} \,\}.$$

(Im vorletzten Schritt ging ein, dass nach Korollar 5.1 $gK = K$ für alle $g \in K$ gilt, d.h. die Menge $\{\, gK \mid g \in \ker\varphi = K \,\}$ besteht nur aus einer Nebenklasse, nämlich K.) Somit besitzt $\overline{\varphi}$ trivialen Kern, was nach Satz 4.1 gleichbedeutend mit seiner Injektivität ist. Insgesamt ist $\overline{\varphi}$ ein Isomorphismus von $G/\ker\varphi$ nach $\operatorname{im}\varphi$. $\square$

Anmerkung: Hier haben wir wieder ein sehr schönes Beispiel dafür, dass beim Übergang zur Faktorgruppe unerwünschte Information abgestreift wird. Ein nicht trivialer Kern bedeutet nach Satz 4.1 Nicht-Injektivität des Homomorphismus. Nach dem Übergang zu $G/\ker\varphi$, also nach Herausteilen des Kerns, wird der induzierte Homomorphismus jedoch automatisch injektiv. (Vergleiche dies auch mit der mengentheoretischen Version des Homomorphiesatzes in Aufgabe 8.4.)

Hier noch zwei Diagramme, die zum Visualisieren des Homomorphiesatzes hilfreich sein können.

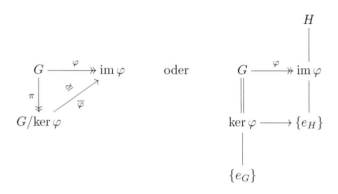

Abbildung 7.2: Bildchen zum Homomorphiesatz.

Erläuterungen zu den Bildchen: Links siehst du ein kommutatives Diagramm, wie wir es bereits weiter oben kennen gelernt haben. Ein Pfeil ↠ mit Doppelspitze deutet dabei die Surjektivität der zugehörigen Abbildung an.

Rechts sind alternativ die für den Homomorphiesatz bedeutsamen Untergruppen dargestellt. Doppelstriche stehen dabei für (nicht triviale) Normalteiler.

Damit du, lieber Leser, nicht zu sehr verhätschelt wirst, bekommst du diesmal keine Beispiele auf dem Silbertablett serviert, sondern darfst dich gleich an die Aufgaben setzen, um gute Freundschaft mit dem Homomorphiesatz zu schließen. Nimm dir hierzu viel Zeit; sicherer Umgang mit ihm gehört zum grundlegenden Handwerkszeug eines jeden Algebraikers!

$\boxed{\text{A}}$ **7.1**   Bestimme mit Hilfe des Homomorphiesatzes den Isomorphietyp der folgenden Faktorgruppen bzw. bestätige die angegebene Isomorphie.

a) $\mathrm{GL}_n(\mathbb{K})/\mathrm{SL}_n(\mathbb{K})$

b) $\mathbb{R}/\mathbb{Z} \cong U(1)$ (Tipp: Komplexe e-Funktion.)

c) $\mathbb{C}^*/U(1)$ (Tipp: Komplexer Betrag.)

d) $\mathbb{Z}_{15}/\langle \overline{5} \rangle \cong \mathbb{Z}_5$ (☠)

e) $(\mathbb{R} \times \mathbb{R})/D$ mit der „Diagonale" $D = \{(x,x) \mid x \in \mathbb{R}\}$.

$\boxed{\text{A}}$ **7.2** Sind G und H Gruppen mit Normalteilern $K \lhd G$ und $N \lhd H$, so gilt $(G \times H)/(K \times N) \cong G/K \times H/N$.

$\boxed{\text{A}}$ **7.3** Das *Zentrum* einer Gruppe G ist definiert als

$$Z(G) := \{\, g \in G \mid xgx^{-1} = g \text{ für alle } x \in G \,\},$$

d.h. als Menge aller Gruppenelemente g, die mit allen anderen Elementen vertauschen ($xgx^{-1} = g$ ist äquivalent zu $xg = gx$).

a) Bestimme das Zentrum der Gruppen $\mathbb{Z}_8$, D_4, Q_8 und S_4. (Das hat rein gar nichts mit dem Homomorphiesatz zu tun; ich hatte einfach versäumt, das Zentrum bereits in einem früheren Kapitel einzuführen.)

b) Zeige $Z(G) \lhd G$ und $G/Z(G) \cong \text{Inn}(G)$, indem du einen geeigneten Homomorphismus $\varphi \colon G \to \text{Aut}(G)$ betrachtest (siehe Aufgabe 4.17). Bestimme damit die Gruppe der inneren Automorphismen für die Gruppen aus a).

7.3 Die Isomorphiesätze

Zum Schluss stellen wir noch zwei „Homies" des Homomorphiesatzes vor, inklusive einer kleinen Anwendung.

Satz 7.2 (*1. Isomorphiesatz*)

Es seien $H \leqslant G$ Untergruppe und $N \lhd G$ Normalteiler einer Gruppe G. Dann ist das sogenannte Komplexprodukt $HN := \{\, hn \mid h \in H, n \in N \,\}$ eine Untergruppe von G, der Schnitt

$H \cap N$ ist normal in H und es gilt

$$(HN)/N \cong H/(H \cap N).$$

(Die Klammern kann man weglassen; sollte klar sein, wo sie hingehören.)

Beweis: Folge der Anleitung in Aufgabe 7.4.   ⊟

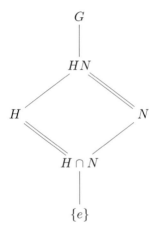

Abbildung 7.3: Zum 1. Isomorphiesatz.

Ein paar Anmerkungen zum „Gruppenbildchen" 7.3 (welches die Bezeichnung „diamond-isomorphism-theorem" für den 1. Isomorphiesatz in der englisch-sprachigen Literatur rechtfertigt): Dort, wo die Linien von H und N aus nach oben zusammenlaufen, steht immer die kleinste Untergruppe, die beide enthält, also $\langle H \cup N \rangle$ (was in obiger Situation das gleiche wie HN ist). Treffen sich Linien, die nach unten laufen, so steht in ihrem Treffpunkt stets der Schnitt beider Untergruppen, hier also $H \cap N$. Der 1. Isosatz besagt nun, dass die beiden „Stückchen" von HN nach N (was man sich als die Faktorgruppe HN/N vorstellen muss) und von H nach $H \cap N$ isomorph sind.

Ein echter Gruppentheoretiker hat übrigens stets solche Bildchen vor seinem (geistigen) Auge. Mein Professor, Peter Schmid, sagte immer mit roten Bäckchen zu uns: „Stellen Sie sich das Bildchen vor! Sehen Sie es nicht? Also ich seh es gelb schimmernd vor mir in der Luft stehen."

Bevor ich's vergesse, noch ein Wörtchen zur Namensgebung: In manchen Büchern wird unser Homomorphiesatz 7.1 bereits als 1. Isomorphiesatz bezeichnet; dadurch erhöhen sich natürlich die Nummern der darauf folgenden Isomorphiesätze um 1.

Beispiel 7.1 In Beispiel 3.5 haben wir drei Untergruppen der S_4 von Ordnung 8 gefunden. Als Anwendung unserer bisherigen Theorie zeigen wir nun, dass es keine weiteren solcher Untergruppen gibt. Und zwar tun wir dies ganz abstrakt, ohne uns auch nur an einer Permutation „die Finger schmutzig machen zu müssen".[2]

Sei also $H \leqslant S_4$ eine Untergruppe mit $|H| = 8$. Wir zeigen zunächst, dass stets $V_4 \leqslant H$ gilt, d.h. dass H die Kleinsche Vierergruppe enthält. Aufgrund von $V_4 \lhd S_4$ ist der 1. Isomorphiesatz anwendbar und er liefert hier

$$(HV_4)/V_4 \cong H/(H \cap V_4).$$

Da isomorphe Gruppen gleichmächtig sind, folgt mit Lagrange

$$|(HV_4)/V_4| = |H/(H \cap V_4)| = \frac{|H|}{|H \cap V_4|} = \frac{2^3}{|H \cap V_4|} = 2^k$$

mit $k = 1, 2$ oder 3, da $H \cap V_4 \leqslant V_4$ ist und somit $|H \cap V_4|$ ein Teiler von $|V_4| = 4 = 2^2$ sein muss. Für die Ordnung von HV_4 bedeutet dies (wieder nach Lagrange, da $|HV_4/V_4| = \frac{|HV_4|}{|V_4|}$ ist)

$$|HV_4| = 2^k |V_4| = 2^{k+2}.$$

---

[2] Für einen direkteren Zugang siehe Prof. Scharlaus schöne Abhandlung www.mathematik.tu-dortmund.de/~algebra/Algebra_2012/Uebungen/ musterloesung_A12.pdf
Dort werden *alle* 30 Untergruppen der S_4 samt Isomorphietyp bestimmt!

Da HV_4 eine Untergruppe von S_4 ist, muss 2^{k+2} ein Teiler von $|S_4| = 24$ sein, was $k = 1$ erzwingt. Somit ist $|HV_4| = 2^3 = |H|$, was wegen $H \subseteq HV_4$ nur für $H = HV_4$ möglich ist. Dies bedeutet nach Korollar 5.1 aber wie gewünscht $V_4 \leqslant H$.

Jetzt schlägt das Korrespondenzprinzip 6.8 zu: Die Untergruppen von S_4, die V_4 enthalten, stehen in bijektiver Korrespondenz mit den Untergruppen von S_4/V_4. Insbesondere ist die Anzahl der Untergruppen $H \leqslant S_4$ der Ordnung 8 (die wie gerade gezeigt V_4 enthalten) gleich der Anzahl der Untergruppen $H/V_4 \leqslant S_4/V_4$ der Ordnung $\frac{|H|}{|V_4|} = \frac{8}{4} = 2$. Nach Aufgabe 6.6 (oder 7.5) ist $S_4/V_4 \cong S_3$

$$
\begin{array}{ccc}
S_4 & \longleftrightarrow & S_4/V_4 \\
\big| & & \big| \\
H & \longleftrightarrow & H/V_4 \\
\big| & & \big| \\
V_4 & \longleftrightarrow & \{V_4\}
\end{array}
$$

und die Anzahl der Untergruppen von S_3 der Ordnung 2 ist leicht zu bestimmen: Es gibt genau drei, nämlich die von den drei verschiedenen Transpositionen der S_3 jeweils erzeugten.

Satz 7.3   (*2. Isomorphiesatz*)

Es seien N und H Normalteiler der Gruppe G mit $N \leqslant H$. Dann ist H/N normal in G/N und es gilt

$$(G/N)/(H/N) \cong G/H.$$

(Man darf „mal Kehrbruch nehmen und N rauskürzen".)

Beweis: Der kanonische Epimorphismus $\pi\colon G \to G/H$ erfüllt $\ker \pi = H \supseteq N$, weshalb er nach Lemma 7.1 einen wohldefinierten Homomorphismus

$$\overline{\pi}\colon G/N \to G/H, \quad gN \mapsto \pi(g) = gH$$

induziert. Dieser ist offenbar surjektiv (gH besitzt gN als Urbild) und besitzt H/N als Kern, denn

$$\ker \overline{\pi} = \{\, gN \mid \overline{\pi}(gN) = e_{G/H} \,\} = \{\, gN \mid gH = H \,\}$$
$$= \{\, gN \mid g \in H \,\} = H/N.$$

Insbesondere ist H/N als Kern eines Homomorphismus normal in G/N und der Homomorphiesatz ergibt mit einem Schlag

$$(G/N)/\ker \overline{\pi} \cong \operatorname{im} \ker \overline{\pi},$$

also genau die gewünschte Isomorphie $(G/N)/(H/N) \cong G/H$. $\square$

A **7.4** *Beweis des 1. Isomorphiesatzes.*

(i) Zeige $HN \leqslant G$, wobei $N \lhd G$ entscheidend eingeht.

(ii) Betrachte die Abbildung $\varphi \colon H \to (HN)/N$ (überlege zunächst, warum $N \lhd HN$ ist), die als Komposition

$$H \xrightarrow{\iota} HN \xrightarrow{\pi} (HN)/N$$

definiert ist. Dabei ist ι (Iota) die Einbettung $h \mapsto he$ und π wie üblich die kanonische Restklassenprojektion. Wieso ist φ ein Epimorphismus und was ist der Kern von φ? Warum war's das auch schon?

A **7.5** Wir zeigen unter Verwendung des 1. Isomorphiesatzes erneut, dass $S_4/V_4 \cong S_3$ ist (und zwar diesmal, ohne Kenntnis der Isomorphietypen von Gruppen der Ordnung 6 reinzuschmuggeln).

a) Bestimme alle Elemente von $H = \langle\, (1\ 3), (1\ 2\ 3)\,\rangle \leqslant S_4$ und überzeuge dich von $H \cong S_3$.

b) Was ist $H \cap V_4$? Bestimme nun mit Hilfe des 1. Isomorphiesatzes die Ordnung von $HV_4 \leqslant S_4$. Welche Gruppe ist demnach HV_4?

c) Folgere $S_4/V_4 \cong S_3$.

7.4   Ja und jetzt?

Wenn du bis hierhin durchgehalten und das meiste gut verstanden hast, bist du bereits im Besitz der nötigen Werkzeuge, um „echte" Algebra-Bücher wie [Fis] oder [KaM] (or [DuF], if you have a good grasp of the English language) relativ problemlos lesen zu können. Dort kommen die hier entwickelten Konzepte in der *Strukturtheorie der endlichen Gruppen* zum Einsatz, auf welche hier noch ein kleiner Ausblick gegeben werden soll. Es geht unter anderem um:

○ *Zyklische Gruppen*, also Gruppen, die von nur einem Element erzeugt werden. Deren Struktur ist ganz leicht zu verstehen, denn eine endliche zyklische Gruppe erweist sich stets als zu $\mathbb{Z}_n = \mathbb{Z}/n\mathbb{Z}$ isomorph, wobei n die Ordnung des Erzeugers der Gruppe ist (und falls der Erzeuger von G keine endliche Ordnung besitzt, ist $G \cong \mathbb{Z}$). Zudem müssen alle Untergruppen einer zyklischen Gruppe selbst wieder zyklisch sein. All dies ist bereits mit unseren bescheidenen Mitteln beweisbar; man braucht eigentlich nur den Homomorphiesatz und muss noch ein wenig genauer über die Eigenschaften der Ordnung von Gruppenelementen Bescheid wissen.

○ *Endliche abelsche Gruppen.* Hier gibt es einen mächtigen Klassifikationssatz (mit anspruchsvollem Beweis), der Anzahl und Gestalt aller abelschen Gruppen einer gegebenen Ordnung n klärt. Er besagt z.B., dass es genau vier Isomorphietypen abelscher Gruppen der Ordnung $n = 180$ gibt, und zwar $\mathbb{Z}_{180}$, $\mathbb{Z}_2 \times \mathbb{Z}_{90}$, $\mathbb{Z}_3 \times \mathbb{Z}_{60}$ und $\mathbb{Z}_6 \times \mathbb{Z}_{30}$. (Falls du dich wunderst, was etwa mit einer Gruppe der Gestalt $\mathbb{Z}_4 \times \mathbb{Z}_5 \times \mathbb{Z}_9$ ist, die ja auch 180 Elemente besitzt: sie ist isomorph zu $\mathbb{Z}_{180}$.)

○ *Sylow-Sätze.* Hier geht es um die Umkehrung des Satzes von Lagrange. Wenn k ein Teiler der Gruppenordnung $n = |G|$ ist, gibt es dann eine Untergruppe $H \leqslant G$ mit $|H| = k$? Einer der Sylow-Sätze bejaht dies, im Falle dass k eine ma-

ximale Primzahlpotenz von n ist. Ist z.B. G eine (nicht unbe-
dingt abelsche!) Gruppe der Ordnung $|G| = 180 = 4 \cdot 5 \cdot 9 = 2^2 \cdot 5^1 \cdot 3^2$, dann besitzt G laut Sylow Untergruppen der
Ordnung 2^2, 5^1 und 3^2. Auch dies ist für beliebiges n eine
starke Aussage, für deren Beweis man sich ordentlich anstrengen muss.

○ *Auflösbare Gruppen.* Hier wird zum ersten Mal offenbar, dass
man Gruppentheorie nicht nur zum Selbstzweck betreibt.
Galois erkannte bereits um 1830, dass man den Lösungen
einer Polynomgleichung vom Grad n eine Gruppe zuordnen
kann, welche die Lösungen permutiert. (Dies war die eigent-
liche Geburtsstunde der Gruppentheorie.) An einer Eigenschaft dieser Gruppe, ihrer sogenannten Auflösbarkeit, kann
man dann erkennen, ob die entsprechende Gleichung durch
eine geschlossene Lösungsformel (wie die „Mitternachtsfor-
mel" für $n = 2$) lösbar ist. So konnte Abel beweisen, dass
für Gleichungen vom Grad $n \geqslant 5$ keine solche allgemeine
Lösungsformel existieren kann.

Ich hoffe, das hat jetzt Appetit auf mehr gemacht, und dass dieses
Buch eine bekömmliche Vorspeise war!

8 Anhang

8.1 Crashkurs Mengen & Abbildungen

Dieser Anhang präsentiert im Schweinsgalopp wichtige Grundbegriffe der Mengenlehre und Eigenschaften von Abbildungen zwischen Mengen. Eine ausführliche Darstellung mit vielen Beispielen findest du z.B. in [GLO].

8.1.1 Mengen und Mengenoperationen

Definition 8.1   Eine *Menge* ist für uns ganz naiv eine Ansammlung von Objekten, die man zusammen in einen Sack gesteckt hat. Ein Mitglied dieses Sacks heißt *Element* der Menge. Ist a ein Element der Menge A, so schreibt man $a \in A$. Gehört a nicht zu der Menge A, schreibt man $a \notin A$.

Mit $|A|$ bezeichnet man die Anzahl der Elemente in A, diese heißt *Mächtigkeit von* A. Falls diese Anzahl nicht endlich ist, schreibt man $|A| = \infty$. Die *leere Menge* $\varnothing$ zeichnet sich dadurch aus, dass sie kein Element enthält. $\diamondsuit$

Definition 8.2   Es sei A eine Menge.
Eine Menge B heißt *Teilmenge von* A, in Zeichen: $B \subseteq A$, wenn jedes Element von B auch Element von A ist, d.h. wenn gilt: $x \in B \implies x \in A$. Die leere Menge wird dabei immer als Teilmenge jeder Menge betrachtet.

A und B heißen *gleich*, $A = B$, wenn sie dieselben Elemente enthalten. Dies ist gleichbedeutend mit $A \subseteq B$ und $B \subseteq A$, da dann $x \in A \iff x \in B$ gilt.

$B \subset A$ bedeutet $B \subseteq A$ und $B \neq A$. Dann heißt B *echte Teilmenge von* A. $\diamondsuit$

Definition 8.3   Das *kartesische* oder *direkte Produkt* zweier Mengen A und B ist die Menge aller geordneter Paare:

$$A \times B := \{ (x,y) \mid x \in A, y \in B \}$$

(lies: „A Kreuz B"). In $A \times B$ sind zwei Elemente (x_1, y_1), (x_2, y_2) definitionsgemäß gleich, wenn $x_1 = x_2$ und $y_1 = y_2$ ist. $\diamondsuit$

Im Falle endlicher Mengen A, B gilt $|A \times B| = |A| \cdot |B|$.

Definition 8.4 Es seien A und B Teilmengen einer Menge M. Der *Schnitt* von A und B ist die Menge

$$A \cap B := \{ x \in M \mid x \in A \text{ und } x \in B \}.$$

In $A \cap B$ liegen also alle Elemente, die in A *und* gleichzeitig auch in B liegen. Haben A und B keine gemeinsamen Elemente, sprich $A \cap B = \varnothing$, so heißen A und B *disjunkt*.
Die *Vereinigung* von A und B ist

$$A \cup B := \{ x \in M \mid x \in A \text{ oder } x \in B \}.$$

In $A \cup B$ liegen also alle Elemente, die in A *oder* B liegen. (Kein „entweder-oder"! Ein Element von $A \cup B$ darf in A und auch gleichzeitig in B liegen.)
Die *Differenz von A und B* ist (lies: „A ohne B") ist

$$A \backslash B := \{ x \in M \mid x \in A \text{ und } x \notin B \}.$$

Im Falle $A = M$ heißt $B^{\mathsf{C}} := M \backslash B = \{ x \in M \mid x \notin B \}$ das *Komplement von B in M*. $\diamondsuit$

Die Konzepte von Schnitt und Vereinigung kann man übrigens ganz leicht von zwei auf beliebig viele Teilmengen erweitern: Sei M eine Menge, I eine beliebige Indexmenge (nicht notwendigerweise endlich) und für jedes $i \in I$ sei M_i eine Teilmenge von M. $(M_i)_{i \in I}$ nennt man dann eine *Familie* von Teilmengen. Man definiert

$$\bigcap_{i \in I} M_i := \{ x \in M \mid x \in M_i \text{ für alle } i \in I \} \quad \text{und}$$

$$\bigcup_{i \in I} M_i := \{ x \in M \mid x \in M_i \text{ für (mindestens) ein } i \in I \}.$$

8.1.2 Abbildungen

Auch dieser Abschnitt ist lediglich ein Sammelsurium wichtiger
Definitionen und Eigenschaften von Abbildungen zwischen Mengen. Die Lektüre ist nur zum Auffrischen und Nachschlagen ge-
dacht; für eine behutsamere Hinführung siehe wieder [GLO].

Definition 8.5   Seien A und B Mengen ($\neq \varnothing$). Eine *Abbildung
von A nach B*

$$f\colon A \to B, \quad x \mapsto f(x),$$

(lies: „f von A nach B, x geht über nach $f(x)$") ist eine Vorschrift,
die jedem Element $x \in A$ ein *eindeutiges* Element $f(x) \in B$ zuordnet, das sogenannte *Bild von x unter f*. Ein $x \in A$ heißt *Urbild
von $y \in B$*, falls $y = f(x)$ gilt.
A heißt *Definitionsbereich*, B heißt *Bildbereich von f*. $\Diamond$

Definition 8.6   Sei $f\colon A \to B$ eine Abbildung, $M \subseteq A$ und
$N \subseteq B$ seien beliebige Teilmengen. Die Menge

$$f(M) := \{\, f(x) \mid x \in M \,\} \subseteq B$$

heißt *Bildmenge von M unter f* (oder kürzer: Bild von M unter f).
Für $M = A$ nennt man $f(A) =:$ im f das *Bild von f* (engl. *image*).
Das Bild im f besteht also aus allen Elementen von B, die „von
f getroffen werden" (siehe Abbildung 8.1). Für eine Teilmenge
$N \subseteq B$ heißt

$$f^{-1}(N) := \{\, x \in A \mid f(x) \in N \,\}.$$

Urbild von N unter f. $\Diamond$

Für die einelementige Menge $N = \{y\} \subseteq B$ gilt

$$f^{-1}(\{y\}) = \{\, x \in A \mid f(x) \in \{y\} \,\} = \{\, x \in A \mid f(x) = y \,\},$$

d.h. $f^{-1}(\{y\}) =: f^{-1}(y)$ besteht aus allen Urbildern von y.

Beim Hantieren mit Abbildungen muss man oft wissen, wie sich
Bild- und Urbildbestimmung von Teilmengen mit der Inklusion
und den Mengenoperationen Schnitt und Vereinigung vertragen.

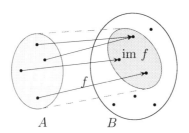

Abbildung 8.1

Satz 8.1 Es seien $f\colon A \to B$ eine Abbildung und M_1, M_2 Teilmengen von A, sowie N, N_1, N_2 Teilmengen von B. Dann gelten die folgenden Aussagen:

(1) $M_1 \subseteq M_2 \implies f(M_1) \subseteq f(M_2)$,
   $N_1 \subseteq N_2 \implies f^{-1}(N_1) \subseteq f^{-1}(N_2)$.
   (Sowohl f als auch f^{-1}-Bilden „respektieren" die Inklusion.)

(2) $f(M_1 \cup M_2) = f(M_1) \cup f(M_2)$,
   $f(M_1 \cap M_2) \subseteq f(M_1) \cap f(M_2)$.
   (Gleichung 1 besagt, dass f die Vereinigung respektiert. Beim Abbilden einer Schnittmenge hingegen muss man aufpassen: Das Bild von $M_1 \cap M_2$ könnte echt kleiner als $f(M_1) \cap f(M_2)$ werden.)

(3) $f^{-1}(N_1 \cup N_2) - f^{-1}(N_1) \cup f^{-1}(N_2)$,
   $f^{-1}(N_1 \cap N_2) = f^{-1}(N_1) \cap f^{-1}(N_2)$.
   (Urbild-Nehmen respektiert sowohl Vereinigungen als auch Schnitte.)

Aussagen (2) und (3) gelten auch für beliebige Schnitte und Vereinigungen.

Jetzt kommen die für dieses Buch wichtigsten Eigenschaften von Abbildungen.

Definition 8.7   Sei $f : A \to B$ eine Abbildung.

(1) Falls aus $f(x_1) = f(x_2)$ stets $x_1 = x_2$ folgt, nennt man f *injektiv*.

(2) Falls es für jedes $y \in B$ ein $x \in A$ gibt, so dass $f(x) = y$ gilt, heißt f *surjektiv*.

(3) Falls f injektiv und surjektiv ist, heißt f *bijektiv*. $\diamondsuit$

Anmerkungen:

(1) Die (logisch äquivalente) Kontraposition der Definition von Injektivität lautet

$$x_1 \neq x_2 \implies f(x_1) \neq f(x_2).$$

Injektivität ist gleichzusetzen mit der Eindeutigkeit des Urbilds, d.h. dass zwei verschiedene Elemente nicht auf dasselbe Element des Bildbereichs fallen können.

(2) Die Surjektivität ist gleichzusetzen mit der Existenz des Urbilds für jedes $y \in B$, d.h. dass alle Elemente des Bildbereichs B „von f getroffen werden“.

(3) Die Bijektivität ist gleichzusetzen mit der Existenz und Eindeutigkeit des Urbilds, d.h. dass jedes Element des Bildbereichs B genau ein Urbild besitzt. Sprich f ist bijektiv, wenn für alle $y \in B$ gilt: $|f^{-1}(y)| = 1$. Somit stellt f eine 1:1-Beziehung zwischen den Elementen von A und B her.

Die in Bildchen 8.1 dargestellte Abbildung ist somit weder injektiv (warum?) noch surjektiv (warum?), also kann sie auch nicht bijektiv sein (klar). Schränkt man den Bildbereich jedoch von B auf im f ein, so wird $\tilde{f} : A \to$ im f surjektiv (klar?!).

Wie du schon auf den ersten Seiten dieses Buches gemerkt haben wirst, spielt die Komposition von Abbildungen in der Gruppentheorie eine zentrale Rolle.

Definition 8.8   Seien $f : A \to B_1$, $g : B_2 \to C$ zwei Abbildungen und B_2 enthalte das Bild von f, also $f(A) \subseteq B_2$ (siehe Abbildung 8.2).

Die *Komposition* (oder *Verkettung*) $g \circ f$ (lies: „g nach f") ist die Abbildung von A nach C, die jedem $x \in A$ das Bild

$$(g \circ f)(x) := g\big(f(x)\big)$$

zuordnet. Beachte: Zuerst wird f, danach g angewendet. $\diamond$

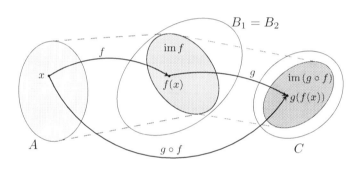

Abbildung 8.2

Der folgende Satz enthält ein einfaches Kriterium zum Nachweis der Bijektivität einer Abbildung: Man muss „nur" ihre Umkehrabbildung angeben.

Satz 8.2   Eine Abbildung $f : A \to B$ ist genau dann bijektiv, wenn es eine Abbildung $g \colon B \to A$ gibt mit

$$g \circ f = \mathrm{id}_A \qquad \text{und} \qquad f \circ g = \mathrm{id}_B.$$

Diese Abbildung g ist eindeutig bestimmt und heißt *Umkehrabbildung* oder *Inverse* von f und man bezeichnet sie mit $g = f^{-1}$.

Hierbei ist id_M die *identische Abbildung* einer Menge M in sich, die durch $\mathrm{id}_M(m) = m$ für alle $m \in M$ gegeben ist.

8.2 Äquivalenzrelationen & Partitionen

Im Gegensatz zu 8.1 wird hier keine vorherige Kenntnis des Stoffes vorausgesetzt und du wirst gemächlich an die neuen Konzepte herangeführt.

8.2.1 Äquivalenzrelationen

Beispiel 8.1   Es sei A die Menge aller StudentInnen samt Professor im Hörsaal. Für x, $y \in A$ betrachte man die folgenden Beziehungen.

(R_1) x ist per Du mit y.

(R_2) x ist verliebt in y.

(R_3) x hat die gleiche Haarfarbe wie y.

Wenn das Paar (x, y) eine der Beziehungen R_i erfüllt, schreibt man $x \, R_i \, y$ und sagt „x steht in Relation zu y" (bezüglich R_i).

Mit Hilfe einer Relation lassen sich also Beziehungen von Elementen einer Menge zueinander beschreiben. Dies soll nun präziser gefasst werden.

Definition 8.9   Seien A und B zwei Mengen. Eine *Relation R* ist nichts anderes als eine Teilmenge von $A \times B$. Liegt das Paar (x, y) in R, so sagt man x *steht in Relation zu* y. Man schreibt dann $x \, R \, y$ oder $x \sim_R y$.   ◇

Beispiel 8.2

a) Für $A = \{\, 1, 2, 3, 4 \,\}$ betrachten wir die Relation R, die gegeben ist durch

$$x \sim_R y \; :\Longleftrightarrow \; x > y.$$

Dann ist $R = \{\, (4, 1), (4, 2), (4, 3), (3, 1), (3, 2), (2, 1) \,\}$.

b) Es sei $A = \{$ Döner (d), Pizza (p), Brathendl (b) $\}$ und

$$B = \{ \text{Ketchup } (k), \text{ Mayo } (m), \text{ Scharf } (s) \}.$$

Gib die Relation „x passt zu y" auf $A \times B$ an, so wie es deinen Geschmacksnerven entspricht.

Nun kommt die mit Abstand wichtigste Art von Relationen.

Definition 8.10   Sei $R \subseteq A \times A$ eine Relation. R heißt *Äquivalenzrelation auf A*, falls für alle $x, y, z \in A$ die drei folgenden Eigenschaften gelten. (Wir verzichten ab jetzt auf den Index R bei $\sim$.)

(1) $x \sim x$ \hfill (Reflexivität)

(2)   Aus $x \sim y$ folgt $y \sim x$. \hfill (Symmetrie)

(3)   Aus $x \sim y$ und $y \sim z$ folgt $x \sim z$. \hfill (Transitivität)

Hier liest man $x \sim y$ als: „x ist äquivalent zu y." \hfill $\diamondsuit$

(3) lautet in Worten: Wenn x in Relation zu y steht, und y in Relation zu z, dann muss auch x in Relation zu z stehen.

Beispiel 8.3   Wir überlegen, welche der drei Relationen aus Beispiel 8.1 Äquivalenzrelationen sind (was in diesem Alltagsbeispiel bei R_1 und R_2 natürlich stark von der konkreten Zusammensetzung der Menge A abhängt).
Bei R_1 können wir von Reflexivität ausgehen (außer jemand spricht sich selbst mit Sie an). Die Symmetrie ist nicht unbedingt gegeben: Selbst wenn der Prof einen Studenten duzt, muss das noch lange nicht heißen, dass auch der Student den Prof mit Du anreden darf. Ebenso verhält es sich mit der Transitivität.
Bei R_2 ist bereits die Reflexivität wohl nur bei ausgeprägtem Narzismus erfüllt. Wer schon mal unerwidert verliebt war, weiß, dass R_2 leider auch nicht symmetrisch zu sein braucht. Und transitiv ist R_2 gleich mal gar nicht (außer vielleicht in pikanten Ausnahmefällen).
R_3 ist letztendlich die Eigenschaft „Gleichheit" (in diesem Fall von Haarfarben), und erfüllt damit alle drei Forderungen (denke kurz darüber nach), ist also eine Äquivalenzrelation.

Beispiel 8.4   Betrachte die Menge G aller Geraden in der Ebene. Dann definiert die Eigenschaft „Parallelität zweier Geraden" eine Äquivalenzrelation auf G durch $g \sim h \; :\Longleftrightarrow \; g \parallel h$. Denn Parallelität bedeutet Gleichheit der Steigung und erfüllt damit alle drei Forderungen (1) – (3).

8.2.2   Äquivalenzklassen und Faktormengen

Oft kann es sinnvoll sein, äquivalente Elemente in einen Topf zu werfen, d.h. sie in einem geeigneten Sinne als gleich zu betrachten.

Definition 8.11   Sei $\sim$ eine Äquivalenzrelation auf der Menge A und $x \in A$. Die *Äquivalenzklasse von* x ist definiert als die Menge

$$[x] := \{\, y \in A \mid y \sim x \,\} \subseteq A.$$

Jedes Element der Äquivalenzklasse $[x]$ heißt *Repräsentant* von $[x]$. (Warum man *jedes* Element von $[x]$ als Repräsentanten wählen darf, zeigt Satz 8.3.)

Die *Faktormenge* von A bezüglich der Äquivalenzrelation, bestehend aus allen Äquivalenzklassen, wird bezeichnet mit

$$A/\sim \; := \{\, [x] \mid x \in A \,\}.$$

Lies: „A modulo $\sim$" oder auch „Quotient von A nach $\sim$". $\diamond$

Die Elemente von $A/\sim$ sind Äquivalenzklassen, also für sich genommen bereits Teilmengen von A, die jetzt aber jeweils als *ein* Element der Faktormenge zu betrachten sind. Dies bereitet vielen Anfängern Probleme, deshalb kommt nun ein ganz simples und einleuchtendes Beispiel, das man sich immer vor Augen halten sollte, wenn man Schwierigkeiten beim Umgang mit der Faktormenge hat.

Beispiel 8.5   Sei L die Menge aller Legosteine in deinem Kinderzimmer, die aus roten, blauen und grünen Steinen unterschiedlichster Form bestehen soll. Dann ist

$$x \sim y \; :\Longleftrightarrow \; x \text{ hat die gleiche Farbe wie } y$$

eine Äquivalenzrelation auf L (verifiziere dies wieder kurz im Kopf). Hier können wir uns für einen sagen wir roten Legostein $r \in L$ die Äquivalenzklasse

$$[r] = \{\, y \in L \mid y \sim r \,\} = \{\, y \mid y \text{ ist rot} \,\}$$

ganz konkret als einen Sack vorstellen, auf den wir ein Schildchen mit der Aufschrift „rot" kleben, und in den wir alle roten Legosteine hineinwerfen. Dieser Sack enthält dann alle roten Steine: $[r] = \{\, r_1, \ldots, r_n \,\}$. Die Faktormenge $L/\sim$ besteht dann ganz einfach aus drei Säcken mit den Aufschriften rot, blau und grün:

$$L/\sim = \{\, [r], [b], [g] \,\}.$$

Die Eigenschaft „Form" der Legosteine wurde beim Übergang zur Faktormenge abgestreift („herausgeteilt"), es zählt jetzt nur noch die Farbe.

Durch Äquivalenzklassenbildung wurde die Menge der Legosteine in drei disjunkte Teilmengen zerlegt (also drei Säcke, die keinen Stein gemeinsam haben). Dies lässt sich leicht verallgemeinern.

Satz 8.3   Es sei $\sim$ eine Äquivalenzrelation auf einer Menge A und x, y seien beliebige Elemente von A.

(1) Aus $x \sim y$ folgt stets $[x] = [y]$, d.h. äquivalente Elemente besitzen immer dieselbe Äquivalenzklasse.

(2) Zwei Äquivalenzklassen müssen gleich oder disjunkt sein, d.h. es gilt stets

$$[x] = [y] \quad \text{oder} \quad [x] \cap [y] = \varnothing.$$

Insbesondere liegt jedes Element $x \in A$ in genau einer Äquivalenzklasse.

Beweis: (1) Wir zeigen erst $[x] \subseteq [y]$: Liegt z in $[x]$, so gilt $z \sim x$. Da nach Voraussetzung $x \sim y$ ist, folgt aufgrund der Transitivität von $\sim$, dass auch $z \sim y$ gilt, sprich $z \in [y]$. Zur umgekehrten Inklusion $[y] \subseteq [x]$: Sei $z \in [y]$, also $z \sim y$. Wegen $x \sim y$

ist auch $y \sim x$, da $\sim$ symmetrisch ist. Transitivität von $\sim$ liefert $z \sim x$, d.h. $z \in [x]$. Insgesamt ist $[x] \subseteq [y]$ und $[y] \subseteq [x]$, also $[x] = [y]$.

(2) Wir müssen zeigen, dass im Falle $[x] \cap [y] \neq \varnothing$ bereits $[x] = [y]$ gilt. Falls die Schnittmenge $[x] \cap [y]$ nicht leer ist, gibt es ein z, welches gleichzeitig in $[x]$ und in $[y]$ liegt. Nun bedeutet $z \in [x]$ aber $z \sim x$ und mit (1) folgt $[z] = [x]$. Ebenso erhält man $[z] = [y]$, da $z \sim y$ ist, also gilt insgesamt $[x] = [z] = [y]$. Somit kann es nur zwei Fälle geben: Entweder ist $[x] \cap [y] = \varnothing$ oder $[x] = [y]$.

Zur letzten Aussage: Zunächst liegt jedes $x \in A$ in mindestens einer Äquivalenzklasse, nämlich seiner eigenen: $x \in [x]$ (da $x \sim x$ aufgrund der Reflexivität). Liegt es in einer weiteren Klasse $[y]$, so gilt $[x] \cap [y] \neq \varnothing$, und es folgt $[x] = [y]$, wie wir gerade bewiesen haben. Somit liegt x in genau einer Äquivalenzklasse.   □

$\boxed{A}$ **8.1**   Zeige, dass durch

$$m \sim n \ :\Longleftrightarrow\ m - n \text{ ist eine gerade Zahl}$$

eine Äquivalenzrelation auf den ganzen Zahlen $\mathbb{Z}$ definiert wird. Wie sieht die Faktormenge $\mathbb{Z}/\sim$ aus?

$\boxed{A}$ **8.2**   Desgleichen für die folgende Relation auf $\mathbb{Q}$:

$$r \sim s \ :\Longleftrightarrow\ r - s \in \mathbb{Z}.$$

$\boxed{A}$ **8.3**   Betrachte die Äquivalenzrelation „Parallelität" auf der Menge G aller Geraden in der Ebene aus Beispiel 8.4. Stelle die Äquivalenzklasse der Gerade $y = x$ grafisch dar. Wie kann man sich die Faktormenge $G/\sim$ vorstellen?

An der nun folgenden Aufgabe kannst du testen, wie weit dein Abstraktionsvermögen ausgebildet ist. Sie erscheint auf den ersten Blick abschreckend, ist aber lächerlich einfach; zumindest wenn man sich dann die Lösung anschaut.

$\boxed{\text{A}}$ **8.4**   Sei $f\colon A \to B$ eine Abbildung zwischen Mengen. Der (mengentheoretische) *Kern von* f ist definiert als die Relation

$$\ker f := \{\,(x,y) \subseteq A \times A \mid f(x) = f(y)\,\}.$$

a) Weise nach, dass $\ker f$ eine Äquivalenzrelation auf A ist. Schreibe dazu $x \sim y$ falls $(x,y) \in \ker f$. Wie sieht die Faktormenge $A/\ker f$ aus?

b) Überlege, warum durch die Vorschrift

$$\overline{f}\colon A/\ker f \to B, \quad [x] \mapsto f(x),$$

eine *wohldefinierte*, also nicht von der Wahl des Repräsentanten abhängige, Abbildung gegeben ist.

Genauer soll dies Folgendes bedeuten: In der Definition von $\overline{f}$ wählen wir aus $[x]$ ganz frech einfach x als Repräsentanten aus und setzen es in f ein. Ebenso gut hätte jemand anders ein $y \neq x$ mit $[y] = [x]$ wählen können (falls $[x]$ mehr als ein Element besitzt) und $\overline{f}([x])$ als $f(y)$ definieren können. Falls nun dummerweise $f(x) \neq f(y)$ wäre, hätte ein Urbild, nämlich $[x] = [y]$, zwei verschiedene Bilder unter $\overline{f}$, was bei einer Abbildung nicht sein darf. Du musst dich also vergewissern, dass $\overline{f}([x]) = \overline{f}([y])$ für alle x, y mit $[x] = [y]$ gilt.

c) Durch Herausteilen des Kerns wird $\overline{f}$ injektiv. Klar?

$\boxed{\text{A}}$ **8.5**   *Konstruktion von* $\mathbb{Z}$.   ☠

Wir konstruieren die ganzen Zahlen ausgehend von der Menge $(\mathbb{N}, +)$ der natürlichen Zahlen. Den Aufbau von $\mathbb{N} = \{\,1, 2, 3, \dots\,\}$ sowie die Rechengesetze der Addition nehmen wir als gottgegeben hin und setzen zudem die Gültigkeit der *Kürzungsregel* in $\mathbb{N}$ voraus, die besagt, dass für natürliche Zahlen $m, \ell, n \in \mathbb{N}$ aus

$$m + \ell = n + \ell \text{ stets } m = n \text{ folgt}^1$$

(siehe [EBB] oder [LOO] für einen Beweis).

---

[1]Ist doch klar, wirst du denken; ich addiere auf beiden Seiten einfach $-\ell$... Aber hier geht es genau darum, dass wir negative Zahlen noch nicht haben, sondern erst konstruieren wollen.

Du musst dir nun vor Beginn der Aufgabe so lange auf den Kopf
hauen, bis du vergessen hast, dass es negative Zahlen gibt, bzw.
was diese überhaupt sein sollen. (Und, nein: ich zahle keinen Scha-
densersatz, wenn das jemand wirklich macht!)

a) Zeige, dass durch

$$(a, b) \sim (c, d) \quad :\Longleftrightarrow \quad a + d = b + c$$

eine Äquivalenzrelation auf $\mathbb{N}^2 := \mathbb{N} \times \mathbb{N}$ gegeben ist. „Häh;
wie kommt man denn auf sowas und was soll das?" wird wohl
deine erste empörte Reaktion sein. Keine Sorge, die folgende
Motivation macht deutlich, dass hier ein einfacher Gedanke
dahinter steckt: Wir werden ganze Zahlen letztendlich als
(Äquivalenzklassen von) Lösungen von Gleichungen definieren. Der Lösung x der Gleichung $x + b = a$ mit $a, b \in \mathbb{N}$
ordnen wir dabei das Paar $(a, b) \in \mathbb{N}^2$ zu. Nun haben aber
Gleichungen wie z.B.

$$x + 1 = 2, \quad x + 2 = 3, \quad x + 3 = 4, \quad \ldots \quad \text{etc.}$$

stets dieselbe Lösung (in diesem Beispiel: die 1), so dass wir
die Paare $(2, 1)$, $(3, 2)$, $(4, 3)$ als gleichwertig, d.h. äquivalent,
auffassen. In diesem Beispiel könnten wir dies bequem so
ausdrücken:

$$(a, b) \sim (c, d) \quad \Longleftrightarrow \quad a - b = c - d,$$

da wir hier stets $x = 1 \in \mathbb{N}$ für äquivalente Paare erhalten.
Was ist aber mit Gleichungen wie $x + 4 = 3$? Hier ergibt
die Differenz $a - b = 3 - 4$ gar keinen Sinn mehr (erinnere
dich: Es gibt noch keine negativen Zahlen), weshalb wir die
Bedingung $a - b = c - d$ zu $a + d = b + c$ umjonglieren, was
jetzt für beliebige $a, b, c, d \in \mathbb{N}$ Sinn ergibt. Nun sollte dir
die Definition von $\sim$ deutlich sympathischer erscheinen.

b) Die Faktormenge $\mathbb{N}^2 / \sim$ *definieren* wir ganz frech als die
ganzen Zahlen:

$$\mathbb{Z} := \mathbb{N}^2 / \sim = \{ [(a, b)] \mid (a, b) \in \mathbb{N}^2 \}.$$

Mache dich mit dieser Faktormenge vertraut, indem du einige Äquivalenzklassen explizit aufschreibst. Wie wird man wohl die Klasse $[(1,1)] \in \mathbb{Z}$ abkürzen?

c) Auf $\mathbb{N}^2$ gibt es bereits eine „natürliche" innere Verknüpfung, nämlich die komponentenweise Addition:

$$+ \colon \mathbb{N}^2 \times \mathbb{N}^2 \to \mathbb{N}^2, \quad (a,b) + (c,d) := (a+c, b+d).$$

Diese übertragen wir nun auch auf die Faktormenge $\mathbb{Z}$, indem wir definieren

$$\oplus \colon \mathbb{Z} \times \mathbb{Z} \to \mathbb{Z}, \quad [(a,b)] \oplus [(c,d)] := [(a+c, b+d)].$$

Überzeuge dich zunächst davon, dass dies überhaupt *wohldefiniert* ist, also nicht von der Wahl der Repräsentanten abhängt. Zeige dann weiter, dass diese Addition assoziativ und kommutativ ist.

Wenn du das mit der Wohldefiniertheit in Aufgabe 8.4 b) noch nicht verstanden hast, hier nochmals deine Chance: Gilt $(a,b) \sim (a',b')$, so ist definitionsgemäß $[(a,b)] = [(a',b')]$, was wir mit $z = z'$ abkürzen. Addieren wir nun die ganze Zahl $w = [(c,d)]$, so muss natürlich $z \oplus w = z' \oplus w$ gelten, sonst hätte ja dieselbe Zahl $z = z'$ zwei verschiedene Summen mit w. Jetzt ist aber

$$z \oplus w \quad \text{als} \quad [(a+c, b+d)] \quad \text{und}$$
$$z' \oplus w \quad \text{als} \quad [(a'+c, b'+d)]$$

definiert. Du musst prüfen, dass diese beiden Äquivalenzklassen auch wirklich gleich sind, was die Unabhängigkeit obiger Definition von der speziellen Wahl der Repräsentanten a, b und a', b' von $z = [(a,b)]$ zeigt. Den ganzen Zirkus eigentlich auch noch für die zweite Komponente (also mit $[(c',d')]$), aber das lassen wir mal schön bleiben.

d) Das Neutralelement von $(\mathbb{Z}, \oplus)$ ist $0_{\mathbb{Z}} := [(1,1)]$ ($= [(n,n)]$ für jedes $n \in \mathbb{N}$). Zeige, dass jede ganze Zahl $z = [(a,b)] \in \mathbb{Z}$

ein Inverses besitzt, welches man mit $-z$ bezeichnet. Insgesamt hast du in c) und d) nachgewiesen, dass $(\mathbb{Z}, \oplus)$ eine kommutative Gruppe ist.

e) Bisher ist noch gar nicht klar, ob die so konstruierten ganzen Zahlen $\mathbb{Z}$ irgendwas mit den natürlichen Zahlen $\mathbb{N}$, mit denen wir gestartet sind, zu tun haben. Betrachte dazu die Abbildung (lies: „iota")

$$\iota: \mathbb{N} \to \mathbb{Z}, \quad n \mapsto [(n+1, 1)].$$

Zeige, dass ι injektiv und verknüpfungserhaltend ist, also

$$\iota(m+n) = \iota(m) \oplus \iota(n)$$

für alle $m, n \in \mathbb{N}$ erfüllt. So etwas nennt man eine *Einbettung* und schreibt $\mathbb{N} \hookrightarrow \mathbb{Z}$ (via ι). Was bringt ι also? Mache dir zudem klar, dass man mit Hilfe von ι und d) die *negativen Zahlen* nun definieren kann als

$$\mathbb{Z}^- := \{ -z \mid z \in \iota(\mathbb{N}) \}.$$

f) Wie könnte man eine Multiplikation $\odot$ auf $\mathbb{Z}$ definieren, die den gewohnten Rechenregeln genügt?   ☠

Nachdem wir uns hier durchgequält haben, schreiben wir natürlich ab jetzt $\mathbb{Z}$ wieder wie normale Menschen, mit $+$ anstelle von $\oplus$ und das Negative von 3 ist ganz einfach -3. Im Hinterkopf behalten wir aber ganz dunkel, dass es sich hierbei eigentlich um die Äquivalenzklasse $[(1, 4)] \in \mathbb{N}^2/\sim$ handelt.

Anmerkungen:

(1) Ausgehend von $(\mathbb{Z}^*, \cdot)$ mit $\mathbb{Z}^* = \mathbb{Z} \setminus \{0\}$ lassen sich ähnlich wie eben die rationalen Zahlen $\mathbb{Q}$ als Äquivalenzklassen von Paaren ganzer Zahlen konstruieren. Man definiert dazu auf $\mathbb{Z} \times \mathbb{Z}^*$ die Äquivalenzrelation

$$(p, q) \sim (r, s) \quad :\Longleftrightarrow \quad p \cdot s = q \cdot r$$

(dahinter steckt die Idee, dass $\frac{p}{q} = \frac{r}{s}$ gleichwertig zu $p \cdot s = q \cdot r$ ist) und setzt

$$\mathbb{Q} := (\mathbb{Z} \times \mathbb{Z}^*)/\sim = \{ [(p, q)] \mid (p, q) \in \mathbb{Z} \times \mathbb{Z}^* \}.$$

Addition und Multiplikation auf $\mathbb{Q}$ werden gemäß der bekannten Bruchrechengesetze definiert. Die Details überlassen wir dem geneigten Leser.

(2) Obige Konstruktion lässt sich leicht verallgemeinern. Man startet dabei mit einer kommutativen *Halbgruppe H*, das ist eine Menge mit einer assoziativen inneren Verknüpfung (weder Neutralelement noch Inverse müssen vorhanden sein), und ordnet ihr auf ähnliche Weise wie in der obigen Aufgabe eine kommutative Gruppe $\mathcal{G}(H)$ zu, welche man GROTHENDIECK[2]-Gruppe nennt.

8.2.3 Partitionen

In Beispiel 8.5 wurde die Menge L aller Legosteine durch Einführen der Äquivalenzrelation „Gleichfarbigkeit" in drei disjunkte Teilmengen aufgeteilt; man sagt, L wurde *partitioniert*.

Definition 8.12   Unter einer *Partition* $\mathcal{P}$ einer Menge $A \neq \varnothing$ versteht man eine Familie $\mathcal{P} = \{ A_i \mid i \in I \}$ nicht leerer, paarweise disjunkter Teilmengen von A (d.h. $A_i \cap A_j = \varnothing$ für alle $i, j \in I$ mit $i \neq j$), deren Vereinigung ganz A ergibt: $A = \biguplus_{i \in I} A_i$. (Der Punkt im Vereinigungszeichen weist auf die Disjunktheit der Teilmengen hin.) $\diamondsuit$

---

[2]Alexander GROTHENDIECK (1928 – 2014); äußerst genialer und exzentrischer deutsch-französischer Mathematiker. Einer der Überväter der modernen algebraischen Geometrie.

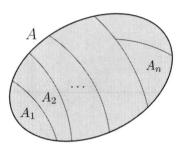

Abbildung 8.3: Partition einer Menge

In Beispiel 8.5 waren $L_1 = \{\, x \mid x$ ist roter Legostein $\}$ und entsprechend L_2 und L_3 die Teilmengen der blauen und grünen Legosteine. Offenbar sind die L_i paarweise disjunkt und erfüllen $L = L_1 \uplus L_2 \uplus L_3$.

Satz 8.4   Zwischen den Partitionen einer Menge A und den Äquivalenzrelationen auf A gibt es eine 1:1-Beziehung.

- Ist $\sim$ eine Äquivalenzrelation auf A, so ist die Faktormenge $\{\, [a] \mid a \in A \,\}$, also die Menge[3] aller Äquivalenzklassen, eine Partition von A, die wir mit $\mathcal{P}_\sim := A/\sim$ $= \{\, [a] \mid a \in A \,\}$ bezeichnen.

- Ist umgekehrt $\mathcal{P} = \{\, A_i \mid i \in I \,\}$ eine Partition von A, so liefert

  $a \sim_\mathcal{P} b \;:\Longleftrightarrow\;$ es gibt ein $i \in I$ mit $a \in A_i$ und $b \in A_i$

  eine Äquivalenzrelation auf A mit Faktormenge

  $$A/\sim_\mathcal{P} = \{\, A_i \mid i \in I \,\} = \mathcal{P}.$$

---

[3]Die Auflistung $[a]$, $a \in A$, enthält evtl. Mehrfachnennungen, die allerdings durch die Mengenschreibweise verschluckt werden, da z.B. $\{[x]\}$ und $\{[x], [y]\}$ für $[x] = [y]$ dieselbe Menge darstellen.

Beweis:

○ Dass $\mathcal{P}_\sim = A/\sim$ eine Partition von A liefert, folgt unmittelbar aus Satz 8.3: Zunächst liegt jedes $a \in A$ in einer Äquivalenzklasse (nämlich seiner eigenen: $a \in [a]$), d.h. A ist die Vereinigung aller Äquivalenzklassen, sprich aller Elemente von $\mathcal{P}_\sim$. Sind $[a]$ und $[b]$ verschiedene Elemente von $\mathcal{P}_\sim$, so ist $[a] \cap [b] = \varnothing$, da verschiedene Äquivalenzklassen stets disjunkt sind. Somit ist A die disjunkte Vereinigung der verschiedenen Äquivalenzklassen.

○ Ist $\mathcal{P} = \{ A_i \mid i \in I \}$ eine Partition von A, so gilt $A = \biguplus_{i \in I} A_i$. Wir überprüfen, ob $\sim_\mathcal{P}$ die drei Eigenschaften einer Äquivalenzrelation erfüllt.

(1) Für jedes $a \in A$ gibt es ein $i \in I$ mit $a \in A_i$, da $A = \biguplus_{i \in I} A_i$ ist. Damit gilt auch $a \sim_\mathcal{P} a$, da trivialerweise $a \in A_i$ und $a \in A_i$ erfüllt ist.

(2) Ist $a \sim_\mathcal{P} b$, dann liegen a und b in einem A_i. Dann liegen aber natürlich auch b und a in demselben A_i, d.h. $b \sim_\mathcal{P} a$.

(3) $a \sim_\mathcal{P} b$ bedeutet $a, b \in A_i$ für ein $i \in I$ und $b \sim_\mathcal{P} c$ heißt $b, c \in A_j$ für ein $j \in I$. Damit liegt b in $A_i \cap A_j$, was nur für $i = j$ möglich ist, da $A_i \cap A_j = \varnothing$ für $i \neq j$. Somit liegen a, b und c alle drei in A_i; es ist also insbesondere $a \in A_i$ und $c \in A_i$, sprich $a \sim_\mathcal{P} c$.

Die Aussage $A/\sim_\mathcal{P} = \mathcal{P}$ ist klar. Nah, just kidding.. Natürlich ist es irgendwie klar, aber gerade als Anfänger sollte man sich nicht zu fein sein, die Details sauber aufzuschreiben. Das ist hier nämlich mühsamer als man denkt.

Um die Gleichheit von $A/\sim_\mathcal{P} = \{ [a]_{\sim_\mathcal{P}} \mid a \in A \}$ mit $\mathcal{P} = \{ A_i \mid i \in I \}$ sauber nachzuweisen, müssen wir zeigen, dass jede Äquivalenzklasse $[a]_{\sim_\mathcal{P}}$ von der Gestalt A_i für ein $i \in I$ ist, und umgekehrt.

Wir starten mit einer Äquivalenzklasse $[a]_{\sim_\mathcal{P}}$ mit Repräsentant a. Aufgrund von $a \in A = \biguplus_{i \in I} A_i$ gibt es ein $i \in I$, so dass a in A_i

liegt. Ist nun $b \in [a]_{\sim_\mathcal{P}}$, sprich $b \sim_\mathcal{P} a$, so existiert ein $j \in I$ mit $a \in A_j$ und $b \in A_j$. Wie in (3) folgt $i = j$, also $b \in A_i$ und damit $[a]_{\sim_\mathcal{P}} \subseteq A_i$. Umgekehrt ist $A_i \subseteq [a]_{\sim_\mathcal{P}}$, denn jedes $a' \in A_i$ ist nach Definition von $\sim_\mathcal{P}$ äquivalent zu $a \in A_i$, und liegt demnach in $[a]_{\sim_\mathcal{P}}$. Insgesamt haben wir $[a]_{\sim_\mathcal{P}} = A_i$ nachgewiesen, woraus $A/\sim_\mathcal{P} \subseteq \mathcal{P}$ folgt.

Ist $A_i \in \mathcal{P}$ ein beliebiges Element der Partition, so wählen wir ein $a \in A_i$ (das geht, da $A_i \neq \varnothing$ nach Definition einer Partition) und sehen mit völlig analogen Argumenten wie eben, dass $A_i = [a]_{\sim_\mathcal{P}} \in A/\sim_\mathcal{P}$ gilt (führe die Details selbst aus!). Dies zeigt $\mathcal{P} \subseteq A/\sim_\mathcal{P}$, insgesamt gilt also $A/\sim_\mathcal{P} = \mathcal{P}$. $\qquad\square$

9   Lösungen der Übungsaufgaben

9.1   Lösungen zu Kapitel 1

L 1.1   Es gibt zwei Symmetrien, nämlich die Identität und die
Symmetrie, welche die Eckpunkte 1 und 2 vertauscht. Ob man
letztere als Spiegelung s an der Mittelsenkrechten oder als Drehung r um 180° um den Mittelpunkt auffassen möchte, ist Ge-
schmackssache; wir wählen s.

Abbildung 9.1: Spiegeln an der Mittelsenkrechten.

Eine weitere kann es nicht geben, da es keine weiteren Möglichkeiten gibt, Eckpunkt 1 anders zu platzieren. Somit ist

$$D_2 = \{\, \mathrm{id}, s \,\}$$

als Menge, und die Komposition $\circ$ ist eine innere Verknüpfung auf
D_2. Letzeres sieht man hier ganz direkt, indem man alle möglichen
vier Verknüpfungen aufschreibt und feststellt, dass sie wieder in
D_2 liegen:

$$\mathrm{id} \circ \mathrm{id} = \mathrm{id}, \qquad \mathrm{id} \circ s = s = s \circ \mathrm{id}, \qquad s \circ s = \mathrm{id}.$$

(Die letzte Verknüpfung bedeutet zweimal an der Mittelsenkrechten spiegeln, was den Strich insgesamt unverändert lässt.) Hieran
lässt sich auch die Kommutativität der Verknüpfung ablesen.
Nachweis der Gültigkeit der Gruppeneigenschaften:

(G_1) Die Verknüpfung $\circ$ ist assoziativ, weil es sich um die Komposition von Abbildungen handelt. (Siehe Aufgabe 1.4)

(G$_2$) Offenbar ist id das Neutralelement (wie immer bei Komposition von Abbildungen), da es bei Verknüpfung nichts ändert.

(G$_3$) Die beiden Elemente von D_2 sind *selbstinvers*, da sie jeweils ihr eigenes Inverses sind: id $\circ$ id $=$ id bedeutet id^{-1} $=$ id, und $s \circ s =$ id bedeutet $s^{-1} = s$ (was übrigens bei jeder Spiegelung der Fall ist).

L **1.2**   Wir schreiben die Elemente von D_3 in derselben Reihenfolge in die linke (0-te) Spalte und oberste (0-te) Zeile der Verknüpfungstafel. Der Eintrag in Zeile i und Spalte j ist dann gegeben durch $g_i \circ g_j$; siehe Tabelle 9.1.

$\circ$	$\cdots$	$\cdots$	g_j	$\cdots$
$\vdots$			$\vdots$	
g_i	$\cdots$	$\cdots$	$g_i \circ g_j$	$\cdots$
$\vdots$			$\vdots$	

Tabelle 9.1

Um diese Einträge zu bestimmen, führt hier kein Weg daran vorbei, als sich Dreieckchen aufzumalen (oder vorzustellen) und die Kompositionen explizit zu ermitteln. Außer natürlich in Spalte 1 bzw. Zeile 1, die aufgrund der Neutralität von id trivial auszufüllen sind. Beachte stets, dass bei $g_i \circ g_j$ zuerst g_j und dann g_i anzuwenden ist.

Zwei Gruppenelemente sind invers zueinander, wenn ihr Produkt id ergibt. Und tatsächlich taucht id in jeder Zeile (genau) einmal auf, d.h. jedes Element von D_3 besitzt ein Inverses.

Ist die Gruppentafel symmetrisch zur Diagonalen (die von links oben nach rechts unten verläuft), so gilt $g_i \circ g_j = g_j \circ g_i$ für alle i, j und die Gruppe ist kommutativ. Das ist hier nicht der Fall; trivialerweise tritt Kommutativität in Zeile 1 und Spalte 1 auf, da mit id verknüpft wird. Ansonsten kommutieren nur r_1 und r_2 miteinander: $r_1 \circ r_2 =$ id $= r_2 \circ r_1$ (grau unterlegt).

$\circ$	id	r_1	r_2	s_1	s_2	s_3
id	id	r_1	r_2	s_1	s_2	s_3
r_1	r_1	r_2	id	s_3	s_1	s_2
r_2	r_2	id	r_1	s_2	s_3	s_1
s_1	s_1	s_2	s_3	id	r_1	r_2
s_2	s_2	s_3	s_1	r_2	id	r_1
s_3	s_3	s_1	s_2	r_1	r_2	id

Tabelle 9.2

L **1.3**   Zur Symmetriegruppe des Quadrats.

a) Man hat 4 Möglichkeiten, Eckpunkt 1 zu platzieren. Da Eckpunkt 2 nach Ausführen der Symmetrie immer noch benachbart zu Eckpunkt 1 sein muss (sonst hätte man das Quadrat zwischendurch zerschneiden müssen), bleiben für ihn nur noch 2 Möglichkeiten. Die Lage von Eckpunkt 3 (und damit auch 4) ist nach Platzieren von 1 und 2 eindeutig festgelegt, da 3 der verbleibende Nachbar (neben der 1) von Eckpunkt 2 sein muss. Folglich gibt es genau $4 \cdot 2 = 8$ solcher Platzierungsmöglichkeiten, die offenbar jeweils verschiedene Symmetrien des Quadrats definieren, womit $|D_4| = 8$ folgt.

b) Wir geben 8 offensichtlich verschiedene Symmetrien des Quadrats an; stelle dir ihre Wirkungen auf das Quadrat anhand von Abbildung 9.2 vor. Mit r_1 bezeichnen wir die Rotation des Quadrats um 90° gegen den Uhrzeigersinn um den Diagonalenschnittpunkt M; r_2 und r_3 sind die Drehungen um 180° bzw. 270° und $r_4 = $ id ist die Drehung um 360° (was dasselbe ist wie gar nicht zu rotieren). Vier weitere Symmetrien des Quadrats sind die Spiegelungen an den Achsen $1-4$, die wir $s_1, \ldots, s_4$ nennen.

c) Zunächst ist die Komposition (Hintereinanderausführung) eine innere Verknüpfung auf D_4, da eine Symmetrie des

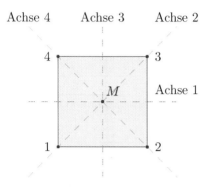

Abbildung 9.2: Symmetrieachsen des Quadrats.

Quadrats gefolgt von einer weiteren Symmetrie insgesamt wieder eine Symmetrie ergibt (klar!).

(G_1) Komposition ist stets assoziativ; siehe Aufgabe 1.4.

(G_2) Das Neutralelement ist wie immer die Identität id.

(G_3) Jede Symmetrie besitzt eine zu ihr inverse Symmetrie: Alle Spiegelungen (und natürlich auch id) sind selbstinvers, d.h. $s^2 = s \circ s = $ id, da zweimal Spiegeln das Quadrat wieder in seine ursprüngliche Lage zurückversetzt. Die Drehung um α ($= 90°$, $180°$, $270°$) besitzt die Drehung um $360° - \alpha$ als Inverses, da beide hintereinander um $\alpha + 360° - \alpha = 360°$ drehen, also dieselbe Wirkung wie id haben.

Die Verknüpfung ist nicht kommutativ, da z.B. $r_1 \circ s_1 \neq s_1 \circ r_1$ gilt, wie man sich leicht anhand des Quadrats überlegt.

$\boxed{\text{L}}$ **1.4**   Nach Definition der Komposition gilt für alle $x \in A$

$$\big((f \circ g) \circ h\big)(x) = (f \circ g)(h(x)) = f(g(h(x))) = f\big((g \circ h)(x)\big)$$
$$= \big(f \circ (g \circ h)\big)(x),$$

also ist $(f \circ g) \circ h$ die gleiche Abbildung wie $f \circ (g \circ h)$.

L **1.5**   id wird natürlich der trivialen Permutation zugeordnet, die wir ebenfalls mit id bezeichnen:

$$\text{id} = \begin{pmatrix} 1 & 2 \\ 1 & 2 \end{pmatrix} \in S_2.$$

Die Spiegelung s geht über in die Permutation, die 1 und 2 vertauscht:

$$\tau = \begin{pmatrix} 1 & 2 \\ 2 & 1 \end{pmatrix} \in S_2.$$

(Das kleine griechische „Tau" steht für Transposition.) Da S_2 nur $2! = 2 \cdot 1 = 2$ Elemente hat, handelt es sich hierbei um eine 1:1-Beziehung zwischen D_2 und S_2.

Diese Beziehung ist sogar kompositionserhaltend in dem Sinne, dass aus z.B. $s \circ s$ beim Rüberschieben nach S_2 die Permutation $\tau \circ \tau$ wird (prüfe dies!).

L **1.6**

a) Wir schreiben einfach nochmal alle Elemente von S_3 in Permutationsschreibweise auf (um auf diese zu kommen, musst du genau wie im Text beschrieben vorgehen und dir überlegen, wohin die Eckpunkte wandern). Identität und beide Rotationen des Dreiecks geben Anlass zu den Permutationen

$$\text{id} = \begin{pmatrix} 1 & 2 & 3 \\ 1 & 2 & 3 \end{pmatrix}, \quad \rho_1 = \begin{pmatrix} 1 & 2 & 3 \\ 2 & 3 & 1 \end{pmatrix}, \quad \rho_2 = \begin{pmatrix} 1 & 2 & 3 \\ 3 & 1 & 2 \end{pmatrix}.$$

Die drei Spiegelungen s_1, s_2 und s_3 des Dreiecks werden zu folgenden Permutationen:

$$\sigma_1 = \begin{pmatrix} 1 & 2 & 3 \\ 1 & 3 & 2 \end{pmatrix}, \quad \sigma_2 = \begin{pmatrix} 1 & 2 & 3 \\ 3 & 2 & 1 \end{pmatrix}, \quad \sigma_3 = \begin{pmatrix} 1 & 2 & 3 \\ 2 & 1 & 3 \end{pmatrix}.$$

b) Wir bestimmen explizit das Inverse von $\rho_1 =: \rho$ und zwar ganz ohne uns auf geometrische Hintergedanken zu stützen. Für

$$\rho^{-1} = \begin{pmatrix} 1 & 2 & 3 \\ x & y & z \end{pmatrix}$$

muss $\rho^{-1} \circ \rho = \text{id}$ gelten, also erhält man nach Ausführen der Komposition

$$\rho^{-1} \circ \rho = \begin{pmatrix} 1 & 2 & 3 \\ x & y & z \end{pmatrix} \circ \begin{pmatrix} 1 & 2 & 3 \\ 2 & 3 & 1 \end{pmatrix}$$

$$= \begin{pmatrix} 1 & 2 & 3 \\ y & z & x \end{pmatrix} \overset{!}{=} \begin{pmatrix} 1 & 2 & 3 \\ 1 & 2 & 3 \end{pmatrix}.$$

(Falls du noch Probleme mit der Komposition hast: Wir lesen $\rho^{-1} \circ \rho$ von rechts nach links, wenden also erst ρ an. Dabei geht die 1 unter ρ auf die 2, welche unter ρ^{-1} auf y geschoben wird; insgesamt geht also die 1 auf y, usw.) Durch Vergleich der zweiten Zeilen folgt $y = 1$, $z = 2$, $x = 3$. Somit ist

$$\rho^{-1} = \begin{pmatrix} 1 & 2 & 3 \\ 3 & 1 & 2 \end{pmatrix}$$

ein Kandidat für das Inverse von ρ. Da auch $\rho \circ \rho^{-1} = \text{id}$ gilt (rechne dies nach!), ist ρ^{-1} tatsächlich das Inverse von ρ (und eigentlich dürfen wir erst jetzt die Bezeichnung ρ^{-1} dafür wählen, aber ganz so pedantisch wollen wir dann auch nicht sein). Schreibt man

$$\rho = \begin{pmatrix} 1 & 2 & 3 \\ 2 & 3 & 1 \end{pmatrix} \quad \text{und} \quad \rho^{-1} = \begin{pmatrix} 1 & 2 & 3 \\ 3 & 1 & 2 \end{pmatrix}$$

nebeneinander hin, erkennt man leicht, wie man ρ^{-1} mühelos bestimmen kann: Man muss ganz einfach nur ρ „von unten nach oben" lesen; dann geht die 1 auf die 3, die 2 auf die 1 und die 3 auf die 2. Entsprechend ist

$$\rho_2 = \begin{pmatrix} 1 & 2 & 3 \\ 3 & 1 & 2 \end{pmatrix} \quad \text{also} \quad \rho_2^{-1} = \begin{pmatrix} 1 & 2 & 3 \\ 2 & 3 & 1 \end{pmatrix} = \rho,$$

was aufgrund von $\rho^{-1} = \rho_2$ eigentlich eh schon klar war. Fehlen noch die Spiegelungen:

$$\sigma_1 = \begin{pmatrix} 1 & 2 & 3 \\ 1 & 3 & 2 \end{pmatrix} \quad \text{also} \quad \sigma_1^{-1} = \begin{pmatrix} 1 & 2 & 3 \\ 1 & 3 & 2 \end{pmatrix} = \sigma_1,$$

d.h. σ_1 ist selbstinvers, was ebenfalls für die beiden anderen Spiegelungen und für id natürlich erst recht gilt.

c) Für $\rho^2 = \rho \circ \rho$ ergibt sich:

$$\rho^2 = \begin{pmatrix} 1 & 2 & 3 \\ 2 & 3 & 1 \end{pmatrix} \circ \begin{pmatrix} 1 & 2 & 3 \\ 2 & 3 & 1 \end{pmatrix} = \begin{pmatrix} 1 & 2 & 3 \\ 3 & 1 & 2 \end{pmatrix} = \rho^{-1}.$$

Daraus folgt sofort $\rho^3 = \rho^2 \circ \rho = \rho^{-1} \circ \rho = $ id. Weiter ist $\sigma^2 = \sigma \circ \sigma = $ id, da σ selbstinvers ist, d.h. $\sigma = \sigma^{-1}$, und zu guter Letzt haben wir

$$\sigma \circ \sigma_2 = \begin{pmatrix} 1 & 2 & 3 \\ 1 & 3 & 2 \end{pmatrix} \circ \begin{pmatrix} 1 & 2 & 3 \\ 3 & 2 & 1 \end{pmatrix} = \begin{pmatrix} 1 & 2 & 3 \\ 2 & 3 & 1 \end{pmatrix} = \rho,$$

sowie

$$\sigma_2 \circ \sigma = \begin{pmatrix} 1 & 2 & 3 \\ 3 & 2 & 1 \end{pmatrix} \circ \begin{pmatrix} 1 & 2 & 3 \\ 1 & 3 & 2 \end{pmatrix} = \begin{pmatrix} 1 & 2 & 3 \\ 3 & 1 & 2 \end{pmatrix} = \rho^{-1}.$$

Die Relation $\sigma \circ \rho \circ \sigma = \rho^{-1}$ kann man leicht direkt verifizieren:

$$\sigma \circ \rho \circ \sigma = \begin{pmatrix} 1 & 2 & 3 \\ 1 & 3 & 2 \end{pmatrix} \circ \begin{pmatrix} 1 & 2 & 3 \\ 2 & 3 & 1 \end{pmatrix} \circ \begin{pmatrix} 1 & 2 & 3 \\ 1 & 3 & 2 \end{pmatrix}$$

$$= \begin{pmatrix} 1 & 2 & 3 \\ 1 & 3 & 2 \end{pmatrix} \circ \begin{pmatrix} 1 & 2 & 3 \\ 2 & 1 & 3 \end{pmatrix} = \begin{pmatrix} 1 & 2 & 3 \\ 3 & 1 & 2 \end{pmatrix} = \rho^{-1}.$$

Oder man verwendet obige Beziehungen und schreibt unter Verwendung der Assoziativität

$$\sigma \circ \rho \circ \sigma = \sigma \circ (\sigma \circ \sigma_2) \circ \sigma = (\sigma \circ \sigma) \circ (\sigma_2 \circ \sigma) = \text{id} \circ \rho^{-1} = \rho^{-1}.$$

Elegant, gell? Die Vertauschungsrelation $\sigma \circ \rho = \rho^{-1} \circ \sigma$ erhält man, wenn man die eben gezeigte Relation von rechts mit σ verknüpft:

$$(\sigma \circ \rho \circ \sigma) \circ \sigma = \rho^{-1} \circ \sigma$$

und ausnutzt, dass links aufgrund der Assoziativität $\sigma \circ \rho \circ (\sigma \circ \sigma) = \sigma \circ \rho$ stehen bleibt, da $\sigma \circ \sigma = $ id.

d) Wendet man all diese Zusammenhänge aus c) an, so schrumpft die folgende Monster-Komposition rasch zusammen (Klammern beliebig verschiebbar aufgrund der Assoziativität):

$$\rho_2 \circ \sigma^3 \circ \rho^4 \circ \sigma^5 \circ \sigma_2$$

$$= (\rho \circ \rho) \circ (\underbrace{\sigma^2}_{=\text{id}} \circ \sigma) \circ (\underbrace{\rho^3}_{=\text{id}} \circ \rho) \circ (\underbrace{\sigma^2}_{=\text{id}} \circ \underbrace{\sigma^2}_{=\text{id}} \circ \sigma) \circ \sigma_2$$

$$= (\rho \circ \rho) \circ (\sigma \circ \rho) \circ (\sigma \circ \sigma_2) = (\rho \circ \rho) \circ (\rho^{-1} \circ \sigma) \circ \rho$$

$$= \rho \circ (\rho \circ \rho^{-1}) \circ (\sigma \circ \rho) = \rho \circ \text{id} \circ (\rho^{-1} \circ \sigma)$$

$$= \rho \circ \rho^{-1} \circ \sigma = \sigma.$$

e) Es sei $H := \{\, \rho^k \circ \sigma^\ell \mid k = 0, 1, 2;\ \ell = 0, 1 \,\}$. Wir schreiben einfach alle $3 \cdot 2 = 6$ Elemente von H explizit auf:

$$\rho^0 \circ \sigma^0 = \text{id} \circ \text{id} = \text{id},$$

$$\rho^0 \circ \sigma^1 = \text{id} \circ \sigma = \sigma,$$

$$\rho^1 \circ \sigma^0 = \rho \circ \text{id} = \rho,$$

$$\rho^1 \circ \sigma^1 = \rho \circ \sigma = \sigma_3 \quad \text{(nachrechnen!)},$$

$$\rho^2 \circ \sigma^0 = \rho^2 \circ \text{id} = \rho_2,$$

$$\rho^2 \circ \sigma^1 = \rho^2 \circ \sigma = \rho_2 \circ \sigma = \sigma_2 \quad \text{(nachrechnen!)}.$$

Hieran erkennt man ganz direkt, dass $H = S_3$ ist; die S_3 wird also von ρ und σ erzeugt.

L 1.7

a) Die Identität ist natürlich wieder die triviale Permutation und stimmt mit ihrem Inversen überein. Für die Rotation $r_1 =: r$ um $90°$ gilt (vergleiche mit Abbildung 9.2): Eckpunkt 1 wandert auf 2, 2 auf 3, 3 auf 4 und 4 auf 1, also ist die zugehörige Permutation

$$\rho := \rho_1 = \begin{pmatrix} 1 & 2 & 3 & 4 \\ 2 & 3 & 4 & 1 \end{pmatrix} \quad \text{mit} \quad \rho^{-1} = \begin{pmatrix} 1 & 2 & 3 & 4 \\ 4 & 1 & 2 & 3 \end{pmatrix}.$$

Entsprechend sind die Permutationsdarstellungen der Drehungen um $180°$ bzw. $270°$ gegeben durch

$$\rho_2 = \rho^2 = \begin{pmatrix} 1 & 2 & 3 & 4 \\ 3 & 4 & 1 & 2 \end{pmatrix} \quad \text{mit} \quad \rho_2^{-1} = \begin{pmatrix} 1 & 2 & 3 & 4 \\ 3 & 4 & 1 & 2 \end{pmatrix}$$

und

$$\rho_3 = \rho^3 = \begin{pmatrix} 1 & 2 & 3 & 4 \\ 4 & 1 & 2 & 3 \end{pmatrix} \quad \text{mit} \quad \rho_3^{-1} = \begin{pmatrix} 1 & 2 & 3 & 4 \\ 2 & 3 & 4 & 1 \end{pmatrix}.$$

Mit $\sigma_1, \ldots, \sigma_4$ bezeichnen wir die Permutationen, die zu den Spiegelungen an den Achsen 1 bis 4 gehören (siehe wieder Abbildung 9.2). Die Inversen sind geschenkt, da Spiegelungen selbstinvers sind.

$$\sigma_1 = \begin{pmatrix} 1 & 2 & 3 & 4 \\ 4 & 3 & 2 & 1 \end{pmatrix} = \sigma_1^{-1}, \qquad \sigma_2 = \begin{pmatrix} 1 & 2 & 3 & 4 \\ 1 & 4 & 3 & 2 \end{pmatrix} = \sigma_2^{-1},$$

$$\sigma_3 = \begin{pmatrix} 1 & 2 & 3 & 4 \\ 2 & 1 & 4 & 3 \end{pmatrix} = \sigma_3^{-1}, \qquad \sigma_4 = \begin{pmatrix} 1 & 2 & 3 & 4 \\ 3 & 2 & 1 & 4 \end{pmatrix} = \sigma_4^{-1}.$$

b) Die volle symmetrische Gruppe vom Grad 4 besitzt 24 Elemente, da es $4! = 4 \cdot 3 \cdot 2 \cdot 1 = 24$ Möglichkeiten gibt, 4 verschiedene Zahlen durcheinanderzuwürfeln.

Wegen $|D_4| = 8 < |S_4|$ kann es somit keine 1:1-Beziehung zwischen D_4 und S_4 geben, sondern $D_{4,\mathrm{P}}$ (d.h. D_4 aufgefasst als Permutationsgruppe) ist eine echte Teilmenge von S_4.

c) Geht vollkommen analog zur letzten Aufgabe. Und durch explizites Aufschreiben erkennt man auch hier, dass $D_{4,\mathrm{P}}$ von den zwei Permutationen ρ und σ erzeugt wird:

$$D_{4,\mathrm{P}} = \{\, \rho^k \circ \sigma^\ell \mid k = 0, 1, 2, 3; \ \ell = 0, 1 \,\}.$$

$\boxed{\text{L}}$ **1.8** Um nachzuweisen, dass die Matrixmultiplikation eine innere Verknüpfung auf D_3^{Mat} liefert, müsste man tatsächlich alle Matrixprodukte der Elemente von D_3^{Mat} berechnen (die Produkte mit der Einheitsmatrix E kann man sich natürlich sparen und sich überzeugen, dass sie wieder in D_3^{Mat} liegen. Anders ausgedrückt, man müsste die Verknüpfungstafel von D_3^{Mat} aufstellen. Dies ist zwar nicht schwierig, aber aufwändig; allerdings bekommt man gleich die Existenz der Inversen mitgeliefert.

Es geht auch eleganter (allerdings nicht viel schneller), ohne sich die Finger an zu vielen Matrixprodukten schmutzig zu machen: Im Text haben wir gezeigt, dass D_3^{Mat} sich schreiben lässt als

$$D_3^{\mathrm{Mat}} = \{\, E, R, R^2, S, RS, R^2S \,\} = \{\, R^k S^\ell \mid k = 0, 1, 2;\ \ell = 0, 1 \,\}.$$

Beachtet man $R^3 = E$ und $S^2 = E$, so lässt sich ein Großteil der Verknüpfungstafel bereits aufstellen, ohne ein Matrixprodukt berechnen zu müssen, z.B. ist $RS \cdot S = RS^2 = RE = R$, oder

$$R^2 \cdot (R^2 S) = R^4 S = R^3 RS = ERS = RS.$$

$\cdot$	E	R	R^2	S	RS	R^2S
E	E	R	R^2	S	RS	R^2S
R	R	R^2	E	RS	R^2S	S
R^2	R^2	E	R	R^2S	S	RS
S	S	SR	SR^2	E	SRS	SR^2S
RS	RS	RSR	RSR^2	R	$(RS)^2$	RSR^2S
R^2S	R^2S	R^2SR	R^2SR^2	R^2	R^2SRS	$(R^2S)^2$

Tabelle 9.3

Es fehlen also nur noch die 12 grau unterlegten Produkte. Um diese in den Griff zu bekommen, bestätigt man die Vertauschungsrelation

$$SR = R^{-1}S$$

durch explizite Matrizenrechnung (tue dies!), und erhält aufgrund von $R^{-1} = R^2$ (da $R \cdot R^2 = R^3 = E$)

$$SR = R^2S \in D_3^{\mathrm{Mat}}.$$

Damit lassen sich nun auch alle weiteren grauen Produkte vereinfachen, z.B. ist

$$(R^2 S)^2 = R^2 S R^2 S = R^2 (SR) RS = R^2 (R^2 S) RS$$

$$= R^4 (SR) S = R(R^2 S) S = R^3 S^2 = E \in D_3^{\text{Mat}}.$$

(Geometrisch gesehen war dies von vornherein klar, weil $R^2 S$ eine Spiegelmatrix und damit selbstinvers ist!) Fülle mit Hilfe der Vertauschungsrelation die fehlenden grauen Einträge selbst aus. Zu den Gruppenaxiomen:

(G_1) Matrixmultiplikation ist stets assoziativ.

(G_2) Die Einheitsmatrix E ist das Neutralelement.

(G_3) Tafel 9.3 zeigt (nach Vervollständigung), dass jedes Element eine inverse Matrix in D_3^{Mat} besitzt. Will man das ohne die Gruppentafel einsehen, kann man sich auch mit der Inversenformel von Seite 16 die inverse Matrix eines jeden Elements explizit ausrechnen und sich überzeugen, dass sie ebenfalls wieder in D_3^{Mat} liegt.

D_3^{Mat} ist nicht kommutativ, da z.B. $SR = R^2 S \neq RS$ gilt.

$\boxed{\text{L}}$ **1.9**   Es sei $\mathcal{B} = (e_1, e_2)$ die Standardbasis des $\mathbb{R}^2$, die wir wie in Abbildung 9.3 in das Quadrat hineinlegen.
Um die Matrix R der Symmetrie r, welche die Rotation um $90°$ darstellt, zu erhalten, überlegt man sich entweder, dass

$$r(e_1) = e_2 = 0 \cdot e_1 + 1 \cdot e_2 \quad \text{und} \quad r(e_2) = -e_1 = -1 \cdot e_1 + 0 \cdot e_2$$

gilt, oder man wendet sofort die Formel für Rotationsmatrizen mit $\alpha = 90°$ an:

$$R = {}_{\mathcal{B}}(r)_{\mathcal{B}} = \begin{pmatrix} \cos 90° & -\sin 90° \\ \sin 90° & \cos 90° \end{pmatrix} = \begin{pmatrix} 0 & -1 \\ 1 & 0 \end{pmatrix}.$$

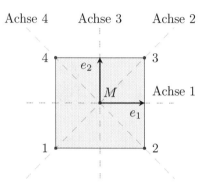

Abbildung 9.3: An die Standardbasis angepasstes Quadrat.

Für die darstellende Matrix der Drehung $r_2 = r \circ r$ um $180° = 2 \cdot 90°$ gilt

$$_{\mathcal{B}}(r \circ r)_{\mathcal{B}} = {}_{\mathcal{B}}(r)_{\mathcal{B}} \cdot {}_{\mathcal{B}}(r)_{\mathcal{B}} = R \cdot R = R^2$$

$$= \begin{pmatrix} 0 & -1 \\ 1 & 0 \end{pmatrix} \cdot \begin{pmatrix} 0 & -1 \\ 1 & 0 \end{pmatrix} = \begin{pmatrix} -1 & 0 \\ 0 & -1 \end{pmatrix} = -E.$$

Für die Drehung um $270° = 3 \cdot 90°$ erhalten wir die Matrix

$$R^3 = R^2 \cdot R = -E \cdot R = -R = \begin{pmatrix} 0 & 1 \\ -1 & 0 \end{pmatrix}.$$

Schließlich ist $r^4 = \mathrm{id}$, also ist $R^4 = E$ die Einheitsmatrix. Für die Spiegelung $s := s_1$ an Achse 1 gilt

$$s(e_1) = e_1 = 1 \cdot e_1 + 0 \cdot e_2 \quad \text{und} \quad s(e_2) = -e_2 = 0 \cdot e_1 - 1 \cdot e_2,$$

was zur Matrixdarstellung

$$S = {}_{\mathcal{B}}(s)_{\mathcal{B}} = \begin{pmatrix} 1 & 0 \\ 0 & -1 \end{pmatrix}$$

führt. Ebenso erhält man für die Spiegelungen s_2, s_3 und s_4 an den Achsen 2, 3 und 4 die Matrizen

$$\begin{pmatrix} 0 & 1 \\ 1 & 0 \end{pmatrix}, \quad \begin{pmatrix} -1 & 0 \\ 0 & 1 \end{pmatrix} \quad \text{und} \quad \begin{pmatrix} 0 & -1 \\ -1 & 0 \end{pmatrix}.$$

Überzeuge dich davon, dass es sich hierbei genau um die Produkte RS, $R^2 S$ und $R^3 S$ handelt. Insgesamt erhalten wir also die inzwischen wohlvertraute Darstellung

$$D_4^{\text{Mat}} = \{\, E, R, R^2, R^3, S, RS, R^2 S, R^3 S \,\}$$
$$= \{\, R^k S^\ell \mid k = 0, 1, 2, 3; \ \ell = 0, 1 \,\}.$$

Die Matrixgruppe D_4^{Mat} wird demnach von der Rotationsmatrix R und der Spiegelmatrix S erzeugt.

$\boxed{\text{L}}$ **1.10**   Für den Eckpunkt 1 gibt es n Möglichkeiten der Neuplatzierung. Da Eckpunkt 2 benachbart zu Eckpunkt 1 bleiben muss (sonst würden wir eine Kante durchtrennen), hat man für ihn nur noch zwei Wahlmöglichkeiten. Danach ist die Lage des n-Ecks bereits eindeutig bestimmt, so dass es $n \cdot 2$ Möglichkeiten gibt, das n-Eck zu bewegen und wieder abzusetzen, ohne dass sich dabei seine Gesamtposition oder Form verändert. Somit ist $|D_n| = 2n$.

Zum Nachweis von $D_n^{\text{Mat}} = \{\, R^k S^\ell \mid k = 0, \ldots, n-1; \ \ell = 0, 1 \,\}$ zeigen wir beide Inklusionen.

$\supseteq$: Zunächst *sind* R und S Symmetriematrizen des n-Ecks (da wir die Lage des n-Ecks im Koordinatensystem so gewählt haben wie in Abbildung 1.9), liegen also in D_n^{Mat}. Da D_n^{Mat} als Gruppe (anschaulich klar!) abgeschlossen unter Matrixmultiplikation ist, sind auch alle Produkte der Form $R^k S^\ell$ wieder Elemente von D_n^{Mat}.

$\subseteq$: Es sei $A \in D_n^{\text{Mat}}$ die Matrix einer Symmetrie des n-Ecks. Dann bildet A den Eckpunkt 1 (genauer: den Basisvektor e_1, an dessen Spitze Eckpunkt 1 liegen soll) auf irgend einen Eckpunkt x ab, $x \in \{\, 1, \ldots, n \,\}$. Schaltet man nun noch eine Drehung um den Winkel $m \cdot \frac{360°}{n}$ mit $m := n - x + 1$ nach, so wird dadurch Eckpunkt x wieder auf Eckpunkt 1 befördert. Somit gilt $R^m A \cdot e_1 = e_1$, d.h. e_1 ist Eigenvektor von $R^m A$ zum Eigenwert 1, also besitzt die Matrix die Gestalt

$$R^m A = \begin{pmatrix} 1 & \star \\ 0 & * \end{pmatrix}.$$

Nun ist $R^m A$ aber eine Symmetriematrix des n-Ecks und muss damit insbesondere Längen und Winkel erhalten, also eine orthogonale Matrix sein. Da $\mathcal{B} = (e_1, e_2)$ eine Orthonormalbasis des $\mathbb{R}^2$ ist, müssen auch die Spalten der Matrix wieder eine ONB bilden, weshalb nur noch zwei Möglichkeiten bleiben:

$$R^m A = \begin{pmatrix} 1 & 0 \\ 0 & 1 \end{pmatrix} = E \quad \text{oder} \quad R^m A = \begin{pmatrix} 1 & 0 \\ 0 & -1 \end{pmatrix} = S.$$

Für $m = 0$ erhalten wir (da $R^0 := E$ und $S^0 := E$ ist)

$$A = E = R^0 S^0 \quad \text{oder} \quad A = S = R^0 S^1.$$

Für $1 \leqslant m \leqslant n - 1$ liefert Linksmultiplikation von $R^m A = E$ mit $R^{-m} = R^{n-m}$, dass

$$A = R^k = R^k S^0 \quad \text{mit} \quad k := n - m \in \{1, \ldots, n-1\}$$

ist. Im zweiten Fall $R^m A = S$ folgt analog $A = R^k S$, also haben wir gezeigt, dass jede Matrix in D_n^{Mat} von der Gestalt $R^k S^\ell$ mit $k \in \{0, \ldots, n-1\}$ und $\ell \in \{0, 1\}$ ist. $\square$

Das war ein netter Beweis, allerdings setzt er einige Kenntnisse der Linearen Algebra voraus und ohne den Hinweis in der Aufgabe wären vermutlich die Wenigsten von alleine darauf gekommen. Alternativ zur Inklusion „$\subseteq$" kann man auch zeigen, dass die Menge $M := \{ R^k S^\ell \mid k = 0, \ldots, n-1;\ \ell = 0, 1 \}$ aus $2n$ verschiedenen Elementen besteht. Aus $M \subseteq D_n^{\mathrm{Mat}}$ zusammen mit $|M| = |D_n^{\mathrm{Mat}}| = 2n$ folgt dann bereits die Gleichheit der Mengen. Zunächst ist klar, dass es sich bei $R^1, \ldots, R^n = E$ um n verschiedene Matrizen handelt, da sie Drehungen mit verschiedenen

Winkeln $0° < \alpha \leqslant 360°$ repräsentieren. Weiterhin kann niemals $R^k = R^m S$ gelten, da

$$\det R^k = (\det R)^k = (\cos^2 \alpha + \sin^2 \alpha)^k = 1^k = 1$$

gilt, während

$$\det(R^m S) = (\det R)^m \cdot \det S = 1^m \cdot (-1) = -1$$

ist. Und zu guter Letzt führt $R^k S = R^m S$ durch Rechtsmultiplikation mit S auf $R^k = R^m$, also $k = m$ (für $k, m \in \{0, \ldots, n-1\}$), weshalb auch die $R^k S$ alle verschieden sind. Dies zeigt $|M| = n + n = 2n$.

$\boxed{\text{L}}$ **1.11**   a) Die größte Schwierigkeit besteht interessanterweise im Nachweis, dass SO(2) abgeschlossen unter Matrixmultiplikation ist. Für das Produkt zweier Rotationsmatrizen gilt

$$A_\theta \cdot A_\varphi = \begin{pmatrix} \cos \theta & -\sin \theta \\ \sin \theta & \cos \theta \end{pmatrix} \cdot \begin{pmatrix} \cos \varphi & -\sin \varphi \\ \sin \varphi & \cos \varphi \end{pmatrix}$$

$$= \begin{pmatrix} \cos \theta \cos \varphi - \sin \theta \sin \varphi & -\cos \theta \sin \varphi - \sin \theta \cos \varphi \\ \sin \theta \cos \varphi + \cos \theta \sin \varphi & -\sin \theta \sin \varphi + \cos \theta \cos \varphi \end{pmatrix}$$

$$= \begin{pmatrix} \cos \theta \cos \varphi - \sin \theta \sin \varphi & -(\sin \theta \cos \varphi + \cos \theta \sin \varphi) \\ \sin \theta \cos \varphi + \cos \theta \sin \varphi & \cos \theta \cos \varphi - \sin \theta \sin \varphi \end{pmatrix}$$

$$= \begin{pmatrix} \cos(\theta + \varphi) & -\sin(\theta + \varphi) \\ \sin(\theta + \varphi) & \cos(\theta + \varphi) \end{pmatrix} \in \text{SO}(2).$$

Im entscheidenden letzten Schritt gingen die Additionstheoreme von Sinus und Cosinus ein! Die Gruppenaxiome sind nun schnell verifiziert:

(G$_1$) Matrixmultiplikation ist assoziativ.

(G$_2$) Die Einheitsmatrix $A_0 = E$ ist das Neutralelement.

(G$_3$) Für die inverse Matrix von A_θ gilt laut der Inversenformel von Seite 16

$$A_\theta^{-1} = \begin{pmatrix} \cos\theta & -\sin\theta \\ \sin\theta & \cos\theta \end{pmatrix}^{-1}$$

$$= \frac{1}{\cos^2\theta - (-\sin^2\theta)} \begin{pmatrix} \cos\theta & \sin\theta \\ -\sin\theta & \cos\theta \end{pmatrix}$$

$$= \begin{pmatrix} \cos(-\theta) & -\sin(-\theta) \\ \sin(-\theta) & \cos(-\theta) \end{pmatrix} \in \mathrm{SO}(2).$$

Im letzten Schritt wurden der trigonometrische Pythagoras, d.h. die Beziehung $\cos^2\theta + \sin^2\theta = 1$, sowie die Symmetrieeigenschaften von Sinus und Cosinus verwendet: $\cos(-\theta) = \cos\theta$ und $\sin(-\theta) = -\sin\theta$.

$\mathrm{SO}(2)$ ist kommutativ, denn für beliebige $\theta, \varphi \in \mathbb{R}$ gilt:

$$A_\theta \cdot A_\varphi = \begin{pmatrix} \cos\theta & -\sin\theta \\ \sin\theta & \cos\theta \end{pmatrix} \cdot \begin{pmatrix} \cos\varphi & -\sin\varphi \\ \sin\varphi & \cos\varphi \end{pmatrix}$$

$$= \begin{pmatrix} \cos(\theta+\varphi) & -\sin(\theta+\varphi) \\ \sin(\theta+\varphi) & \cos(\theta+\varphi) \end{pmatrix} = \begin{pmatrix} \cos(\varphi+\theta) & -\sin(\varphi+\theta) \\ \sin(\varphi+\theta) & \cos(\varphi+\theta) \end{pmatrix}$$

$$= \begin{pmatrix} \cos\varphi & -\sin\varphi \\ \sin\varphi & \cos\varphi \end{pmatrix} \cdot \begin{pmatrix} \cos\theta & -\sin\theta \\ \sin\theta & \cos\theta \end{pmatrix} = A_\varphi \cdot A_\theta.$$

Das einzige Objekt, das unter allen Drehungen des $\mathbb{R}^2$ invariant bleibt, ist ein Kreis, dessen Mittelpunkt im Ursprung liegt (oder die gesamte Ebene $\mathbb{R}^2$ selbst, aber mit „geometrischem Objekt" meinen wir hier ein endlich begrenztes, das wir auch zeichnen können). Somit ist $\mathrm{SO}(2)$ die *Symmetriegruppe des Kreises*.

b) Mit Additionstheorem der komplexen e-Funktion folgt:

$$\mathrm{e}^{\mathrm{i}\theta} \cdot \mathrm{e}^{\mathrm{i}\varphi} = \mathrm{e}^{\mathrm{i}\theta + \mathrm{i}\varphi} = \mathrm{e}^{\mathrm{i}(\theta+\varphi)} \in \mathrm{U}(1),$$

d.h. Multiplikation komplexer Zahlen definiert eine innere Verknüpfung auf $\mathrm{U}(1)$. Gruppenaxiome:

(G_1) Multiplikation komplexer Zahlen ist assoziativ (denn $\mathbb{C}$ ist ja bekanntlich sogar ein Körper).

(G_2) Das Neutralelement ist $e^{i \cdot 0} = 1$.

(G_3) Für das Inverse gilt $\left(e^{i\theta}\right)^{-1} = e^{-i\theta} = e^{i(-\theta)} \in U(1)$.

Und schließlich ist $U(1)$ kommutativ, da Multiplikation komplexer Zahlen kommutativ ist. Oder expliziter: Für beliebige $\theta, \varphi \in \mathbb{R}$ gilt

$$e^{i\theta} \cdot e^{i\varphi} = e^{i(\theta+\varphi)} = e^{i(\varphi+\theta)} = e^{i\varphi} \cdot e^{i\theta}.$$

9.2 Lösungen zu Kapitel 2

$\boxed{\text{L}}$ **2.1** Zunächst ist in allen Teilaufgaben außer c) klar, dass $\star$ eine innere Verknüpfung ist, d.h. dass mit $a, b \in G$ auch $a \star b$ wieder in G liegt.

a) $G = \mathbb{N}$ mit $a \star b := a + b$ erfüllt nicht alle Gruppenaxiome. Zwar ist die Addition assoziativ (und auch kommutativ), aber es gibt wegen $0 \notin \mathbb{N}$ kein Neutralelement, womit die Frage nach Inversen sich auch erübrigt. Selbst falls man $\mathbb{N}_0 = \mathbb{N} \cup \{0\}$ betrachten würde, gäbe es außer zur 0 kein Inverses, da die negativen Zahlen fehlen.

b) $G = \mathbb{Z}$ mit $a \star b := a - b$ ist ebenfalls keine Gruppe, da die Subtraktion noch nicht einmal assoziativ ist. Denn aufgrund der (vor allem bei Mittelstufenschülern beliebten) „Minusklammerregel" gilt $a - (b - c) = a - b + c$, was nicht für alle a, b, c dasselbe wie $(a - b) - c$ ist. Zu (G_2): Die 0 ist zwar ein „Rechtsneutralelement", da $a - 0 = a$ für alle $a \in \mathbb{Z}$ gilt, allerdings ist 0 nicht linksneutral, denn $0 - a = a$ ist nur für $a = 0$ erfüllt. Da die 0 offensichtlich das einzig mögliche Rechtsneutralelement ist, finden wir insbesondere auch kein weiteres, das für beide Seiten passt. Da es kein Neutralelement gibt, kann (G_3) gar nicht formuliert werden.

c) Hier müssen wir zunächst untersuchen, ob $\star$ überhaupt eine innere Verknüpfung auf $G = \mathbb{Q} \backslash \{-1\}$ ist. Angenommen es wäre

$$a \star b := a + b + ab = a + b(1 + a) \overset{!}{=} -1$$

für $a, b \in G$. Umformen führt auf den Widerspruch

$$b = \frac{-1 - a}{1 + a} = -\frac{1 + a}{1 + a} = -1 \notin G.$$

(Beachte: Teilen durch $1 + a$ ist erlaubt, da $a \neq -1$ aufgrund von $a \in G$.) Somit liegt die Verknüpfung $a \star b$ für alle $a, b \in G$ tatsächlich wieder in $G = \mathbb{Q} \setminus \{-1\}$.

(G_1) Die Assoziativität von $\star$ ergibt sich aus dem Assoziativ- und Kommutativgesetz der Addition in $\mathbb{Q}$ sowie dem Distributivgesetz in $\mathbb{Q}$:

$$\begin{aligned}
(a \star b) \star c &= (a + b + ab) \star c \\
&= (a + b + ab) + c + (a + b + ab)c \\
&= a + b + c + ab + ac + bc + abc \\
a \star (b \star c) &= a \star (b + c + bc) \\
&= a + (b + c + bc) + a(b + c + bc) \\
&= a + b + c + ab + ac + bc + abc.
\end{aligned}$$

(G_2) Die 0 ist ein Neutralelement, denn es ist $a \star 0 = a + 0 + a \cdot 0 = a$ sowie $0 \star a = 0 + a + 0 \cdot a = a$ für alle $a \in G$.

(G_3) $a \star b = 0$ ist äquivalent zu $a + b(1 + a) = 0$ bzw. $b = \frac{-a}{1+a}$, also besitzt jedes $a \in \mathbb{Q} \setminus \{-1\}$ das Inverse

$$a^{-1} = -\frac{a}{1 + a} \in G.$$

(G_4) Die Kommutativität von $\star$ ist offensichtlich, denn für alle $a, b \in G$ ist

$$a \star b = a + b + ab = b + a + ba = b \star a.$$

Somit ist $(\mathbb{Q} \setminus \{-1\}, \star)$ eine (unendliche) abelsche Gruppe.

d) Die bekannten Rechengesetze der Addition in $\mathbb{K}$ besagen nichts anderes, als dass $(\mathbb{K}, +)$ eine abelsche Gruppe ist. Das Neutralelement ist die 0 und das Inverse zu $a \in \mathbb{K}$ ist das Negative $-a$.

e) Die bekannten Rechengesetze der Multiplikation in $\mathbb{K}^*$ besagen genau, dass $(\mathbb{K}^*, \cdot)$ eine abelsche Gruppe ist. Das Neutralelement ist die 1 und das Inverse zu $a \in \mathbb{K}^*$ ist $\frac{1}{a}$ (hierbei ist $a \neq 0$ wichtig).

Falls dir der Begriff „Körper" bereits etwas sagt: Die Körperaxiome lassen sich mit Hilfe des Gruppenbegriffs kurz und knapp formulieren als

$(\mathbb{K}, +, \cdot)$ ist genau dann ein Körper, wenn $(\mathbb{K}, +)$ und $(\mathbb{K}^*, \cdot)$ beides abelsche Gruppen sind und das Distributivgesetz gilt.

f) $\star$ ist nichts anderes als die Multiplikation, die aus $(\mathbb{R}^2, +)$ (wobei $+$ die gewöhnliche Vektoraddition ist) den Körper $\mathbb{C}$ der komplexen Zahlen macht.

(G_1) Nachprüfen der Assoziativität: Es gilt

$$\left[\begin{pmatrix} a \\ b \end{pmatrix} \star \begin{pmatrix} c \\ d \end{pmatrix} \right] \star \begin{pmatrix} e \\ f \end{pmatrix} = \begin{pmatrix} ac - bd \\ ad + bc \end{pmatrix} \star \begin{pmatrix} e \\ f \end{pmatrix}$$

$$= \begin{pmatrix} (ac - bd)e - (ad + bc)f \\ (ac - bd)f + (ad + bc)e \end{pmatrix} \quad \text{und}$$

$$\begin{pmatrix} a \\ b \end{pmatrix} \star \left[\begin{pmatrix} c \\ d \end{pmatrix} \star \begin{pmatrix} e \\ f \end{pmatrix} \right] = \begin{pmatrix} a \\ b \end{pmatrix} \star \begin{pmatrix} ce - df \\ cf + de \end{pmatrix}$$

$$= \begin{pmatrix} a(ce - df) - b(cf + de) \\ a(cf + de) + b(ce - df) \end{pmatrix}.$$

Durch Ausmultiplizieren in beiden Komponenten, also Anwenden des Distributivgesetzes in $\mathbb{R}$, erkennt man, dass das Ergebnis beider Rechnungen gleich ist.

(G$_2$) Das Neutralelement ist $1_{\mathbb{C}} := \binom{1}{0}$, da für alle $c, d \in \mathbb{R}$

$$\binom{1}{0} \star \binom{c}{d} = \binom{c - 0}{d + 0} = \binom{c}{d}$$

gilt, und ebenso bei Multiplikation mit $1_{\mathbb{C}}$ von rechts (was man sich wegen (G$_4$) auch sparen kann).

(G$_3$) Um das Inverse von $\binom{a}{b}$ zu finden, lösen wir

$$\binom{a}{b} \star \binom{c}{d} = \binom{ac - bd}{ad + bc} \overset{!}{=} 1_{\mathbb{C}} = \binom{1}{0}$$

nach c und d auf, d.h. wir lösen das folgende 2×2–LGS.

$$
\begin{array}{llcl}
\text{I} : & ac - bd = & 1 \\
\text{II} : & ad + bc = & 0
\end{array}
\quad \xrightarrow{a \cdot \text{I} + b \cdot \text{II}} \quad
\begin{array}{llcl}
\text{I}' : & a^2 c + b^2 c = & a \\
\text{II} : & ad + bc = & 0
\end{array}
$$

Aus I$'$ folgt (Teilen durch $a^2 + b^2$ ist erlaubt, da dies nie Null wird, denn $a = b = 0$ ist in G nicht erlaubt)

$$c = \frac{a}{a^2 + b^2} \, ,$$

und einsetzen in II liefert (für $a \neq 0$):

$$d = -\frac{bc}{a} = \frac{-b}{a^2 + b^2} \, .$$

Ist $a = 0$, so reduziert sich das LGS auf $-bd = 1$ und $bc = 0$, d.h. es ist $d = -\frac{1}{b}$ und $c = 0$, was mit obiger Form für $a = 0$ übereinstimmt. Insgesamt erhält man also als Kandidat für das (Rechts-)Inverse

$$\binom{a}{b}^{-1} = \binom{\frac{a}{a^2 + b^2}}{\frac{-b}{a^2 + b^2}} \, .$$

Das direkte Nachrechnen, dass dies passt, bleibt dir überlassen. Rechts- und Linksinverses stimmen aufgrund von (G$_4$) automatisch überein.

(Viel eleganter kommt man übrigens auf das Inverse, wenn man die Formel $z^{-1} = \frac{\bar{z}}{|z|^2}$ für komplexe Zahlen bereits kennt.)

(G$_4$) Die Gruppe $(G, \star)$ ist abelsch, denn es gilt

$$\begin{pmatrix} a \\ b \end{pmatrix} \star \begin{pmatrix} c \\ d \end{pmatrix} = \begin{pmatrix} ac - bd \\ ad + bc \end{pmatrix} = \begin{pmatrix} ca - db \\ da + cb \end{pmatrix} = \begin{pmatrix} c \\ d \end{pmatrix} \star \begin{pmatrix} a \\ b \end{pmatrix},$$

wobei die Kommutativität der Multiplikation in $\mathbb{R}$ eingeht.

| L | **2.2**   Direktes Produkt zweier Gruppen.

a) Das Nachprüfen der Gruppenaxiome ist reine Formsache.

(G$_1$) Die Verknüpfung $\star$ ist assoziativ, weil $\star$ und $\circ$ assoziativ sind. Wem das so zu wenig ist, der muss

$$\big((a, x) \star (b, y)\big) \star (c, z) = \ldots = (a, x) \star \big((b, y) \star (c, z)\big)$$

nachrechnen. Bei den ... ist einfach stur die Definition von $\star$ einzusetzen und dann komponentenweise die Assoziativität von $\star$ und $\circ$ anzuwenden. Einmal in seinem Leben sollte man das explizit aufschreiben, danach ist es einem so klar, dass man kein Papier mehr damit zu verschwenden braucht.

(G$_2$) Das Neutralelement ist (e_G, e_H), denn es gilt für alle $(a, x) \in G \times H$:

$$(e_G, e_H) \star (a, x) = (e_G \star a, e_H \circ x) = (a, x),$$

und ebenso $(a, x) \star (e_G, e_H) = (a, x)$.

(G$_3$) Das Inverse von $(a, x) \subset G \times H$ ist (a^{-1}, x^{-1}), denn

$$(a, x) \star (a^{-1}, x^{-1}) = (a \star a^{-1}, x \circ x^{-1}) = (e_G, e_H)$$

und völlig analog $(a^{-1}, x^{-1}) \star (a, x) = e_{G \times H}$.

b) Bei „genau dann, wenn"-Aussagen müssen beide Richtungen gezeigt werden.

„$\Rightarrow$": Es sei also $G \times H$ kommutativ und wir wollen folgern, dass G und H kommutativ sind. Wenn wir z.B. $a \star b = b \star a$ für beliebige Elemente von G zeigen wollen, so betrachten wir die zugehörigen Tupel (a, e_H) und (b, e_H) im direkten Produkt. Da dieses abelsch ist, gilt

$$(a, e_H) \star (b, e_H) = (b, e_H) \star (a, e_H),$$

was nach Definition von $\star$ gleichbedeutend mit $(a \star b, e_H) = (b \star a, e_H)$ ist. Da zwei Tupel genau dann gleich sind, wenn sie die gleichen Komponenten haben, folgt aus der Gleichheit in der ersten Komponente $a \star b = b \star a$, wie gewünscht. Die Kommutativität von H folgert man analog (es geht auch beides in einem Aufwasch).

„$\Leftarrow$": Sind $\star$ und $\circ$ kommutativ, dann folgt sofort

$$(a, x) \star (b, y) = (a \star b, x \circ y) = (b \star a, y \circ x) = (b, y) \star (a, x),$$

was die Kommutativität von $G \times H$ zeigt. $\square$

c) In diesem Fall erhalten wir $\mathbb{R} \times \mathbb{R}$ mit der Verknüpfung

$$(x_1, y_1) \star (x_2, y_2) = (x_1 + x_2, y_1 + y_2),$$

was nichts anderes als der $\mathbb{R}^2$ mit der gewohnten Vektoraddition (geometrisch: Parallelogrammregel) ist, nur dass wir Vektoren diesmal als Tupel und nicht in Vektorschreibweise notieren.

$\boxed{\text{L}}$ **2.3**   „$\Rightarrow$": Zunächst sei $H \leqslant G$ eine Untergruppe, es gelten also (U_1) und (U_2). Dann ist vollkommen klar, dass auch Kriterium (U) gilt: Sind $a, b \in H$, dann liegt nach (U_2) auch b^{-1} in H und mit (U_1) folgt $a \cdot b^{-1} \in H$.
„$\Leftarrow$": Nun gelte umgekehrt (U) und wir müssen (U_1) und (U_2) verifizieren, denn dann ist H nach Satz 2.1 eine Untergruppe.
Wir fangen mit (U_2) an: Da $H \neq \varnothing$ ist, können wir ein $a \in H$ wählen und (U) garantiert, dass $e = a \cdot a^{-1} \in H$ gilt (setze $b = a$). Sei nun $b \in H$ beliebig; erneutes Anwenden von (U) auf $e, b \in H$ liefert, dass $b^{-1} = e \cdot b^{-1}$ in H liegt, d.h. H ist abgeschlossen unter Inversenbildung, was genau der Inhalt von (U_2) ist.
Nun zu (U_1): Ist $a, b \in H$, so auch $a, b^{-1} \in H$, wie wir eben gezeigt haben. Jetzt kommt der Trick: Aufgrund von $(b^{-1})^{-1} = b$ können wir das Produkt $a \cdot b$ auch schreiben als $a \cdot (b^{-1})^{-1}$; dieses liegt aber laut (U) in H, da ja $a, b^{-1} \in H$ gilt. $\square$

L **2.4** Wir wenden das Untergruppen-Kriterium der vorigen Aufgabe an.

a) Es seien $a, b \in H_1$, d.h. für sie gilt $a^n = b^n = e$. Wir müssen $ab^{-1} \in H$, sprich $(ab^{-1})^n = e$ zeigen. Da G abelsch ist, kann man in Schritt $(\star)$ geeignet umsortieren:

$$(ab^{-1})^n = ab^{-1} \cdot \ldots \cdot ab^{-1} \overset{(\star)}{=} a^n \cdot (b^{-1})^n$$

$$= e \cdot (b^n)^{-1} = e^{-1} = e.$$

Es wurde $(b^{-1})^n = (b^n)^{-1}$ verwendet. Dies folgt aus

$$b^n \cdot (b^{-1})^n = b \cdot \ldots \cdot b \cdot b^{-1} \cdot \ldots \cdot b^{-1} \overset{(\star)}{=} (b \cdot b^{-1})^n = e^n = e.$$

($(b^{-1})^n \cdot b^n = e$ folgt automatisch, da G abelsch ist.)

b) Da $g^{-1} = g$ gleichbedeutend mit $g^2 = e$ ist (nach Definition des Inversen), ist b) ein Spezialfall von a) für $n = 2$.

c) Seien $a, b \in H_3$, d.h. sie besitzen „Quadratwurzeln" $x, y \in G$, die $a = x^2$ und $b = y^2$ erfüllen. Dann ist xy^{-1} eine Quadratwurzel von ab^{-1}, denn es gilt

$$(xy^{-1})^2 = xy^{-1}xy^{-1} \overset{(\star)}{=} x^2(y^{-1})^2 = x^2(y^2)^{-1} = ab^{-1},$$

wobei neben der Kommutativität von G in $(\star)$ wieder $(y^{-1})^2 = (y^2)^{-1}$ einging, was bereits in a) allgemein begründet wurde. Obige Rechnung zeigt $ab^{-1} \in H_3$, weshalb $H_3 \leqslant G$ gilt.

L **2.5** Für die Spiegelung s gilt natürlich $s^2 = \mathrm{id}$, also ist $\langle s \rangle = \{\mathrm{id}, s\}$ und s besitzt die Ordnung 2. Da auch rs wieder eine Spiegelung ist, besitzt sie ebenfalls Ordnung 2 und es ist $\langle rs \rangle = \{\mathrm{id}, rs\}$. Um dies formal zu begründen, braucht man die Relation $sr = r^{-1}s$; mit dieser folgt:

$$(rs)^2 = rsrs = r(sr)s = r(r^{-1}s)s = rr^{-1}s^2 = \mathrm{id}.$$

L **2.6** Schnitt und Vereinigung von Untergruppen.

a) Da H und K Untergruppen sind, enthalten sie insbesondere das Neutralelement ($e = a \cdot a^{-1}$ für ein beliebiges $a \in H$ bzw. K), also gilt $e \in H \cap K$, d.h. wir haben $H \cap K \neq \varnothing$ sichergestellt[1].

Die Überprüfung des Untergruppen-Kriteriums (U) ist nun trivial: Gilt $a, b \in H \cap K$, so liegen nach Definition des Schnitts die Elemente a, b in H und in K, und weil beides Untergruppen sind, folgt $a \cdot b^{-1} \in H$ und $a \cdot b^{-1} \in K$, also auch $a \cdot b^{-1} \in H \cap K$.   □

b) Wir führen einen Widerspruchsbeweis: Wir nehmen an, dass $H \cup K$ eine Untergruppe ist, obwohl $H \nsubseteq K$ und $K \nsubseteq H$ gilt, also keine der Mengen H oder K vollständig in der anderen enthalten ist.

In diesem Falle gibt es Elemente $h \in H \setminus K$ (d.h. $h \in H$ aber $h \notin K$) und $k \in K \setminus H$ (d.h. $k \in K$ aber $k \notin H$). Da aber beide in der Vereinigung $H \cup K$ liegen, die eine Untergruppe ist, folgt $h \cdot k \in H \cup K$. Nach Definition der Vereinigung muss dann $h \cdot k \in H$ oder $h \cdot k \in K$ gelten, was beides nicht sein kann: Im ersten Fall, also $h \cdot k \in H$, wäre

$$k = e \cdot k = (h^{-1} \cdot h) \cdot k = \underbrace{h^{-1}}_{\in H} \cdot \underbrace{(h \cdot k)}_{\in H} \in H$$

(beachte $h^{-1} \in H$, da $H \leqslant G$), was $k \notin H$ widerspricht. Analog führt der zweite Fall, $h \cdot k \in K$, auf einen Widerspruch, denn hier wäre $h = (h \cdot k) \cdot k^{-1} \in K$, aber es ist $h \notin K$.   □

⎡L⎤ 2.7   Beweis des Rests von Satz 2.2.

(2) Sind b und c beides Inverse von a, dann gilt sowohl $ab = e = ba$ als auch $ac = e = ca$. Durch cleveres Einfügen einer „nahrhaften Eins" und Ausnutzen der Assoziativität folgt

$$b = b \cdot e = b \cdot (a \cdot c) = (b \cdot a) \cdot c = e \cdot c = c.$$

---

[1]So banal das auch sein mag, man muss es doch festhalten; ansonsten könnte es passieren, dass man im Folgenden die leere Menge diskutiert, und für deren Elemente kann man alles beweisen, denn sie besitzt ja keine.

(3) Die definierende Gleichung für das Inverse von a, nämlich $a \cdot a^{-1} = e = a^{-1} \cdot a$ bedeutet ebenfalls, dass a ein Inverses von a^{-1} ist – denn Multiplikation von a^{-1} mit a liefert ja gerade e. Da Inverse nach (2) eindeutig bestimmt sind, ist a sogar *das* Inverse von a^{-1}, sprich $(a^{-1})^{-1} = a$.

(4) Der direkte Nachweis gelingt mühelos, da wir dank Assoziativität alle Klammern fallen lassen können:

$$(a \cdot b) \cdot (b^{-1} \cdot a^{-1}) = a \cdot b \cdot b^{-1} \cdot a^{-1} = a \cdot e \cdot a^{-1} = a \cdot a^{-1} = e,$$

und ebenso folgt $(b^{-1} \cdot a^{-1}) \cdot (a \cdot b) = e$, was $b^{-1} \cdot a^{-1} = (a \cdot b)^{-1}$ zeigt.

Alternativ können wir $c = (ab)^{-1}$ setzen und von links mit ab multiplizieren, was $(ab)c = (ab) \cdot (ab)^{-1} = e$ ergibt. Um nach c aufzulösen, muss erst mit a^{-1} von links multipliziert werden (Assoziativität ausnutzen!), und wir erhalten $bc = a^{-1}$, was durch Linksmultiplikation mit b^{-1} wie gewünscht auf $c = b^{-1}a^{-1}$ führt. $\qquad\square$

L **2.8**   Abschwächung der Gruppenaxiome.

Zunächst ist klar, dass aus der Gültigkeit von (G$_2$) und (G$_3$) zusammen die Gültigkeit der scheinbar schwächeren (G$_2'$) und (G$_3'$) folgt.

Gelte also umgekehrt (G$_2'$) und (G$_3'$). Als erstes weisen wir nach, dass ein linksinverses Element stets auch rechtinvers ist, d.h. dass aus $a' \cdot a = e$ automatisch $a \cdot a' = e$ folgt. Außer dem Einfügen einer „nahrhaften Links-Eins" haben wir wenig andere Asse im Ärmel, also probieren wir es einmal:

$$a \cdot a' = e \cdot (a \cdot a') = (a' \cdot a) \cdot (a \cdot a') = a' \cdot a \cdot a \cdot a' = \dots ?$$

That did not help – at all. Wir brauchen eine etwas kreativere nahrhafte Eins, und das Einzige, was wir überhaupt noch verwenden können, ist dass laut (G$_3'$) *jedes* Element ein Linksinverses besitzt, also auch a'. Es gibt demnach ein $a'' \in G$ mit $a'' \cdot a' = e$. Und tatsächlich führt das Einfügen dieser Darstellung von e zum

Ziel:

$$a \cdot a' = e \cdot (a \cdot a') = (a'' \cdot a') \cdot (a \cdot a') = a'' \cdot (a' \cdot a) \cdot a'$$
$$= a'' \cdot e \cdot a' = a'' \cdot a' = e.$$

Hierbei gingen ein: Linksneutralität von e, Assoziativität, und die Voraussetzung $a' \cdot a = e$ sowie $a'' \cdot a' = e$ nach Wahl von a''.

Das war hoffentlich gut nachvollziehbar; wenn du aber sogar von selbst auf diese Lösung gestoßen bist, darfst du stolz auf dich sein. Denn trotz der Einfachheit der Axiome ist hier bereits ein gewisses Maß an Kreativität erforderlich, die vor allem bei einem Anfänger mit wenig Erfahrung noch nicht unbedingt vorhanden ist.

Nun zum Nachweis, dass wir aus (G_2') und (G_3') auch (G_2) erhalten: Es sei $e \in G$ ein linksneutrales Element, d.h. es gelte $e \cdot a = a$ für alle $a \in G$. Gerade eben haben wir gezeigt, dass es zu jedem a ein a' gibt, das $a' \cdot a = e = a \cdot a'$ erfüllt. Hiermit ergibt sich – wieder unter Benutzung der Assoziativität:

$$a \cdot e = a \cdot (a' \cdot a) = (a \cdot a') \cdot a = e \cdot a = a,$$

also ist e automatisch auch rechtsneutral. $\qquad\square$

Ein mögliches Beispiel ist $(\mathbb{Z}, \star)$ mit $a \star b := b - a$. Die 0 ist zwar linksneutral, da $0 \star b = b - 0 = b$ für alle $b \in \mathbb{Z}$ gilt, aber nicht rechtsneutral, denn $a \star 0 = 0 - a \neq a$ für $a \neq 0$. Aufgrund von $a \star a = a - a = 0$ ist sogar jedes Element selbstinvers. Obiger Beweis scheitert einzig und allein an der fehlenden Assoziativität von $\star$!

$\boxed{\text{L}}$ **2.9**   Stets seien a, b beliebige Elemente von G. Aufgrund der Assoziativität verschieben wir Klammern oder lassen sie weg, wie es uns gerade passt.

(i) $\Rightarrow$ (ii): Nach Satz 2.2 (4) gilt $(ab)^{-1} = b^{-1}a^{-1}$, und aufgrund der vorausgesetzten Kommutativität von G ist $b^{-1}a^{-1} = a^{-1}b^{-1}$.

(ii) $\Rightarrow$ (iii): Multipliziert man $(ab)^{-1} = a^{-1}b^{-1}$ von links mit ab (d.h. man wendet ℓ_{ab} an), so erhält man $e = aba^{-1}b^{-1}$, denn es ist ja $(ab)(ab)^{-1} = e$.

(iii) ⇒ (iv): Aus $aba^{-1}b^{-1} = e$ erhält man durch Rechtsmultiplikation mit b und danach mit a, dass $ab = ba$ ist, und es folgt

$$(ab)^2 = (ab) \cdot (ab) = a(ba)b = a(ab)b = (aa)(bb) = a^2b^2.$$

(iv) ⇒ (i): Nach Voraussetzung ist $(ab)^2 = a^2b^2$, d.h. $abab = a^2b^2$. Multiplikation von links mit a^{-1} ergibt

$$a^{-1}abab = a^{-1}a^2b^2, \qquad \text{d.h.} \qquad bab = ab^2,$$

wobei $a^{-1}a^2 = a^{-1}aa = ea = a$ einging. Anschließende Rechtsmultiplikation mit b^{-1} liefert

$$babb^{-1} = ab^2b^{-1}, \qquad \text{d.h.} \qquad ba = ab.$$

Somit ist G abelsch, da für beliebige Elemente $ab = ba$ gilt. □

L **2.10** i ist ihre eigene Umkehrabbildung, denn es gilt

$$(i \circ i)(g) = i(i(g)) = i(g^{-1}) = (g^{-1})^{-1} \overset{2.2(3)}{=} g$$

für alle $g \in G$. Somit ist $i \circ i = \text{id}_G$ und Satz 8.2 liefert die Bijektivität von i (mit $i^{-1} = i$). □

Es ist allerdings auch eine gute Übung, explizit die Injektivität und Surjektivität von i nachzuweisen.
Sei also $i(g) = i(h)$, d.h. $g^{-1} = h^{-1}$; erneutes Anwenden von i liefert $(g^{-1})^{-1} = (h^{-1})^{-1}$, also $g = h$ nach Satz 2.2 (3). Dies zeigt, dass i injektiv ist.
Zum Nachweis der Surjektivität von i müssen wir für jedes $h \subset G$ ein Urbild unter i finden, also ein $g \in G$ mit $i(g) = h$. Dazu setzen wir $g := h^{-1}$ und erhalten, wieder mit Satz 2.2 (3), dass wie gewünscht $i(g) = i(h^{-1}) = (h^{-1})^{-1} = h$ ist. □

L **2.11**   Wir verwenden Satz 2.3; einen direkten Beweis schaffst du gut selber!

  a) Mit Hilfe der Rechtstranslation lässt sich $x \cdot a = b$ darstellen als $r_a(x) = b$ und aus der Bijektivität von r_a folgt die eindeutige Lösbarkeit: Da r_a surjektiv ist, besitzt jedes $b \in G$

ein Urbild x unter r_a, sprich ein x, das $r_a(x) = b$ erfüllt und damit die Gleichung $x \cdot a = b$ löst. Die Injektivität von r_a garantiert, dass es keine zwei verschiedenen $x \neq x'$ mit $r_a(x) = r_a(x')$ gibt, was insgesamt äquivalent zur eindeutigen Lösbarkeit der Gleichung $x \cdot a = b$ ist.

Analog argumentiert man bei $a \cdot x = b$, was man umschreibt zu $\ell_a(x) = b$.

Also guuut, machen wir den direkten Beweis halt doch noch (ich bin viel zu nett zu euch): Eine Lösung der Gleichung $x \cdot a = b$ ist $x = b \cdot a^{-1}$, da $b \cdot a^{-1} \cdot a = b$. Ist x' eine weitere Lösung, so gilt $x' \cdot a = b = x \cdot a$, und Rechtsmultiplikation mit a^{-1} ergibt $x' = x$. Analog für $a \cdot x = b$.

b) Beweis der Kürzungsregeln: $ax = ay$ bedeutet $\ell_a(x) = \ell_a(y)$ und aus der Injektivität von ℓ_a folgt $x = y$. Ebenso liefert die Injektivität von r_a, dass $xa = ya$ stets $x = y$ folgt.

Ein Beispiel, wo aus $ax = ya$ nicht $x = y$ folgt: Offenbar kann es so etwas nur in nicht kommutativen Gruppen geben (denn sonst ist $ax = ya = ay$ und die Kürzungsregel liefert $x = y$). Versuchen wir's doch mal in der S_3: Dort ist

$$a \circ x := \begin{pmatrix} 1 & 2 & 3 \\ 2 & 1 & 3 \end{pmatrix} \circ \begin{pmatrix} 1 & 2 & 3 \\ 2 & 3 & 1 \end{pmatrix} = \begin{pmatrix} 1 & 2 & 3 \\ 1 & 3 & 2 \end{pmatrix},$$

aber auch

$$y \circ a := \begin{pmatrix} 1 & 2 & 3 \\ 3 & 1 & 2 \end{pmatrix} \circ \begin{pmatrix} 1 & 2 & 3 \\ 2 & 1 & 3 \end{pmatrix} = \begin{pmatrix} 1 & 2 & 3 \\ 1 & 3 & 2 \end{pmatrix} = a \circ x,$$

obwohl $x \neq y$ war!

c) Die i-te Zeile der Gruppentafel von $G = \{ g_1, \ldots, g_n \}$ enthält die Elemente $g_i \cdot g_1, \ldots, g_i \cdot g_n$, was genau der Bildmenge

$$\operatorname{im} \ell_{g_i} = \ell_{g_i}(G) = \{ \ell_{g_i}(g_j) \mid j = 1, \ldots, n \}$$

entspricht. Da ℓ_{g_i} bijektiv ist, muss folglich jedes Element von G genau einmal in dieser Zeile auftauchen (würde eines fehlen, wäre ℓ_{g_i} nicht surjektiv, und kämen zwei doppelt vor, so wäre ℓ_{g_i} nicht injektiv). Für die Spalten argumentiert man analog mit r_{g_i}.

$\boxed{\text{L}}$ **2.12** Gleich vorneweg halten wir fest, dass man der Gruppentafel die Assoziativität nicht direkt ansieht. Um also zu prüfen, ob (G_1) erfüllt ist, bleibt einem nichts anderes übrig, als das Assoziativgesetz in allen Fällen zu Fuß nachzuprüfen. Wir führen dies nur einmal exemplarisch in d) vor.

Die erste Zeile und Spalte der Gruppentafel, in denen mit e multipliziert wird, sind stets trivial auszufüllen, da e das Neutralelement sein soll.

a) Natürlich gibt es für $G = \{e\}$ nur die Möglichkeit $e \cdot e = e$ zu setzen, und dann sind offenbar alle Gruppenaxiome erfüllt. Man nennt $G = \{e\}$ die *triviale Gruppe*.

b) Hier muss man nur bei $a \cdot a$ überlegen. Es kommt als Ergebnis nur $a \cdot a = e$ in Frage, da im Falle $a \cdot a = a$ das Element a doppelt in Zeile 2 stünde (bzw. weil mit der Kürzungsregel $a = e$ folgen würde).

$\cdot$	e	a
e	e	a
a	a	e

Tabelle 9.4: Tafel der einzigen Gruppe der Ordnung 2.

c) Es könnte $a \cdot a = b$ oder e sein. Im Falle $a \cdot a = e$ bliebe dann für den letzten Eintrag von Zeile 2 nur $a \cdot b = b$, woraus $a = e$ folgen würde (Kürzungsregel). Also muss $a \cdot a = b$ sein; der Rest der Gruppentafel 9.5 ergibt sich dann bereits eindeutig aus Aufgabe 2.11 c). Überzeuge dich nun selbst, dass wirklich alle Axiome, insbesondere auch die Assoziativität erfüllt sind.

Nachweis von $e^2 \cdot a^2 \cdot b^2 = e$: Da die Gruppentafel symmetrisch zur Hauptdiagonalen ist, ist G abelsch und daher die folgende Vertauschung erlaubt:

$$e^2 \cdot a^2 \cdot b^2 = e \cdot a \cdot a \cdot b \cdot b = a \cdot b \cdot a \cdot b = e \cdot e = e,$$

oder noch schneller: $e^2 \cdot a^2 \cdot b^2 = e \cdot b \cdot a = e$.

·	e	a	b
e	e	a	b
a	a	b	e
b	b	e	a

Tabelle 9.5: Tafel der einzigen Gruppe der Ordnung 3.

d) Zuerst beweisen wir den Tipp. Angenommen, kein $g \neq e$ erfüllt $g^2 = e$, d.h. kein $g \in G$ ist selbstinvers (denn $g^2 = g \cdot g = e$ bedeutet $g = g^{-1}$). Dann muss a ein Inverses besitzen, welches nicht a und natürlich auch nicht e sein kann, also z.B. $a^{-1} = b$. Dann ist aber auch $b^{-1} = (a^{-1})^{-1} = a$, und da Inverse eindeutig bestimmt sind, bleibt für c nur noch c selbst als Inverses übrig, d.h. $c^{-1} = c$ bzw. $c^2 = e$ im Widerspruch zur Annahme.

Folglich muss G ein Element $g \neq e$ mit $g^2 = e$ enthalten, welches wir a nennen[2]. Durch $aa = a^2 = e$ ist bereits die zweite Zeile der Gruppentafel komplett festgelegt, denn ab kann weder a noch e sein, da kein Element mehrfach auftauchen darf, und $ab = b$ würde $a = e$ bedeuten (Kürzungsregel), also muss $ab = c$ sein, womit für ac nur noch b als Ergebnis übrig bleibt.

Zeile 3: Das Produkt ba kann weder b noch a sein, und aus $ba = e$ würde durch Multiplikation mit a^{-1} von rechts $b = a^{-1}$ folgen, im Widerspruch zu $a = a^{-1}$. Somit bleibt nur $ba = c$, was sofort $ca = b$ erzwingt („Sudoku-Argument" für Spalte 2 der Gruppentafel, da jedes Element genau einmal auftauchen muss). Bleibt noch der grau unterlegte Bereich der Gruppentafel auszufüllen. Für $bb = b^2$ gibt es nun tatsächlich zwei mögliche Fälle.

(1) $b^2 = a$; die drei fehlenden Einträge von Tafel 9.6 erhält man durch Sudoku-Argumente.

---

[2]Da a, b und c gleichberechtigte Symbole sind, kann es keine Rolle spielen, wie wir dieses Element nennen – siehe dazu die Ausführungen zu Tafel 9.8 weiter unten.

(2) $b^2 = e$, was zur Gruppentafel 9.7 führt.

·	e	a	b	c
e	e	a	b	c
a	a	e	c	b
b	b	c	a	e
c	c	b	e	a

Tabelle 9.6: Tafel der „ersten" Gruppe der Ordnung 4.

Wir machen eine kleine Assoziativitäts-Stichprobe: Für Tafel 9.6 gilt z.B. $(ab)c = cc = c^2 = a$ und $a(bc) = ae = a$. Dies müsste man nun für alle denkbaren Kombinationen nachprüfen...

·	e	a	b	c
e	e	a	b	c
a	a	e	c	b
b	b	c	e	a
c	c	b	a	e

Tabelle 9.7: Tafel der „zweiten" Gruppe der Ordnung 4.

Ja, und was wäre eigentlich passiert, wenn wir nicht $a^2 = e$, sondern z.B. $b^2 = e$ gewählt hätten? Dann ergäbe sich Tabelle 9.8 als eine von zwei möglichen Gruppentafeln (prüfe dies nach, wenn du zu viel Zeit hast). Dies sieht zunächst wie eine weitere Gruppe der Ordnung 4 aus, benennt man allerdings die Elemente um gemäß $x := b$, $y := a$ und $z := c$, so stellt man fest, dass $G' = \{ e, x, y, z \}$ exakt Tabelle 9.6 als Verknüpfungstafel besitzt. Somit beschreiben $G = \{ e, a, b, c \}$ mit Tafel 9.8 und G' mit Tafel 9.6 dieselbe Gruppenstruktur, nur dass ihre Elemente andere Namen tragen.

·	e	a	b	c
e	e	a	b	c
a	a	b	c	e
b	b	c	e	a
c	c	e	a	b

Tabelle 9.8: Eine weitere Gruppe der Ordnung 4?

Wir haben es also geschafft; wir haben „zu Fuß" alle Gruppen der Ordnung 4 *klassifiziert*. Es gibt genau zwei Typen: Typ 1 mit Verknüpfungstafel 9.6 und Typ 2 mit Verknüpfungstafel 9.7. Beide sind abelsch, da die Gruppentafel jeweils symmetrisch zur Hauptdiagonalen ist.

Fehlt noch der Nachweis von $e^2a^2b^2c^2 = e$: Für Typ 1 folgt dies aus $e^2a^2b^2c^2 = eeaa = a^2 = e$ und für Typ 2 ist es noch einfacher, da hier bereits $g^2 = e$ für alle einzelnen Gruppenelemente gilt!

Anmerkung: Dieses Sudokuspiel hat mit echter Gruppentheorie recht wenig zu tun, und man kann sich vorstellen, dass man für Gruppen höherer Ordnung so schnell auf Granit beißt. Aber da wir bisher noch keinerlei Theorie entwickelt haben, blieb uns an dieser Stelle nichts anderes übrig, als dieses Holzhammer-Vorgehen. Und immerhin kennen wir jetzt alle Gruppen mit $|G| \leqslant 4$; das ist doch schon mal ein Anfang.

$\boxed{\text{L}}$ **2.13**   Wir folgen dem Tipp und fügen an geeigneten Stellen „nahrhafte Einsen" ein (Assoziativität immer stillschweigend vorausgesetzt). Da wir das b in ab nach vorne holen wollen, mogeln wir am Anfang ein $e = b^2$ rein und entsprechend ein $e = a^2$ am Ende:

$$ab = eabe = b^2aba^2 = bbabaa = b(ba)(ba)a = b(ba)^2a = bea = ba,$$

wobei wir $(ba)^2 = e$ ausgenutzt haben, denn $g^2 = e$ gilt ja für alle Gruppenelemente, also auch für $ba \in G$. Da diese Rechnung für beliebige $a, b \in G$ gilt, zeigt dies die Kommutativität von G.   □

Die Umkehrung gilt natürlich nicht: Nicht in jeder abelschen Gruppe muss $g^2 = e$ für alle Elemente gelten, wie man bereits an der Gruppentafel 9.5 erkennt. Oder an der unendlichen abelschen Gruppe $(\mathbb{Z}, +)$: Dort steht m^2 für $m + m = 2m$ und das ergibt nur für $m = 0$ das Neutralelement $e = 0$.

L **2.14**   Man spaltet zunächst das Produkt auf:

$$g_1^2 \cdot \ldots \cdot g_n^2 = g_1 \cdot g_1 \cdot \ldots \cdot g_n \cdot g_n = (g_1 \cdot \ldots \cdot g_n) \cdot (g_1 \cdot \ldots \cdot g_n),$$

wobei im letzten Schritt heftig die Kommutativität von G eingeht. Nach Aufgabe 2.10 ist Invertieren eine bijektive Abbildung, d.h. es gilt $G = i(G)$ bzw.

$$\{ g_1, \ldots, g_n \} = \{ g_1^{-1}, \ldots, g_n^{-1} \}.$$

Also stimmt bis evtl. auf die Reihenfolge die Liste $g_1, \ldots, g_n$ mit der Liste aller Inversen überein. Weil die Reihenfolge der Multiplikation in abelschen Gruppen keine Rolle spielt, kann man somit schreiben

$$g_1^2 \cdot \ldots \cdot g_n^2 = (g_1 \cdot \ldots \cdot g_n) \cdot (g_1^{-1} \cdot \ldots \cdot g_n^{-1}),$$

und nun paart man jedes g_i mit seinem Inversen g_i^{-1} (wieder nur aufgrund der Kommutativität möglich). Damit schnurrt das ganze Produkt auf $e \cdot \ldots e = e$ zusammen.   □

In Produkt-Notation lässt sich dies wesentlich eleganter aufschreiben (allerdings muss man sich dabei stets im Klaren darüber sein, in welchen Schritten die Kommutativität von G eine Rolle spielt):

$$\prod_{g \in G} g^2 = \prod_{g \in G} g \cdot \prod_{g \in G} g = \prod_{g \in G} g \cdot \prod_{g \in G} g^{-1} = \prod_{g \in G} g \cdot g^{-1} = \prod_{g \in G} e = e.$$

L **2.15**   Ist $g^2 \neq e$, so ist g von seinem Inversen verschieden, $g \neq g^{-1}$ (denn sonst wäre ja eben $g^2 = g \cdot g = g \cdot g^{-1} = e$). Somit kann man die Elemente der Menge $H := \{\, g \in G \mid g^2 \neq e \,\}$ in Zweierpaaren (g, g^{-1}) arrangieren, weshalb $|H|$ eine gerade Zahl sein muss. Da $|G|$ ebenfalls geradzahlig ist, muss demzufolge auch $|G \setminus H| = |G| - |H|$ gerade sein.

Da stets $e^2 = e$ gilt, liegt e auf jeden Fall in $G \setminus H$, weshalb $|G \setminus H|$ mindestens 2 sein muss. Somit existiert ein Element $g \neq e$, welches $g^2 = e$ erfüllt.   □

L **2.16**   a) OK, irgendwann muss das ja mal bewiesen werden.

○ Sind m und n beide positiv, ist das Potenzgesetz klar wie Kloßbrühe: g^{m+n} ist das $(m + n)$-fache Produkt von g mit sich, ebenso wie $g^m \cdot g^n$.

○ Auch wenn m und n beide negativ sind, gibt es fast nichts zu zeigen: Hier gilt $-(m+n) > 0$ und $g^{m+n} := (g^{-1})^{-(m+n)}$ ist das $-(m + n)$-fache Produkt von g^{-1} mit sich, während $g^m \cdot g^n := (g^{-1})^{-m} \cdot (g^{-1})^{-n}$ ebenfalls genau $(-m)+(-n) = -(m + n)$ mal aus dem Faktor g^{-1} besteht.

○ Sei einer der beiden Exponenten positiv, etwa m, und der andere negativ, also $n < 0$. Hurra, noch 'ne Fallunterscheidung:

  ⋆ Ist $m + n \geqslant 0$, also $m \geqslant -n = |n|$, so ist $m + n = m - |n|$ und g^{m+n} ist das $(m - |n|)$-fache Produkt von g mit sich. Genauso ist

$$g^m \cdot g^n = g^m \cdot (g^{-1})^{-n} = \underbrace{g \cdot \ldots \cdot g}_{m\text{-mal}} \cdot \underbrace{g^{-1} \cdot \ldots \cdot g^{-1}}_{|n|\text{-mal}}$$

  das $(m - |n|)$-fache Produkt von g mit sich, da sich in obigem Produkt g mit g^{-1} exakt $|n|$-mal in Wohlgefallen auflöst.

  ⋆ Analog geht man bei $m + n \leqslant 0$, also $m \leqslant -n = |n|$ vor, aber darauf hab ich jetzt keine Lust mehr.

Wer mag, kann diesen Beweis auch durch vollständige Induktion führen, aber das macht auch nicht mehr Spaß.

Die nützliche Folgerung $(g^m)^{-1} = g^{-m}$ ergibt sich sofort aus

$$g^m \cdot g^{-m} = g^{m+(-m)} = g^0 = e$$

und analog $g^{-m} \cdot g^m = e$, d.h. g^{-m} ist das Inverse von g^m.

b) Durch vollständige Induktion lässt sich das zweite Potenzgesetz leicht auf das erste zurückführen. Sei $m \in \mathbb{Z}$ beliebig, aber fest. Der Induktionsanfang ($n = 1$) stimmt, da $(g^m)^1 = g^{m \cdot 1}$ ist. Gelte nun also $(g^m)^n = g^{mn}$ für ein $n \in \mathbb{N}$ (Induktionsvoraussetzung IV); dann ist

$$(g^m)^{n+1} \stackrel{a)}{=} (g^m)^n \cdot (g^m)^1 \stackrel{(IV)}{=} g^{mn} \cdot g^m$$

$$\stackrel{a)}{=} g^{mn+m} = g^{m(n+1)},$$

was im Induktionsschritt zu zeigen war. Somit gilt das Potenzgesetz für alle $m \in \mathbb{Z}$ und alle $n \in \mathbb{N}$.
Der Fall $n < 0$ lässt sich nun mit Hilfe der Definition $g^n = (g^{-1})^{-n}$ leicht bewältigen, denn es ist

$$(g^m)^n = \left((g^{-1})^m\right)^{-n} = (g^{-m})^{-n} \stackrel{(\star)}{=} g^{-m \cdot (-n)} = g^{mn},$$

wobei am Anfang $(g^m)^{-1} = g^{-m}$ einging und in $(\star)$ einfach das eben bewiesene Gesetz verwendet wurde, was aufgrund von $-n > 0$ erlaubt war. $\qquad\square$

$\boxed{\text{L}}$ **2.17**   Zyklische Gruppen.

a) Wir wenden das Untergruppenkriterium (U) aus Aufgabe 2.3 an. Offenbar ist $Z_n \neq \varnothing$. Sind $a = r^k$ und $b = r^\ell$ ($k, \ell \in \mathbb{Z}$) Elemente von Z_n, so folgt unter Verwendung der vorigen Aufgabe

$$a \cdot b^{-1} = r^k \cdot (r^\ell)^{-1} = r^k \cdot r^{-\ell} = r^{k-\ell} \in Z_n,$$

und das war's auch schon.

b) Zunächst ist klar, dass id, r, r^2, ..., r^{n-1} alles verschiedene Elemente von Z_n sind, da sie Drehungen um verschiedene Winkel $k \cdot \frac{360°}{n}$, $0 \leqslant k \leqslant n-1$, darstellen. Somit ist schon mal $|Z_n| \geqslant n$. Aber aufgrund von $r^n = $ id bringen die Potenzen r^k für $k \geqslant n$ nichts Neues; ebenso verhält es sich mit negativen Hochzahlen (folgt aus $r^{-k} = (r^{-1})^k$ und $r^{-1} = r^{n-1}$). Also gilt $|Z_n| = n$.

Formaler(er) Beweis: Wir zeigen

$$Z_n = \{\, r^k \mid 0 \leqslant k \leqslant n-1 \,\} =: M;$$

dass M aus n verschiedenen Elementen besteht, sieht man dann wie oben ein.

Die Inklusion „$\supseteq$" ist klar; sei umgekehrt also $r^\ell \in Z_n$. Teilt man die Hochzahl ℓ mit Rest durch n, so erhält man die Darstellung $\ell = q \cdot n + k$ mit $q, k \in \mathbb{Z}$, wobei der Rest k $0 \leqslant k \leqslant n-1$ erfüllt. Mit Hilfe der Potenzgesetze folgt

$$r^\ell = r^{qn+k} = r^{qn} \cdot r^k = (r^n)^q r^k = \mathrm{id}^q r^k = r^k \in M. \quad \square$$

$\boxed{\text{L}}$ **2.18** a) Nachprüfen der Gruppenaxiome für $(S(G), \circ)$:

(G$_1$) Komposition von Abbildungen ist assoziativ.

(G$_2$) Das Neutralelement von $S(G)$ ist die identische Abbildung id$_G$, denn für alle $\varphi \in S(G)$ gilt

$$(\mathrm{id}_G \circ \varphi)(g) = \mathrm{id}_G(\varphi(g)) = \varphi(g) \quad \text{für alle } g \in G,$$

d.h. es ist $\mathrm{id}_G \circ \varphi = \varphi$ und ebenso leicht sieht man $\varphi \circ \mathrm{id}_G = \varphi$.

(G$_3$) Jedes $\varphi \in S(G) = \mathrm{Bij}(G, G)$ ist bijektiv, und dessen Umkehrabbildung φ^{-1} erfüllt $\varphi^{-1} \circ \varphi = \mathrm{id}_G = \varphi \circ \varphi^{-1}$ und ist somit das Inverse von φ in $S(G)$.[3]

b) Um $\lambda(g \cdot h) = \lambda(g) \circ \lambda(h)$ zu zeigen, müssen wir nachweisen, dass die Linkstranslation $\lambda(g \cdot h) = \ell_{g \cdot h}$ dieselbe Abbildung

---

[3] Dass $\varphi^{-1} \in S(G)$ gilt, ist klar, da es selbst wieder eine bijektive Abbildung (mit Umkehrabbildung φ) von G nach G ist.

beschreibt wie die Komposition $\lambda(g) \circ \lambda(h) = \ell_g \circ \ell_h$. Das rechnet man durch elementweises Einsetzen aber problemlos nach: Für alle $x \in G$ ist nämlich

$$\lambda(g \cdot h)(x) = \ell_{g \cdot h}(x) = (g \cdot h) \cdot x = g \cdot (h \cdot x) = \ell_g(\ell_h(x))$$
$$= (\lambda(g) \circ \lambda(h))(x).$$

Außer den Definitionen von λ und ℓ ging nur das Assoziativgesetz in G ein.

9.3 Lösungen zu Kapitel 3

$\boxed{\text{L}}$ **3.1** „$\Rightarrow$": Es gelte $a \equiv b \pmod{n}$, d.h. es gebe ein $k \in \mathbb{Z}$, so dass $b - a = kn$ bzw. $b = a + kn$ ist. Weiter sei $r_a \in \{0, 1, \ldots, n-1\}$ der Rest bei Division von a durch n, d.h. $a = q_a n + r_a$ mit einem $q_a \in \mathbb{Z}$. Setzt man dies in $b = a + kn$ ein, so erhält man

$$b = a + kn = q_a n + r_a + kn = (q_a + k) \cdot n + r_a \overset{!}{=} q_b \cdot n + r_b.$$

Aus der Eindeutigkeit der Darstellung bei Division mit Rest folgt $q_b = q_a + k$ und $r_b = r_a$, d.h. a und b besitzen bei Division durch n denselben Rest.

„$\Leftarrow$": Sei r der gemeinsame Rest von a und b bei Division durch n:

$$a = q_a \cdot n + r \quad \text{und} \quad b = q_b \cdot n + r$$

mit geeigneten $q_a, q_b \in \mathbb{Z}$. Subtrahieren beider Gleichungen beseitigt das r:

$$b - a = q_b \cdot n + r - (q_a \cdot n + r) = (q_b - q_a) \cdot n,$$

also teilt n die Differenz $b - a$, d.h. $a \equiv b \pmod{n}$. $\qquad\square$

$\boxed{\text{L}}$ **3.2** Nach Voraussetzung sind $b - a$ und $d - c$ durch n teilbar, d.h. es existieren Zahlen $k, \ell \in \mathbb{Z}$, so dass $b - a = kn$ und $d - c = \ell n$ ist. Umgeformt: $b = a + kn$ und $d = c + \ell n$.

a) Einsetzen dieser Beziehungen ergibt

$$b + d = a + kn + c + \ell n = a + c + (k + \ell) \cdot n,$$

also ist $b + d - (a + c)$ durch n teilbar, sprich $a + c \equiv b + d$ (mod n).

b) Ebenso folgt für das Produkt

$$b \cdot d = (a + kn) \cdot (c + \ell n) = a \cdot c + \underbrace{(ck + a\ell + k\ell n)}_{=:\, m \in \mathbb{Z}} \cdot n,$$

also gilt $a \cdot c \equiv b \cdot d$ (mod n), da n ein Teiler von $b \cdot d - a \cdot c = m \cdot n$ ist.

c) Man kann Kongruenzen im Allgemeinen *nicht* durch $c \neq 0$ dividieren, wie das folgende Beispiel zeigt. Für $a = 1$, $b = 3$ und $c = 2$ gilt modulo 4 zwar

$$1 \cdot 2 \equiv 3 \cdot 2 = 6 \quad (\text{mod } 4), \quad \text{aber} \quad 1 \not\equiv 3 \quad (\text{mod } 4).$$

$\boxed{\text{L}}$ **3.3**   Wir überprüfen die vier Axiome für abelsche Gruppen.

(G_1) Die Addition auf $\mathbb{Z}_n$ ist assoziativ, weil die gewöhnliche Addition auf $\mathbb{Z}$ es ist. Zur Sicherheit führen wir das nochmal aus, aber das ist dann wirklich das letzte Mal, OK? Für alle $\bar{k}, \bar{\ell}, \bar{m} \in \mathbb{Z}_n$ gilt

$$(\bar{k} + \bar{\ell}) + \bar{m} = \overline{k + \ell} + \bar{m} = \overline{(k + \ell) + m} = \overline{k + (\ell + m)}$$

$$= \bar{k} + \overline{\ell + m} = \bar{k} + (\bar{\ell} + \bar{m}).$$

(G_2) Es ist $\bar{0}$ das Neutralelement von $\mathbb{Z}_n$, denn für alle $\bar{k} \in \mathbb{Z}_n$ gilt

$$\bar{0} + \bar{k} = \overline{0 + k} = \bar{k}.$$

(Rechtsneutralität ist ebenso offensichtlich bzw. kann man sich aufgrund von G_4 komplett ersparen. Selbiges gilt auch für das nächste Axiom.)

(G$_3$) Jedes $\overline{k} \in \mathbb{Z}_n$ besitzt $\overline{n-k} \in \mathbb{Z}_n$ als Inverses, denn es gilt

$$\overline{k} + \overline{n-k} = \overline{k+n-k} = \overline{n} = \overline{0}.$$

(G$_4$) Die Kommutativität der Addition auf $\mathbb{Z}_n$ folgt unmittelbar aus der Kommutativität der gewöhnlichen Addition auf $\mathbb{Z}$. Sollte dir das noch nicht klar sein, schreibe die Rechnung still und heimlich auf, aber verrate es keinem. $\square$

L 3.4 Für $n = 1$ besteht die Restklassenmenge $\mathbb{Z}_1 = \mathbb{Z}/1\mathbb{Z}$ nur aus einer einzigen Restklasse, $\overline{0} = 0 + 1\mathbb{Z}$, denn jede beliebige ganze Zahl k erfüllt stets, dass $k - 0$ in $1\mathbb{Z} = \mathbb{Z}$ liegt. Somit ist $(\mathbb{Z}_1, +)$ die triviale Gruppe $G = \{e\}$ mit $e = \overline{0}$.

Für $n = 2$ gibt es zwei verschiedene Restklassen, $\overline{0}$ und $\overline{1}$, und aufgrund von $\overline{1} + \overline{1} = \overline{2} = \overline{0}$ erhalten wir die Verknüpfungstafel 9.9.

$+$	$\overline{0}$	$\overline{1}$
$\overline{0}$	$\overline{0}$	$\overline{1}$
$\overline{1}$	$\overline{1}$	$\overline{0}$

Tabelle 9.9: Gruppentafel von $\mathbb{Z}_2$.

Dies ist genau Tabelle 9.4 mit $\overline{0} = e$ und $\overline{1} = a$, nur eben jetzt in additiver Schreibweise.

Auch für $\mathbb{Z}_3$ erhalten wir die additive Ausgabe von Tafel 9.5; muss auch so sein, da in Aufgabe 2.12 bereits festgestellt wurde, dass es (bis auf Umbenennung) nur eine Gruppe der Ordnung 3 gibt.

$+$	$\overline{0}$	$\overline{1}$	$\overline{2}$
$\overline{0}$	$\overline{0}$	$\overline{1}$	$\overline{2}$
$\overline{1}$	$\overline{1}$	$\overline{2}$	$\overline{0}$
$\overline{2}$	$\overline{2}$	$\overline{0}$	$\overline{1}$

Tabelle 9.10: Gruppentafel von $\mathbb{Z}_3$.

Für $n = 4$ erhalten wir die Gruppentafel 9.11. Diese entspricht der Verknüpfungstafel der „ersten" Gruppe der Ordnung 4 aus Aufgabe 2.12 (in der Version von Tafel 9.8), wobei $\overline{2} = b$ das einzige nicht triviale Element ist, welches $b^2 = e$, bzw. additiv geschrieben $2 \cdot \overline{2} := \overline{2} + \overline{2} = \overline{0}$, erfüllt.

$+$	$\overline{0}$	$\overline{1}$	$\overline{2}$	$\overline{3}$
$\overline{0}$	$\overline{0}$	$\overline{1}$	$\overline{2}$	$\overline{3}$
$\overline{1}$	$\overline{1}$	$\overline{2}$	$\overline{3}$	$\overline{0}$
$\overline{2}$	$\overline{2}$	$\overline{3}$	$\overline{0}$	$\overline{1}$
$\overline{3}$	$\overline{3}$	$\overline{0}$	$\overline{1}$	$\overline{2}$

Tabelle 9.11: Gruppentafel von $\mathbb{Z}_4$.

L **3.5**   Es seien σ_1 und σ_2 die Spiegelungen an den Achsen 1 und 2 (siehe Abbildung 9.4). Weiter sei ρ die Drehung um 180° um den Mittelpunkt M des Rechtecks. Die Spiegelungen an den Diagonalen und die Drehungen um 90° bzw. 270° sind *keine* Symmetrien von R, da R im Gegensatz zu früher kein Quadrat ist.

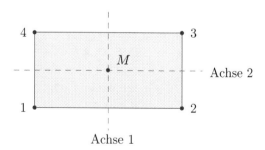

Abbildung 9.4: Symmetrieachsen eines ungleichseitigen Rechtecks.

Spiegeln und Drehen um 180° sind selbstinverse Abbildungen, d.h.

es gilt

$$\sigma_1^2 = \sigma_1 \circ \sigma_1 = \text{id}, \qquad \sigma_2^2 = \text{id} \qquad \text{und} \qquad \rho^2 = \text{id}.$$

Zudem erkennt man leicht, dass $\sigma_2 \circ \sigma_1 = \rho = \sigma_1 \circ \sigma_2$ gilt. Falls nicht, fasse die Symmetrieabbildungen als Permutationen auf den 4 Eckpunkten auf (ohne neue Symbole zu verwenden). Dann ist

$$\sigma_1 = \begin{pmatrix} 1 & 2 & 3 & 4 \\ 2 & 1 & 4 & 3 \end{pmatrix}, \sigma_2 = \begin{pmatrix} 1 & 2 & 3 & 4 \\ 4 & 3 & 2 & 1 \end{pmatrix}, \rho = \begin{pmatrix} 1 & 2 & 3 & 4 \\ 3 & 4 & 1 & 2 \end{pmatrix},$$

und man rechnet durch Hintereinanderausführen der ersten beiden Permutationen nach, dass dabei jeweils ρ entsteht. So oder durch geometrisches Überlegen erhält man auch den Rest der Gruppentafel von S_R.

$\circ$	id	σ_1	σ_2	ρ
id	id	σ_1	σ_2	ρ
σ_1	σ_1	id	ρ	σ_2
σ_2	σ_2	ρ	id	σ_1
ρ	ρ	σ_2	σ_1	id

Tabelle 9.12: Gruppentafel von S_R.

Somit ist $(S_R, \circ)$ eine abelsche Gruppe, die sich nach den Ersetzungen

$$\text{id} \mapsto (\overline{0}, \overline{0}), \quad \sigma_1 \mapsto (\overline{0}, \overline{1}), \quad \sigma_2 \mapsto (\overline{1}, \overline{0}) \quad \text{und} \quad \rho \mapsto (\overline{1}, \overline{1})$$

als die Kleinsche Vierergruppe $(V_4, +)$ entpuppt.

$\boxed{\text{L}}$ **3.6** Dies ist eine reine Fleißaufgabe. Wir stellen einfach stur beide Gruppentafeln auf. Bei $\mathbb{Z}_6 = \{\overline{0}, \ldots, \overline{5}\}$ ist das eine simple Angelegenheit.
Bei $\mathbb{Z}_2 \times \mathbb{Z}_3$ ist zu beachten, dass wir in der ersten Komponenten modulo 2, in der zweiten aber modulo 3 rechnen. (Um die Notation

+	$\overline{0}$	$\overline{1}$	$\overline{2}$	$\overline{3}$	$\overline{4}$	$\overline{5}$
$\overline{0}$	$\overline{0}$	$\overline{1}$	$\overline{2}$	$\overline{3}$	$\overline{4}$	$\overline{5}$
$\overline{1}$	$\overline{1}$	$\overline{2}$	$\overline{3}$	$\overline{4}$	$\overline{5}$	$\overline{0}$
$\overline{2}$	$\overline{2}$	$\overline{3}$	$\overline{4}$	$\overline{5}$	$\overline{0}$	$\overline{1}$
$\overline{3}$	$\overline{3}$	$\overline{4}$	$\overline{5}$	$\overline{0}$	$\overline{1}$	$\overline{2}$
$\overline{4}$	$\overline{4}$	$\overline{5}$	$\overline{0}$	$\overline{1}$	$\overline{2}$	$\overline{3}$
$\overline{5}$	$\overline{5}$	$\overline{0}$	$\overline{1}$	$\overline{2}$	$\overline{3}$	$\overline{4}$

Tabelle 9.13: Gruppentafel von $\mathbb{Z}_6$.

nicht unnötig aufzublasen, verzichten wir auf einen Index an den Querbalken.) So ist z.B.

$$(\overline{1}, \overline{2}) + (\overline{1}, \overline{2}) = (\overline{1 + 1}, \overline{2 + 2}) = (\overline{2}, \overline{4}) = (\overline{0}, \overline{1}),$$

da $2 \equiv 0 \pmod 2$ und $4 \equiv 1 \pmod 3$ gilt. Damit erhält man die folgende Gruppentafel.

+	$(\overline{0},\overline{0})$	$(\overline{1},\overline{1})$	$(\overline{0},\overline{2})$	$(\overline{1},\overline{0})$	$(\overline{0},\overline{1})$	$(\overline{1},\overline{2})$
$(\overline{0},\overline{0})$	$(\overline{0},\overline{0})$	$(\overline{1},\overline{1})$	$(\overline{0},\overline{2})$	$(\overline{1},\overline{0})$	$(\overline{0},\overline{1})$	$(\overline{1},\overline{2})$
$(\overline{1},\overline{1})$	$(\overline{1},\overline{1})$	$(\overline{0},\overline{2})$	$(\overline{1},\overline{0})$	$(\overline{0},\overline{1})$	$(\overline{1},\overline{2})$	$(\overline{0},\overline{0})$
$(\overline{0},\overline{2})$	$(\overline{0},\overline{2})$	$(\overline{1},\overline{0})$	$(\overline{0},\overline{1})$	$(\overline{1},\overline{2})$	$(\overline{0},\overline{0})$	$(\overline{1},\overline{1})$
$(\overline{1},\overline{0})$	$(\overline{1},\overline{0})$	$(\overline{0},\overline{1})$	$(\overline{1},\overline{2})$	$(\overline{0},\overline{0})$	$(\overline{1},\overline{1})$	$(\overline{0},\overline{2})$
$(\overline{0},\overline{1})$	$(\overline{0},\overline{1})$	$(\overline{1},\overline{2})$	$(\overline{0},\overline{0})$	$(\overline{1},\overline{1})$	$(\overline{0},\overline{2})$	$(\overline{1},\overline{0})$
$(\overline{1},\overline{2})$	$(\overline{1},\overline{2})$	$(\overline{0},\overline{0})$	$(\overline{1},\overline{1})$	$(\overline{0},\overline{2})$	$(\overline{1},\overline{0})$	$(\overline{0},\overline{1})$

Tabelle 9.14: Gruppentafel von $\mathbb{Z}_2 \times \mathbb{Z}_3$.

„Zufälligerweise" sind hier die Elemente bereits in der richtigen Reihenfolge aufgeschrieben, so dass die Übereinstimmung mit Tafel 9.13 sofort ins Auge springt. Bei dir wird das vermutlich nicht so sein, d.h. du musst noch etwas länger rumprobieren, um die geeigneten Ersetzungen der Gruppenelemente zu finden.

Am Ende erkennt man jedenfalls, dass $(\mathbb{Z}_6, +)$ und $(\mathbb{Z}_2 \times \mathbb{Z}_3, +)$ dieselben Gruppen sind – bis auf die unterschiedliche Schreibweise ihrer Elemente.

$\boxed{\text{L}}$ **3.7**   Die Zykelzerlegungen lauten (die Reihenfolge der Zykel untereinander spielt keine Rolle; siehe nächste Aufgabe):

$$\sigma = \begin{pmatrix} 1 & 2 & 3 & 4 & 5 & 6 \\ 3 & 2 & 6 & 1 & 5 & 4 \end{pmatrix} = (\,1\ \ 3\ \ 6\ \ 4\,)\,(2)\,(5) = (\,1\ \ 3\ \ 6\ \ 4\,)$$

$$\pi = \begin{pmatrix} 1 & 2 & 3 & 4 & 5 & 6 \\ 4 & 6 & 5 & 1 & 3 & 2 \end{pmatrix} = (\,1\ \ 4\,)\,(\,2\ \ 6\,)\,(\,3\ \ 5\,).$$

Die beiden Permutationen kommutieren nicht, denn es gilt z.B. $(\pi \circ \sigma)(1) \neq (\sigma \circ \pi)(1)$:

$$(\pi \circ \sigma)(1) = \pi(\sigma(1)) = \pi(3) = 5, \quad \text{während}$$

$$(\sigma \circ \pi)(1) = \sigma(\pi(1)) = \sigma(4) = 1.$$

Zu Übungszwecken kannst du auch beide Kompositionen $\pi \circ \sigma$ und $\sigma \circ \pi$ komplett bestimmen (nicht vergessen, die Komposition von rechts nach links zu lesen):

$$\pi \circ \sigma = (\,1\ \ 4\,)\,(\,2\ \ 6\,)\,(\,3\ \ 5\,) \circ (\,1\ \ 3\ \ 6\ \ 4\,) = (\,1\ \ 5\ \ 3\ \ 2\ \ 6\,)\,(4)$$

$$\sigma \circ \pi = (\,1\ \ 3\ \ 6\ \ 4\,) \circ (\,1\ \ 4\,)\,(\,2\ \ 6\,)\,(\,3\ \ 5\,) = (1)\,(\,2\ \ 4\ \ 3\ \ 5\ \ 6\,).$$

$\boxed{\text{L}}$ **3.8**   Betrachten wir z.B. $\sigma = (\,1\ \ 4\,)$ und $\tau = (\,2\ \ 3\,)$. Dann ist klar, dass $\sigma \circ \tau = \tau \circ \sigma$ ist, denn wenden wir $\sigma \circ \tau$ auf 1 an, so lässt τ die 1 unverändert und σ schiebt sie dann auf die 4; bei $\tau \circ \sigma$ geschieht dasselbe, nur dass jetzt zuerst die 1 unter σ auf die 4 geht und danach die 4 von τ nicht mehr bewegt wird – eben weil σ und τ disjunkt sind. Ebenso für alle anderen Ziffern; entscheidend ist dabei einzig und allein, dass beide Zykel keine gemeinsamen Ziffern haben.

L 3.9

a) Es ist σ^0 als id definiert und natürlich ist $\sigma^1 = \sigma$. Wir berechnen nun die nicht trivialen Potenzen σ^k für $k = 2, 3, \ldots$

$$\sigma^2 = \sigma \circ \sigma = (1\ \ 4\ \ 2\ \ 3) \circ (1\ \ 4\ \ 2\ \ 3) = (1\ \ 2)(3\ \ 4)$$

$$\sigma^3 = \sigma^2 \circ \sigma = (1\ \ 2)(3\ \ 4) \circ (1\ \ 4\ \ 2\ \ 3) = (1\ \ 3\ \ 2\ \ 4)$$

$$\sigma^4 = \sigma^3 \circ \sigma = (1\ \ 3\ \ 2\ \ 4) \circ (1\ \ 4\ \ 2\ \ 3) = (1)(2)(3)(4) = \mathrm{id}$$

Aufgrund von $\sigma^4 = \mathrm{id}$ startet man ab

$$\sigma^5 = \sigma^4 \circ \sigma = \mathrm{id} \circ \sigma = \sigma$$

wieder bei σ^1. Negative Hochzahlen in σ^k bringen ebenfalls nichts Neues, denn wegen $\sigma^3 \circ \sigma = \mathrm{id} = \sigma \circ \sigma^3$ ist $\sigma^{-1} = \sigma^3$, und so weiter. Somit ist

$$\langle \sigma \rangle = \{\, \mathrm{id}, \sigma, \sigma^2, \sigma^3 \,\}$$

und für die Ordnung des 4-Zykels folgt

$$\mathrm{ord}(\sigma) := |\langle \sigma \rangle| = 4.$$

b) Für den n-Zykel $\sigma = (1\ \ 2\ \ \ldots\ \ n)$ gilt

$$\sigma(i) = i + 1 \quad (\text{mod } n \text{ zu lesen}) \quad \text{für } 1 \leqslant i \leqslant n.$$

Das „modulo n" führen wir hier ein, damit wir den Fall $i = n$ nicht extra betrachten müssen: $i + 1$ wäre hier $n + 1$, was durch das mod n aber auf 1 zurückgesetzt wird, wie es bei σ sein soll. Somit folgt für das Quadrat von σ

$$\sigma^2(i) = \sigma(\sigma(i)) = \sigma(i + 1) = i + 2 \quad (\text{mod } n \text{ gelesen})$$

und induktiv verallgemeinert ergibt dies

$$\sigma^k(i) = \sigma(\sigma^{k-1}(i)) = \sigma(i + k - 1) = i + k \quad (\text{mod } n \text{ gelesen}).$$

An dieser Darstellung erkennt man zweierlei: Erstens, dass alle Potenzen σ^k für $0 \leqslant i \leqslant n - 1$ verschieden sind, und zweitens, dass $\sigma^n = \mathrm{id} = \sigma^0$ gilt, da $i + n \equiv i \pmod{n}$ ist. Folglich besteht die von σ erzeugte Untergruppe $\langle \sigma \rangle = \{\,\mathrm{id}, \sigma, \sigma^2, \ldots, \sigma^{n-1}\,\}$ aus n Elementen, d.h.

$$\mathrm{ord}(\sigma) := |\langle \sigma \rangle| = n.$$

$\boxed{\text{L}}$ **3.10**   Es ist

$$sr = (1\ \ 6)(2\ \ 5)(3\ \ 4)\,(1\ \ 2\ \ 3\ \ 4\ \ 5\ \ 6) = (1\ \ 5)(2\ \ 4),$$

$$r^{-1}s = (1\ \ 6\ \ 5\ \ 4\ \ 3\ \ 2)\,(1\ \ 6)(2\ \ 5)(3\ \ 4) = (1\ \ 5)(2\ \ 4).$$

Die geometrische Bedeutung der Permutationen $r^k = r \circ \ldots \circ r$ für $k \geqslant 2$ sollte klar sein: Es sind die Rotationen, die das 6-Eck um $k \cdot \frac{360°}{6} = k \cdot 60°$ gegen den Uhrzeigersinn drehen. Um zu sehen, was die Permutationen $r^k s$ für $k \geqslant 1$ machen, geben wir die ersten drei explizit an (selber nachrechnen!):

$$r^1 s = (2\ \ 6)(3\ \ 5),$$
$$r^2 s = (1\ \ 2)(3\ \ 6)(4\ \ 5),$$
$$r^3 s = (1\ \ 3)(4\ \ 6).$$

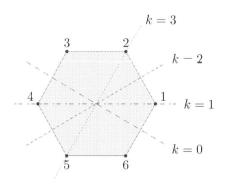

Abbildung 9.5: Spiegelachsen von $r^k s$.

Ein Blick auf Abbildung 9.5 lässt einen nun erkennen, dass $r^k s$ die Spiegelung an der Achse beschreibt, die gegenüber der Spiegelachse von $s = r^0 s$ um $k \cdot \frac{180°}{6} = k \cdot 30°$ gegen den Uhrzeigersinn gedreht ist.

L **3.11**   Das Untergruppen-Kriterium (U) lässt sich mühelos mit dem Determinantenmultiplikationssatz prüfen: Sind A, B Matrizen aus $\mathrm{SL}_n(\mathbb{K})$, dann gilt

$$\det(A \cdot B^{-1}) = \det(A) \cdot \det(B^{-1}) = \det(A) \cdot \det(B)^{-1} = 1 \cdot 1^{-1} = 1,$$

also $A \cdot B^{-1} \in \mathrm{SL}_n(\mathbb{K})$. ($\mathrm{SL}_n(\mathbb{K}) \neq \varnothing$, da E_n drin liegt.)   □

L **3.12**   Matrixgruppen über endlichen Körpern.

a) Durch direktes Überprüfen von $\det A \neq 0$ erhält man, dass $\mathrm{GL}_2(\mathbb{F}_2)$ aus den folgenden sechs Matrizen besteht (die Matrizen, die mindestens eine Nullzeile enthalten, kann man sofort vergessen):

$$\begin{pmatrix} \overline{1} & \overline{0} \\ \overline{0} & \overline{1} \end{pmatrix}, \ \begin{pmatrix} \overline{1} & \overline{1} \\ \overline{0} & \overline{1} \end{pmatrix}, \ \begin{pmatrix} \overline{0} & \overline{1} \\ \overline{1} & \overline{0} \end{pmatrix}, \ \begin{pmatrix} \overline{1} & \overline{0} \\ \overline{1} & \overline{1} \end{pmatrix}, \ \begin{pmatrix} \overline{0} & \overline{1} \\ \overline{1} & \overline{1} \end{pmatrix}, \ \begin{pmatrix} \overline{1} & \overline{1} \\ \overline{1} & \overline{0} \end{pmatrix}.$$

Die Matrizen sind nach aufsteigender Ordnung angeordnet: Die erste Matrix ist die Einheitsmatrix E_2 und besitzt Ordnung 1. Die nächsten drei Matrizen sind von Ordnung 2, denn es ist z.B. (beachte $\overline{0} \cdot \overline{1} = \overline{0 \cdot 1} = \overline{0}$ usw.)

$$\begin{pmatrix} \overline{1} & \overline{1} \\ \overline{0} & \overline{1} \end{pmatrix}^2 = \begin{pmatrix} \overline{1} & \overline{1} \\ \overline{0} & \overline{1} \end{pmatrix} \cdot \begin{pmatrix} \overline{1} & \overline{1} \\ \overline{0} & \overline{1} \end{pmatrix} = \begin{pmatrix} \overline{1} + \overline{0} & \overline{1} + \overline{1} \\ \overline{0} + \overline{0} & \overline{0} + \overline{1} \end{pmatrix} = \begin{pmatrix} \overline{1} & \overline{2} \\ \overline{0} & \overline{1} \end{pmatrix},$$

was die Einheitsmatrix ist, da $\overline{2} = \overline{0}$ in $\mathbb{F}_2$ gilt. Analog für die anderen beiden Matrizen. Die letzten beiden Matrizen besitzen die Ordnung 3, da sie $A^2 \neq E$ und $A^3 = E$ erfüllen, wie man leicht nachrechnet.

b) Die erste Spalte einer invertierbaren Matrix in $\mathrm{GL}_2(\mathbb{F}_3)$ (bzw. $\mathrm{GL}_2(\mathbb{F}_q)$) darf alles sein, außer die Nullspalte, d.h. wir haben hier $3^2 - 1 = 8$ (bzw. $q^2 - 1$) Wahlmöglichkeiten. Die zweite

Spalte darf kein Vielfaches der ersten sein, und da es 3 verschiedene $\mathbb{F}_3$-Vielfache (bzw. q verschiedene $\mathbb{F}_q$-Vielfache) dieser Spalte gibt, bleiben $3^2 - 3 = 6$ (bzw. $q^2 - q$) Möglichkeiten für Spalte 2. Somit:

$$|\mathrm{GL}_2(\mathbb{F}_3)| = (3^2 - 1) \cdot (3^2 - 3) = 48 \quad \text{bzw.}$$

$$|\mathrm{GL}_2(\mathbb{F}_q)| = (q^2 - 1) \cdot (q^2 - q).$$

$\mathrm{GL}_2(\mathbb{F}_3)$ ist also ein Beispiel einer nicht abelschen Gruppe der Ordnung 48, $\mathrm{GL}_2(\mathbb{F}_4)$ ($q = 2^2$) ist nicht abelsch von Ordnung 180, $\mathrm{GL}_2(\mathbb{F}_8)$ ($q = 2^3$) besitzt Ordnung 3528 usw.

9.4   Lösungen zu Kapitel 4

| L | 4.1   Grundeigenschaften von Homomorphismen.

a) Wir müssen sicherlich die Neutralität von e_G verwenden in Kombination mit der Homomorphieeigenschaft von φ, also bleibt uns eigentlich gar nichts anderes übrig als die folgende Rechnung[4]:

$$\varphi(e_G) = \varphi(e_G \cdot e_G) = \varphi(e_G) \cdot \varphi(e_G).$$

Multiplizieren mit $\varphi(e_G)^{-1} \in H$ („Kürzen" von $\varphi(e_G)$) liefert nun auch schon $e_H = \varphi(e_G)$. $\qquad\square$

Anmerkung: Beweisversuche wie z.B. der Nachweis von $h \cdot \varphi(e_G) = h$ für *alle* $h \in H$ sind zum Scheitern verurteilt, da φ nicht surjektiv zu sein braucht. Wäre die Surjektivität von φ jedoch bekannt, so ließe sich jedes $h \in H$ als $\varphi(g)$ für ein $g \in G$ darstellen und wir erhielten in der Tat auch so die (Rechts-)Neutralität von $\varphi(e_G)$:

$$h \cdot \varphi(e_G) = \varphi(g) \cdot \varphi(e_G) = \varphi(g \cdot e_G) = \varphi(g) = h.$$

---

[4]Wir schreiben die Verknüpfung in G und H beidesmal als Malpunkt $\cdot$, und auch auf diesen werden wir in Bälde verzichten.

b) Mit der Homomorphieeigenschaft in Kombination mit a) erhalten wir:

$$\varphi(g^{-1}) \cdot \varphi(g) = \varphi(g^{-1} \cdot g) = \varphi(e_G) = e_H,$$

woraus $\varphi(g^{-1}) = \varphi(g)^{-1}$ folgt, aufgrund der Eindeutigkeit des Inversen von $\varphi(g)$ (oder durch Rechtsmultiplikation mit $\varphi(g)^{-1}$).   □

$\boxed{\text{L}}$ **4.2**   a) Es ist offenbar $H \neq \varnothing$ und da für das Inverse einer Matrix $A_b \in H$

$$A_b^{-1} = \frac{1}{\det A_b} \cdot \begin{pmatrix} 1 & -b \\ 0 & 1 \end{pmatrix} = \frac{1}{1 \cdot 1 - 0 \cdot b} \cdot \begin{pmatrix} 1 & -b \\ 0 & 1 \end{pmatrix} = \begin{pmatrix} 1 & -b \\ 0 & 1 \end{pmatrix}$$

gilt, ist das Untegruppenkriterium (U) rasch nachgewiesen:

$$A_a \cdot A_b^{-1} = \begin{pmatrix} 1 & a \\ 0 & 1 \end{pmatrix} \cdot \begin{pmatrix} 1 & -b \\ 0 & 1 \end{pmatrix} = \begin{pmatrix} 1 & a-b \\ 0 & 1 \end{pmatrix} \in H.$$

b) Wir rechnen $\varphi(a + b) = \varphi(a) \cdot \varphi(b)$ „rückwärts" nach (beachte, dass die Verknüpfung in $G = \mathbb{K}$ die Addition ist!). Es gilt für alle $a, b \in \mathbb{K}$

$$\varphi(a) \cdot \varphi(b) = A_a \cdot A_b = \begin{pmatrix} 1 & a \\ 0 & 1 \end{pmatrix} \cdot \begin{pmatrix} 1 & b \\ 0 & 1 \end{pmatrix} = \begin{pmatrix} 1 & a+b \\ 0 & 1 \end{pmatrix}$$

$$= \varphi(a + b).$$

$\boxed{\text{L}}$ **4.3**   Diese Aufgabe ist nur eine Umformulierung der Äquivalenz (i) ⇔ (iv) aus Aufgabe 2.9. Trotzdem nochmal:

„⇒": Ist φ ein Homomorphismus, dann gilt für alle $g, h \in G$

$$(gh)^2 = \varphi(gh) = \varphi(g)\varphi(h) = g^2 h^2$$

(Malpunkt eingespart), d.h. $ghgh = g^2 h^2$. Beidseitiges Anwenden von $\ell_{g^{-1}}$ und $r_{h^{-1}}$ liefert $hg = gh$, also ist G abelsch.

„⇐": Ist G abelsch, so gilt für alle $g, h \in H$:

$$\varphi(gh) = (gh)^2 = ghgh = g^2 h^2 = \varphi(g)\varphi(h).$$ □

L 4.4   Wählen wir $G = (\mathbb{R}, +)$ und $H = (\mathbb{R}^+, \cdot)$, dann entspricht die Homomorphiebedingung dem Additionstheorem der e-Funktion:

$$e^{x+y} = e^x \cdot e^y.$$

(Wenn man die komplexe e-Funktion kennt, kann man auch $G = (\mathbb{C}, +)$ und $H = (\mathbb{C}^*, \cdot)$ wählen.)

L 4.5

a) Definieren wir $\varphi_g \colon \mathbb{Z} \to G$ durch $n \mapsto g^n$, so ist φ_g nach dem ersten Potenzgesetz aus Aufgabe 2.16 ein Homomorphismus, denn

$$\varphi_g(m + n) = g^{m+n} = g^m \cdot g^n = \varphi_g(m) \cdot \varphi_g(n).$$

c) Erfüllt $\psi \colon \mathbb{Z} \to G$ die Homomorphieeigenschaft, so gilt

$$\psi(2) = \psi(1 + 1) = \psi(1) \cdot \psi(1) = \psi(1)^2,$$

woraus man induktiv $\psi(n) = \psi(1)^n$ für alle $n \in \mathbb{Z}^+$ folgern kann. Zudem ist nach Aufgabe 4.1 b) $\psi(-k) = \psi(k)^{-1}$ (beachte, dass in $(\mathbb{Z}, +)$ das Inverse von k als $-k$ geschrieben wird), und wir erhalten für $k > 0$

$$\psi(-k) = \psi(k)^{-1} = \left(\psi(1)^k\right)^{-1} = \psi(1)^{-k}.$$

(Im letzten Schritt wurde $(x^k)^{-1} = x^{-k}$ verwendet.) Somit gilt $\psi(n) = \psi(1)^n$ auch für negative $n = -k < 0$, mithin für alle $n \in \mathbb{Z}$ (für $n = 0$ ist $\psi(0) = e = g^0$). Definieren wir nun $g := \psi(1)$, dann ergibt sich

$$\psi(n) = \psi(1)^n = g^n = \varphi_g(n) \quad \text{für alle } n \in \mathbb{Z},$$

also ist wie behauptet $\psi = \varphi_g$. $\square$

L 4.6   Wir zeigen $\varphi(g^n) = \varphi(g)^n$ zunächst für alle $n \geqslant 0$ durch vollständige Induktion über n.

Induktionsanfang: $\varphi(g^0) = \varphi(e_G) = e_H = \varphi(g)^0$, passt!

Gelte nun $\varphi(g^n) = \varphi(g)^n$ für ein $n \in \mathbb{N}_0$ (Induktionsvoraussetzung IV). Dann folgt

$$\varphi(g^{n+1}) = \varphi(g^n \cdot g) = \varphi(g^n)\varphi(g) \stackrel{\text{IV}}{=} \varphi(g)^n\varphi(g) = \varphi(g)^{n+1},$$

was den Induktionsschritt besiegelt.

Für negatives n folgt nach Definition von Potenzen mit negativer Hochzahl

$$\varphi(g^n) \stackrel{\text{def}}{=} \varphi\left((g^{-1})^{-n}\right) \stackrel{(\star)}{=} \varphi\left(g^{-1}\right)^{-n} \stackrel{4.1b)}{=} \left(\varphi(g)^{-1}\right)^{-n} \stackrel{\text{def}}{=} \varphi(g)^n.$$

In $(\star)$ wurde das eben bewiesene Gesetz angewendet, was aufgrund von $-n > 0$ zulässig ist. Im letzten Schritt ging $(x^{-1})^{-n} = x^n$ ein, was nichts anderes als die (rückwärts gelesene) Definition von x^n für $n < 0$ darstellt.   □

$\boxed{\text{L}}$ **4.7**   Siehe Lösung 2.18; nur der Begriff „Homomorphismus" fehlte damals.

$\boxed{\text{L}}$ **4.8**   Beweis von Satz 4.1.

(1) Wir überprüfen das Untergruppenkriterium (U) aus Aufgabe 2.3 für $\ker\varphi$ und $\operatorname{im}\varphi$. Zunächst ist $\ker\varphi \neq \varnothing$, da nach Aufgabe 4.1 a) stets $e_G \in \ker\varphi$ gilt. Sind $a, b \in \ker\varphi$, so folgt aus der Homomorphieeigenschaft von φ zusammen mit Aufgabe 4.1 b)

$$\varphi(ab^{-1}) = \varphi(a)\varphi(b^{-1}) = \varphi(a)\varphi(b)^{-1} = e_H e_H^{-1} = e_H,$$

also liegt auch ab^{-1} in $\ker\varphi$, d.h. es gilt $\ker\varphi \leqslant G$.

Aufgrund von $G \neq \varnothing$ ist das Bild von φ nicht leer. Liegen x und y in $\operatorname{im}\varphi$, dann gibt es nach Definition des Bildes Elemente $a, b \in G$ mit $x = \varphi(a)$ und $y = \varphi(b)$, und es folgt wie oben

$$xy^{-1} = \varphi(a)\varphi(b)^{-1} = \varphi(a)\varphi(b^{-1}) = \varphi(ab^{-1}) \in \operatorname{im}\varphi.$$

Somit ist $\operatorname{im}\varphi$ eine Untergruppe von H.   □

(2) „⇒": Es sei φ injektiv und $a \in \ker \varphi$. Dann ist $\varphi(a) = e_H = \varphi(e_G)$ und die Injektivität von φ erzwingt $a = e_G$. Folglich ist $\ker \varphi = \{e_G\}$.

„⇐": Sei umgekehrt der Kern von φ trivial. Für die Injektivität von φ müssen wir zeigen, dass aus $\varphi(a) = \varphi(b)$ stets $a = b$ folgt. Multiplizieren wir $\varphi(b) = \varphi(a)$ beidseitig mit $\varphi(b)^{-1}$, so ergibt sich

$$e_H = \varphi(a)\varphi(b)^{-1} = \varphi(a)\varphi(b^{-1}) = \varphi(ab^{-1}),$$

d.h. $ab^{-1} \in \ker \varphi = \{e_G\}$. Somit muss $ab^{-1} = e_G$, also $a = b$ sein. $\square$

(3) Dies ist klar nach Definition von Surjektivität.

$\boxed{\text{L}}$ **4.9** Erinnere dich an die Definition des Urbildes:

$$\varphi^{-1}(K) = \{\, g \in G \mid \varphi(g) \in K \,\}.$$

Achtung: Niemand behauptet hier, dass φ bijektiv und φ^{-1} seine Umkehrabbildung wäre! $\varphi^{-1}(K)$ ist lediglich eine Schreibweise für das Urbild von K unter φ, ganz egal, ob φ umkehrbar ist oder nicht.

Aufgrund von $\varphi(e_G) = e_H \in K$ liegt e_G in $\varphi^{-1}(K)$, d.h. das Urbild ist jedenfalls schon mal nicht die leere Menge. Sind nun $a, b \in \varphi^{-1}(K)$, so gilt $\varphi(a), \varphi(b) \in K$, woraus $\varphi(a)\varphi(b)^{-1} \in K$ folgt, denn für K gilt das Untergruppenkriterium (U). Dank Aufgabe 4.1 b) und der Homomorphie von φ ist aber

$$K \ni \varphi(a)\varphi(b)^{-1} = \varphi(a)\varphi(b^{-1}) = \varphi(ab^{-1}).$$

Dies zeigt $\varphi(ab^{-1}) \in K$ und damit $ab^{-1} \in \varphi^{-1}(K)$, also ist $\varphi^{-1}(K)$ laut dem Untergruppenkriterium (U) tatsächlich eine Untergruppe von G. $\square$

$\boxed{\text{L}}$ **4.10** Zu Aufgabe 4.2: Offensichtlich besteht $\ker \varphi$ nur aus der Matrix A_0, welche die Einheitsmatrix E_2 ist, d.h. φ besitzt trivialen Kern und ist daher monomorph. Ebenso offensichtlich ist im $\varphi = \mathbb{K}$, weil bei den Matrizen der Form A_a jeder Wert $a \in \mathbb{K}$ zugelassen ist. Somit ist φ auch epimorph, also insgesamt ein Isomorphismus von H nach $\mathbb{K}$.

Zu Aufgabe 4.3: (Es sei G abelsch, damit φ homomorph ist[5].) Der Kern von φ besteht aus allen Elementen mit $g^2 = e$, also aus e und den Elementen der Ordnung 2. Das Bild im $\varphi = \{\, h \in G \mid h = \varphi(g) = g^2$ für ein $g \in G \,\}$ enthält alle Elemente von G, die eine Quadratwurzel besitzen.

Zu Aufgabe 4.4: Fassen wir die e-Funktion exp als Homomorphismus von $G = (\mathbb{R}, +)$ nach $H = (\mathbb{R}^+, \cdot)$ auf, so ist $e^x = 1$ nur für $x = 0$ erfüllt, d.h. ker exp $= \{0\}$, weshalb exp ein Monomorphismus ist. In der Analysis lernt man, dass exp auch surjektiv ist, also im exp $= \mathbb{R}^+$ gilt. Somit ist exp ein Isomorphismus von $(\mathbb{R}, +)$ nach $(\mathbb{R}^+, \cdot)$.
Die komplexe e-Funktion $\exp_{\mathbb{C}} \colon (\mathbb{C}, +) \to (\mathbb{C}^*, \cdot)$ hingegen ist zwar noch surjektiv, aber nicht mehr injektiv, da nun ker $\exp_{\mathbb{C}} = 2\pi i\, \mathbb{Z}$ gilt (siehe komplexe Analysis).

Zu Aufgabe 4.5 b): Es ist ker $\varphi_g = \{\, k \in \mathbb{Z} \mid g^k = e \,\}$. Man kann zeigen, dass dies genau die von $n = \mathrm{ord}(g)$ erzeugte Untergruppe von $\mathbb{Z}$ ist. Das Bild im $\varphi_g = \{\, g^k \mid k \in \mathbb{Z} \,\} =: \langle\, g \,\rangle$ ist die von g erzeugte Untergruppe von G.

Zu Aufgabe 4.7: Wir bestimmen den Kern von $\lambda \colon G \to S(G)$, $g \mapsto \ell_g$. Gilt $g \in \ker \lambda$, d.h. $\lambda(g) = \mathrm{id}_G$, so bedeutet dies $\ell_g = \mathrm{id}_G$, was nur für $g = e$ möglich ist, denn für $g \neq e$ ist $\ell_g(e) = g \cdot e = g \neq e = \mathrm{id}_G(e)$. Folglich ist ker λ trivial und λ ist injektiv. Über das Bild von λ können wir nur sagen, dass es aus allen Linkstranslationen besteht. Ist $|G| = n > 1$, so ist $|S(G)| = n!$, weshalb λ in diesem Fall nicht surjektiv ist, da es nur n verschiedene Linkstranslationen gibt.

$\boxed{\text{L}}$ **4.11**   (1) Reflexivität: $G \cong G$, z.B. via id_G, also $G \sim G$.

---

[5]Natürlich kann man Kern und Bild auch für beliebige Abbildungen, die keine Homomorphismen sind, angeben. Dann sind sie in der Regel aber keine Untergruppen mehr.

(2) Symmetrie: Ist $G \sim H$, also $G \cong H$, dann gibt es einen Isomorphismus $\varphi \colon G \to H$. Nach Satz 4.2 ist dessen Umkehrabbildung $\varphi^{-1} \colon H \to G$ ebenfalls ein Isomorphismus, und es folgt $H \sim G$.

(3) Transitivität: Es sei $G \sim H$ und $H \sim K$ mit Isomorphismen $\varphi \colon G \to H$ und $\psi \colon H \to K$. Dann ist die Komposition $\kappa = \psi \circ \varphi \colon G \to K$ ein Isomorphismus, denn als Verkettung bijektiver Abbildungen ist κ wieder bijektiv und die Homomorphie-Eigenschaft folgt mühelos aus

$$\kappa(gg') = (\psi \circ \varphi)(gg') = \psi(\varphi(gg')) = \psi(\varphi(g)\varphi(g'))$$
$$= \psi(\varphi(g))\psi(\varphi(g')) = \kappa(g)\kappa(g')$$

für alle $g, g' \in G$. Folglich ist $G \sim K$. $\qquad\square$

$\boxed{\text{L}}$ **4.12**   Eigenschaften isomorpher Gruppen.

(1) Da φ bijektiv ist, gilt $|G| = |\varphi(G)| = |H|$. Aufgrund von $|D_4| = 8 \neq 24 = |S_4|$ kann D_4 nicht isomorph zu S_4 sein.

(2) Zunächst stellt φ eine 1:1-Beziehung zwischen den Elementen von G und H her (a wird zu $\varphi(a)$ etc.) und die Beziehung $\varphi(ab) = \varphi(a)\varphi(b)$ garantiert dann, dass man in H auf gleiche Weise verknüpft wie in G. Deshalb besitzen G und H dieselbe Gruppentafel (bis auf die Namen der Elemente).

(3) Folgt sofort aus (2), da die Gruppentafel von H symmetrisch ist, wenn die von G es ist.
Alternativ: Sind $h, h' \subset H$ beliebig, so gibt es (eindeutige) $g, g' \in G$ mit $h = \varphi(g)$ und $h' = \varphi(g')$. Da G kommutativ ist, folgt

$$hh' = \varphi(g)\varphi(g') = \varphi(gg') = \varphi(g'g) = \varphi(g')\varphi(g) = h'h,$$

also ist auch H abelsch. Da $\mathbb{Z}_6$ im Gegensatz zu S_3 abelsch ist, gilt $\mathbb{Z}_6 \not\cong S_3$.

(4) Es sei $g \in G$ ein Element der Ordnung n. Wir zeigen, dass dann auch $\varphi(g)$ die Ordnung n besitzt. Da die Elemente von

G und H durch φ in einer 1:1-Beziehung zueinander stehen, folgt daraus die Aussage.

Nach Aufgabe 4.6 gilt $\varphi(g^n) = \varphi(g)^n$ für alle $n \in \mathbb{N}$, also:

$$\varphi(g)^n = \varphi(g^n) = \varphi(e_G) = e_H.$$

Zudem ist $\varphi(g)^k \neq e_H$ für alle $1 \leqslant k < n$, denn sonst wäre $e_H = \varphi(g)^k = \varphi(g^k)$, also $g^k = e_G$ aufgrund der Injektivität von φ. Dies ist aber nicht möglich wegen $k < n = \mathrm{ord}(g)$. Somit ist gezeigt, dass $\mathrm{ord}(\varphi(g)) = n$ gilt.

Die Nebenklasse $\overline{1} \in \mathbb{Z}_4$ besitzt Ordnung 4 (da 4 die kleinste natürliche Zahl n mit $n \cdot \overline{1} = \overline{0}$ ist), während alle nicht trivialen Elemente von $\mathbb{Z}_2 \times \mathbb{Z}_2$ Ordnung 2 besitzen. Somit folgt $\mathbb{Z}_4 \not\cong \mathbb{Z}_2 \times \mathbb{Z}_2$.

Nach Beispiel 3.8 besitzt die Quaternionengruppe Q_8 sechs Elemente der Ordnung 4, dies sind vier mehr als in der D_4 (nur $r_{90°}$ und $r_{270°}$ sind von Ordnung 4), also ist $Q_8 \not\cong D_4$.

(5) Wir zeigen, dass $\varphi(g)$ ein Erzeuger von H ist: Da φ surjektiv ist, folgt unter Verwendung von Aufgabe 4.6

$$H = \varphi(G) = \{\, \varphi(g^k) \mid k \in \mathbb{Z} \,\} = \{\, \varphi(g)^k \mid k \in \mathbb{Z} \,\} = \langle\, \varphi(g) \,\rangle.$$

$\mathbb{Z}_4$ wird von $\overline{1}$ erzeugt: $\mathbb{Z}_4 = \{\, k \cdot \overline{1} \mid k \in \mathbb{Z} \,\} = \{\, \overline{0}, \overline{1}, \overline{2}, \overline{3} \,\}$. $\mathbb{Z}_2 \times \mathbb{Z}_2$ hingegen kann als Gruppe der Ordnung 4 von keinem seiner Elemente allein erzeugt werden, da diese wie bereits gesagt höchstens Ordnung 2 besitzen. Folglich können beide Gruppen nicht isomorph sein.

L **4.13**   Laut Lösung 2.17 gilt $Z_n = \{\, r^k \mid 0 \leqslant k \leqslant n-1 \,\}$ und $|Z_n| = n$. Somit ist

$$\varphi \colon Z_n \to \mathbb{Z}_n, \quad r^k \mapsto \overline{k},$$

eine offenbar bijektive Abbildung, die aufgrund von

$$\varphi(r^k \cdot r^\ell) = \varphi(r^{k+\ell}) = \overline{k+\ell} = \overline{k} + \overline{\ell} = \varphi(r^k) + \varphi(r^\ell)$$

auch homomorph, insgesamt also ein Isomorphismus ist. $\square$

$\boxed{\text{L}}$ **4.14**   Um einen Bezug von $G = \mathrm{GL}_2(\mathbb{F}_2)$ zur S_3 herzustellen, müssen wir überlegen, auf welcher dreielementigen Menge die Matrizen aus G als Permutationen wirken könnten. Was wäre da natürlicher, als Vektoren aus $V = \mathbb{F}_2^{\,2}$ zu betrachten – und wie der Zufall so will, gibt es genau drei von Null verschiedene Vektoren in V (der Nullvektor ist uninteressant, da er von jeder Matrix auf sich selbst abgebildet wird):

$$x_1 = \begin{pmatrix} 1 \\ 0 \end{pmatrix}, \quad x_2 = \begin{pmatrix} 0 \\ 1 \end{pmatrix}, \quad x_3 = \begin{pmatrix} 1 \\ 1 \end{pmatrix}.$$

Da eine Matrix $A \in G$ invertierbar ist, ist die ihr zugeordnete Abbildung $V \to V$, $x \mapsto A \cdot x$ (Matrix-Vektor-Produkt), bijektiv. Insbesondere gilt $A \cdot x_i \neq 0$ für alle $i = 1, 2, 3$ (sonst wäre aufgrund von $A \cdot 0 = 0$ die Injektivität verletzt), d.h. jedes A bildet die Menge $M = \{\, x_1, x_2, x_3 \,\}$ auf sich selbst ab, natürlich weiterhin bijektiv. Somit können wir eine Abbildung von G nach S_3 definieren, indem wir jeder Matrix die Permutation zuordnen, die sie auf M bewirkt:

$$\pi \colon \mathrm{GL}_2(\mathbb{F}_2) \to S_3, \quad A \mapsto \pi_A = \begin{pmatrix} x_1 & x_2 & x_3 \\ A \cdot x_1 & A \cdot x_2 & A \cdot x_3 \end{pmatrix}.$$

Ist z.B. $A = \left(\begin{smallmatrix} 1 & 1 \\ 0 & 1 \end{smallmatrix}\right)$, so erhalten wir (nachrechnen!) $A \cdot x_1 = x_1$, $A \cdot x_2 = x_3$ und $A \cdot x_3 = x_2$, d.h. es ist

$$\pi_A = \begin{pmatrix} x_1 & x_2 & x_3 \\ x_1 & x_3 & x_2 \end{pmatrix},$$

was wir als die Transposition $\pi_A = (2\ 3) \in S_3$ auffassen.
Homomorphic-Eigenschaft von π: Um die Wirkung der Permutation $\pi(A \cdot B) = \pi_{A \cdot B}$ auf ein x_i zu bestimmen, muss man $(A \cdot B) \cdot x_i$ berechnen, was dasselbe wie $A \cdot (B \cdot x_i)$ ist. Man schaut also, wohin A den Vektor $B \cdot x_i$ schickt. Genau das macht aber auch die Komposition $\pi_A \circ \pi_B$, wenn man sie auf x_i anwendet. Somit gilt für alle $A, B \in G$

$$\pi(A \cdot B)(x_i) = \pi_{A \cdot B}(x_i) = (\pi_A \circ \pi_B)(x_i) \quad \text{für alle } i = 1, 2, 3,$$

sprich $\pi(A \cdot B) = \pi_A \circ \pi_B$, d.h. π ist homomorph.
Die Bijektivität von π kann man auf zwei Arten nachweisen.

(1) Elegant: Es ist $\ker \pi = \{E\}$, denn nur die Einheitsmatrix E lässt alle drei Vektoren x_i unbewegt, d.h. wirkt als identische Permutation id. Somit ist π injektiv, und aufgrund von $|G| = |\mathrm{GL}_2(\mathbb{F}_2)| = 6$ folgt $|\pi(G)| = 6$, was wegen $|S_3| = 6$ die Surjektivität von π liefert. □

(2) Holzhammer: Man nimmt sich alle 6 Matrizen aus G vor (siehe Aufgabe 3.12), bestimmt ihre Bilder unter π und stellt fest, dass hierbei tatsächlich genau die Elemente von S_3 herauskommen. Führe dies durch, außer das Wetter ist gerade zu schön.

$\boxed{\mathbf{L}}$ **4.15**　Wohldefiniertheit von φ: Aufgrund von $-1 \notin G$ gilt $0 \notin \operatorname{im}\varphi$ und somit $\operatorname{im}\varphi \subseteq \mathbb{Q}^*$. Zudem ist φ bijektiv, da seine Umkehrabbildung durch $\varphi^{-1}\colon \mathbb{Q}^* \to G$, $a \mapsto a - 1$, gegeben ist. Auch die Homomorphie lässt sich leicht prüfen: Für $a, b \in G$ ist

$$\varphi(a \star b) = \varphi(a + b + ab) = a + b + ab + 1 = (a+1) \cdot (b+1)$$
$$= \varphi(a) \cdot \varphi(b).$$

$(\mathbb{Q}^*, \cdot)$ und $(\mathbb{Q}, +)$ hingegen können nicht isomorph sein, da sie aufgrund von

$$|\mathbb{Q}^*| = |\mathbb{Q} \setminus \{0\}| = \infty - 1 \neq \infty = |\mathbb{Q}|.$$

nicht dieselbe Ordnung besitzen. Ich mach doch nur Spaß... :) Natürlich sind beide Gruppen von abzählbar unendlicher Ordnung. Der wahre Grund ist, dass es in $(\mathbb{Q}^*, \cdot)$ ein Element der Ordnung 2 gibt: $g = -1$ ist verschieden von $1 = e_{\mathbb{Q}^*}$ und erfüllt $g^2 = (-1)^2 = 1$. In $(\mathbb{Q}, +)$ gibt es offenbar kein Element $g \neq 0 = e_{\mathbb{Q}}$ mit $2g = 0$ (bei additiven Gruppen schreibt man g^2 als $2g$). Nach Aufgabe 4.12 (4) folgt $\mathbb{Q}^* \not\cong \mathbb{Q}$.

$\boxed{\mathbf{L}}$ **4.16**　Das wohl einfachste Beispiel einer unendlichen Gruppe G ist $(\mathbb{Z}, +)$. Die geraden Zahlen, $H = 2\mathbb{Z} = \{2k \mid k \in \mathbb{Z}\}$, sind eine echte Untergruppe von $\mathbb{Z}$ (Untergruppenkriterium: Für $2k, 2\ell \in H$ ist auch $2k - 2\ell = 2(k - \ell) \in H$), die vermöge der Abbildung

$$\varphi\colon \mathbb{Z} \to 2\mathbb{Z}, \quad k \mapsto 2k,$$

isomorph zu $\mathbb{Z}$ ist. Denn φ ist offenbar bijektiv ($\varphi^{-1}\colon 2\mathbb{Z} \to \mathbb{Z}$ ist Multiplikation mit $\frac{1}{2}$) und homomorph, da $\varphi(k + \ell) = 2(k + \ell) = 2k + 2\ell = \varphi(k) + \varphi(\ell)$ gilt.

$\boxed{\text{L}}$ **4.17** Zur Automorphismengruppe.

a) Zunächst ist die Komposition $\circ$ eine innere Verknüpfung auf $\operatorname{Aut}(G)$, da die Komposition zweier Automorphismen von G wieder ein Automorphismus von G ist (Beweis: siehe Lösung 4.11 (3) mit $G = H = K$). Gruppenaxiome: Die Komposition von Abbildungen ist assoziativ, id_G (was offensichtlich ein Automorphismus von G ist) ist das Neutralelement von $\operatorname{Aut}(G)$ und jedes $\varphi \in \operatorname{Aut}(G)$ besitzt einen inversen Automorphismus $\varphi^{-1} \in \operatorname{Aut}(G)$, denn nach Satz 4.2 ist die Umkehrabbildung von φ selbst wieder homomorph.

b) Durch Einfügen eines nahrhaften $e = g^{-1}g$ sieht man, dass Konjugieren ein Homomorphismus ist: Für $x, y \in G$ gilt

$$\kappa_g(xy) = g(xy)g^{-1} = gxg^{-1}gyg^{-1} = \kappa_g(x)\kappa_g(y).$$

Die Bijektivität von κ_g folgt daraus, dass $\kappa_{g^{-1}}$ seine Umkehrabbildung ist:

$$(\kappa_g \circ \kappa_{g^{-1}})(x) = \kappa_g(g^{-1}x(g^{-1})^{-1}) = g(g^{-1}xg)g^{-1}$$

$$= x = \operatorname{id}_G(x)$$

für beliebige $x \in G$, also gilt $\kappa_g \circ \kappa_{g^{-1}} = \operatorname{id}_G$. Analog sieht man $\kappa_{g^{-1}} \circ \kappa_g = \operatorname{id}_G$.

c) Es ist $\operatorname{id}_G = \kappa_e \in \operatorname{Inn}(G)$, also ist $\operatorname{Inn}(G) \neq \varnothing$. Für zwei innere Automorphismen $\kappa_g, \kappa_h \in \operatorname{Inn}(G)$ gilt

$$(\kappa_g \circ \kappa_h^{-1})(x) = (\kappa_g \circ \kappa_{h^{-1}})(x) = \kappa_g(h^{-1}xh)$$

$$= gh^{-1}xhg^{-1} = gh^{-1}x(gh^{-1})^{-1} = \kappa_{gh^{-1}}(x),$$

wobei beim Zeilenumbruch die Identität $(ab)^{-1} = b^{-1}a^{-1}$ in Gestalt von $(gh^{-1})^{-1} = (h^{-1})^{-1}g^{-1} = hg^{-1}$ einging. Somit ist $\kappa_g \circ \kappa_h^{-1} = \kappa_{gh^{-1}} \in \mathrm{Inn}(G)$ und das Untergruppenkriterium liefert $\mathrm{Inn}(G) \leqslant \mathrm{Aut}(G)$.

In abelschen Gruppen G gilt stets $gxg^{-1} = xgg^{-1} = x$, so dass hier jeder innere Automorphismus trivial ist, d.h. $\mathrm{Inn}(G) = \{\mathrm{id}_G\}$.

$\boxed{\text{L}}$ **4.18**   Wir bezeichnen die Elemente von $G = \mathbb{Z}_2 \times \mathbb{Z}_2$ mit

$$0 = (\overline{0}, \overline{0}), \quad g_1 = (\overline{1}, \overline{0}), \quad g_2 = (\overline{0}, \overline{1}), \quad g_3 = (\overline{1}, \overline{1}).$$

Die entscheidende Erkenntnis ist, dass ein $\varphi \in \mathrm{Aut}(G)$ das Neutralelement 0 stets fest lässt, und dass φ deshalb durch seine Wirkung auf den drei Elementen g_1, g_2 und g_3 aus $G \setminus \{0\}$ bereits eindeutig festgelegt ist. Somit kann es maximal $3! = 6$ Automorphismen von G geben, da es nur so viele Bijektionen von $G \setminus \{0\}$ auf sich selbst gibt. Nun gibt jede Permutation aus S_3 Anlass zu einer Bijektion von G auf sich, indem sie einfach die g_is vertauscht (und 0 fest lässt). Wir können also eine Abbildung definieren durch

$$\varphi \colon S_3 \to \mathrm{Bij}(G), \quad \pi \mapsto \varphi_\pi = \begin{pmatrix} 0 & g_1 & g_2 & g_3 \\ 0 & g_{\pi(1)} & g_{\pi(2)} & g_{\pi(3)} \end{pmatrix}.$$

So wird z.B. $\pi = (1\ 2)$ auf die Bijektion von G abgebildet, die durch

$$\varphi_{(1\ 2)} = \begin{pmatrix} 0 & g_1 & g_2 & g_3 \\ 0 & g_2 & g_1 & g_3 \end{pmatrix}$$

gegeben ist. φ_π ist offensichtlich bijektiv; die Frage ist nur, ob φ_π für jedes $\pi \in S_3$ auch ein Homomorphismus ist? Da die 0 auf die 0 geht, bleibt nur noch

$$\varphi_\pi(g_i + g_j) = \varphi_\pi(g_i) + \varphi_\pi(g_j) \quad \text{für alle } i, j \in \{1, 2, 3\}$$

zu prüfen. Da wir uns in $G = \mathbb{Z}_2 \times \mathbb{Z}_2$ befinden, gilt für $i = j$ stets $g_i + g_i = 2g_i = 0$, was dasselbe wie $\varphi_\pi(g_i) + \varphi_\pi(g_i) = 2\varphi_\pi(g_i) = 0$ ist. Für $i \neq j$ gilt $g_i + g_j = g_k$ $(\star)$ mit $k \neq i, j$ (überprüfe dies), also $\varphi_\pi(g_i + g_j) = \varphi_\pi(g_k) = g_{\pi(k)}$. Weiter ist $\varphi_\pi(g_i) + \varphi_\pi(g_j) = g_{\pi(i)} + g_{\pi(j)}$, was aber aufgrund der Bijektivität von π kombiniert mit $(\star)$ gerade $g_{\pi(k)}$ ergibt. Folglich ist φ tatsächlich ein Homomorphismus, sprich $\varphi_\pi \in \mathrm{Aut}(G)$.

Somit haben wir eine Abbildung $\varphi\colon S_3 \to \mathrm{Aut}(G)$, $\pi \mapsto \varphi_\pi$, konstruiert, die leicht als Homomorphismus zu erkennen ist. Mache dir selbst klar, warum $\varphi_{\pi \circ \sigma}$ dieselbe Abbildung wie $\varphi_\pi \circ \varphi_\sigma$ ist! Dieses φ ist injektiv, da $\ker\varphi$ nur aus id_{S_3} besteht, und es folgt $|\mathrm{im}\,\varphi| = |S_3| = 6$. Da wir oben bereits $|\mathrm{Aut}(G)| \leqslant 6$ erkannt haben, wissen wir nun sogar $|\mathrm{Aut}(G)| = 6$ und es folgt die Surjektivität von φ. Insgesamt ist φ ein Isomorphismus von S_3 nach $\mathrm{Aut}(G) = \mathrm{Aut}(\mathbb{Z}_2 \times \mathbb{Z}_2)$. $\qquad\square$

Elegantere Lösung (setzt Kenntnisse der Linearen Algebra voraus): Da $\mathbb{Z}_2 = \mathbb{F}_2$ ein Körper ist, lässt sich die abelsche Gruppe $G = \mathbb{Z}_2 \times \mathbb{Z}_2$ zum $\mathbb{F}_2$-Vektorraum $V = \mathbb{F}_2^2$ aufpimpen, indem man die Skalarmultiplikation komponentenweise definiert (wir schreiben die Gruppenelemente nun als Spaltenvektoren):

$$\overline{\lambda} \cdot \begin{pmatrix} \overline{x} \\ \overline{y} \end{pmatrix} := \begin{pmatrix} \overline{\lambda} \cdot \overline{x} \\ \overline{\lambda} \cdot \overline{x} \end{pmatrix} = \begin{pmatrix} \overline{\lambda x} \\ \overline{\lambda y} \end{pmatrix}.$$

Da $\mathbb{F}_2$ nur aus den Elementen $\overline{0}$ und $\overline{1}$ besteht, bedeutet dies hier konkret

$$\overline{0} \cdot v = \begin{pmatrix} \overline{0} \\ \overline{0} \end{pmatrix} = 0_V \quad \text{und} \quad \overline{1} \cdot v = v$$

für alle $v \in V$. Jetzt kommt's: Ein Automorphismus $\varphi \in \mathrm{Aut}(G)$ der Gruppe G erfüllt nicht nur $\varphi(v + w) = \varphi(v) + \varphi(w)$, sondern trivialerweise auch

$$\varphi(\overline{\lambda} \cdot v) = \overline{\lambda} \cdot \varphi(v) \quad \text{für alle } \overline{\lambda} \in \mathbb{F}_2 \text{ und } v \in V,$$

denn $\varphi(\overline{0} \cdot v) = \varphi(0) = 0 = \overline{0} \cdot v$ (da φ G-homomorph ist) und $\varphi(\overline{1} \cdot v) = \overline{1} \cdot \varphi(v)$, da dies lediglich $\varphi(v) = \varphi(v)$ bedeutet. Ein G-Automorphismus ist hier also dasselbe wie ein $\mathbb{F}_2$-Vektorraumisomorphismus von V, d.h.

$$\mathrm{Aut}(G) = \mathrm{GL}(V) \cong \mathrm{GL}_2(\mathbb{F}_2)$$

(via Basiswahl), und mit $\mathrm{GL}_2(\mathbb{F}_2) \cong S_3$ (Aufgabe 4.14) folgt $\mathrm{Aut}(G) \cong S_3$. $\qquad\square$

9.5   Lösungen zu Kapitel 5

$\boxed{\text{L}}$ **5.1**   Unter Beachtung von $\overline{3} = \overline{0}$ erhält man

$$\overline{0} + H = \{\,\overline{1},\overline{2}\,\}, \quad \overline{1} + H = \{\,\overline{2},\overline{0}\,\}, \quad \overline{2} + H = \{\,\overline{0},\overline{1}\,\}.$$

Sie sind nicht paarweise disjunkt und bilden deshalb keine Partition von $\mathbb{Z}_3$.

$\boxed{\text{L}}$ **5.2**   Wir bestimmen in $G = S_3$ alle Nebenklassen der von $\sigma = (1\ 2\ 3)$ erzeugten Untergruppe

$$H = \langle\,\sigma\,\rangle = \{\,\mathrm{id}, \sigma, \sigma^2\,\} = \{\,\mathrm{id}, (1\ \ 2\ \ 3), (1\ \ 3\ \ 2)\,\} = A_3$$

(siehe Beispiel 3.4). Zunächst ist $\pi A_3 = A_3$ für jedes $\pi \in A_3$ (Korollar 5.1). Für die Transposition $\tau = (1\ 2)$ sieht man durch explizites Nachrechnen

$$\tau A_3 = \{\,\tau\,\mathrm{id}, \tau\sigma, \tau\sigma^2\,\} = \{\,(1\ \ 2), (2\ \ 3), (1\ \ 3)\,\}.$$

Somit gilt

$$S_3 = A_3 \,\dot{\cup}\, \tau A_3,$$

d.h. wir haben bereits alle verschiedenen Nebenklassen gefunden. $(\,\mathrm{id}, \tau\,)$ ist ein vollständiges Repräsentantensystem der Nebenklassen, d.h. A_3 ist vom Index 2.

$\boxed{\text{L}}$ **5.3**   Da die Rotation des Quadrats um $90°$ die Ordnung 4 besitzt, gilt

$$H = \langle\,r\,\rangle = \{\,\mathrm{id}, r, r^2, r^3\,\} \quad \text{mit } |H| = 4.$$

Die Nebenklasse einer beliebigen Spiegelung $s \in D_4$ ist

$$sH = \{\,s, sr, sr^2, sr^3\,\}.$$

Da offenbar $s \notin H$ ist (Spiegelungen sind keine Rotationen), muss $H \cap sH = \varnothing$ sein, da verschiedene Neben- also Äquivalenzklassen stets disjunkt sind. Es ist ebenfalls $|sH| = 4$, denn wäre $sr^i = sr^j$

für $i, j \in \{0, \ldots, 3\}$ mit $i \neq j$, so folgte $r^i = r^j$ durch Multiplikation mit s (beachte $s^2 = \mathrm{id}$), im Widerspruch zu $|H| = 4$. (Schneller folgt dies durch Vorgriff auf Lemma 5.2.) Da D_4 aus 8 Elementen besteht, gilt somit bereits

$$D_4 = H \cup sH = \langle\, r\,\rangle \cup s\langle\, r\,\rangle,$$

und der Index von $H = \langle\, r\,\rangle$ in $G = D_4$ beträgt 2.

$\boxed{\text{L}}$ **5.4**   Da die Inversion[6] inv bijektiv ist (Aufgabe 2.10), gilt

$$G = \mathrm{im\,inv} = \mathrm{inv}(G) = \{\, g^{-1} \mid g \in G\,\} =: G^{-1}.$$

Ebenfalls gilt $H^{-1} = H$, da H als Untergruppe abgeschlossen unter Inversenbildung ist, und für beliebiges $g \in G$ erhalten wir

$$\begin{aligned}
(gH)^{-1} &= \{\, (gh)^{-1} \mid h \in H\,\} = \{\, h^{-1}g^{-1} \mid h \in H\,\} \\
&= H^{-1}g^{-1} = Hg^{-1}.
\end{aligned}$$

Mit der Linksnebenklassenzerlegung $G = \biguplus_{i \in I} g_i H$ folgt

$$G = G^{-1} = \left(\biguplus_{i \in I} g_i H \right)^{-1} \overset{(\star)}{=} \biguplus_{i \in I} (g_i H)^{-1} = \biguplus_{i \in I} H g_i^{-1}.$$

Entscheidend geht dabei in $(\star)$ ein, dass inv als bijektive Abbildung disjunkte Vereinigungen erhält[7]! Somit ist $(g_i^{-1})_{i \in I}$ ein vollständiges Repräsentantensystem der Rechtsnebenklassen von H, d.h. man kann als Rechts-Indexmenge J ebenfalls I wählen, und das bedeutet $|J| = |I|$, also rechter Index = linker Index. $\square$

---

[6]Wir schreiben inv statt i, um Verwechslungen mit dem Laufindex $i \in I$ zu vermeiden.

[7]Wir begründen dies für zwei Mengen: $f(A \cup B) = f(A) \cup f(B)$ für bijektives f. Laut Satz 8.1 (2) gilt $f(A \cup B) = f(A) \cup f(B)$ sogar für beliebige Abbildungen. Gäbe es ein $y \in f(A) \cap f(B)$, so wäre $y = f(a) = f(b)$ mit $a \in A$ und $b \in B$. Aus der Injektivität von f folgt $a = b$, also wäre $a = b \in A \cap B$ im Widerspruch zu $A \cap B = \varnothing$. Somit muss $f(A) \cap f(B) = \varnothing$ sein.

L **5.5**   Ist $H_m \leqslant \mathbb{Z}_{12}$ eine Untergruppe, so muss nach dem Satz von Lagrange ihre Ordnung $|H_m| = m$ ein Teiler von $|\mathbb{Z}_{12}| = 12$ sein, also kommen nur die Zahlen $m \in \{1, 2, 3, 4, 6, 12\}$ als mögliche Untergruppenordnungen in Frage. All diese Möglichkeiten sind in $\mathbb{Z}_{12}$ auch tatsächlich realisiert:

- $H_1 = \{e\}$ und $H_{12} = \mathbb{Z}_{12}$ besitzen Ordnungen 1 bzw. 12.
- $H_2 = \{\overline{0}, \overline{6}\} = \langle \overline{6} \rangle$ besitzt Ordnung 2.
- $H_3 = \{\overline{0}, \overline{4}, \overline{8}\} = \langle \overline{4} \rangle$ besitzt Ordnung 3.
- $H_4 = \{\overline{0}, \overline{3}, \overline{6}, \overline{9}\} = \langle \overline{3} \rangle$ besitzt Ordnung 4.
- $H_6 = \{\overline{0}, \overline{2}, \overline{4}, \overline{6}, \overline{8}, \overline{10}\} = \langle \overline{2} \rangle$ besitzt Ordnung 6.

L **5.6**   Mit der Indexformel aus dem Satz von Lagrange ist dies ein Kinderspiel: Erweitern mit $|K|$ ergibt sofort

$$|G : H| = \frac{|G|}{|H|} = \frac{|G| \cdot |K|}{|H| \cdot |K|} = \frac{|G|}{|K|} \cdot \frac{|K|}{|H|} = |G : K| \cdot |K : H|.$$

Dies ist natürlich nur sinnvoll, wenn alle auftretenden Ordnungen endlich sind (was für $|G| < \infty$ offenbar erfüllt ist).   □

[Für einen allgemeineren Beweis, der auch für unendliche Indizes gilt, muss man die Definition des Index als Mächtigkeit der Indexmenge der Nebenklassenzerlegung heranziehen. Es seien also $G = \biguplus_{i \in I} g_i K$ und $K = \biguplus_{j \in J} k_j H$ die Nebenklassenzerlegungen von G bezüglich K bzw. von K bezüglich H. Dann folgt für G

$$G = \biguplus_{i \in I} g_i K = \biguplus_{i \in I} g_i \left(\biguplus_{j \in J} k_j H \right) \overset{(\star)}{=} \biguplus_{i \in I} \biguplus_{j \in J} (g_i k_j) H = \biguplus_{l \in I \times J} x_l H,$$

wobei wir $x_l = x_{(i,j)} := g_i k_j$ definiert haben. In $(\star)$ ging ein, dass die Linkstranslation ℓ_{g_i} als bijektive Abbildung disjunkte Vereinigungen erhält (siehe Aufgabe 5.4). Das Ergebnis zeigt, dass $(x_l)_{l \in I \times J}$ ein Repräsentantensystem der H-Nebenklassenzerlegung von G ist, also gilt $|G : H| = |I \times J|$. Im Falle endlicher Indizes ergibt sich $|G : H| = |I \times J| = |I| \cdot |J| = |G : K| \cdot |K : H|$.]

L **5.7** Zunächst erinnern wir uns, dass der Schnitt von Untergruppen stets wieder eine Untergruppe ist. Somit gilt $H \cap K \leqslant H$ und $H \cap K \leqslant K$.

a) Nach Lagrange muss demnach $|H \cap K|$ ein Teiler von $|H| = m$ und $|K| = n$ sein, was aufgrund der Teilerfremdheit von m und n nur für $|H \cap K| = 1$, also $H \cap K = \{e\}$ möglich ist.

b) Wieder nach Lagrange teilt $|H \cap K|$ die Ordnung von H (oder K), welche prim ist, also muss $|H \cap K| = 1$ oder p sein. Aufgrund von $H \neq K$ und $|H| = |K| = p$ ist aber $|H \cap K| < p$, d.h. es bleibt wieder nur $|H \cap K| = 1$ und somit $H \cap K = \{e\}$.

9.6 Lösungen zu Kapitel 6

L **6.1** Dies folgt aus Korollar 5.1, wonach für $g \in H$ stets $gH = Hg$ gilt, was nach Anwenden von $r_{g^{-1}}$ in $gHg^{-1} = H$ übergeht.

L **6.2** Sei $g \in G$ beliebig. Wir möchten $gH = Hg$ zeigen, wobei wir nur die Wohldefiniertheit der Multiplikation von Nebenklassen verwenden dürfen. Diese beinhaltet insbesondere, dass für beliebiges $h \in H$ stets

$$eH \cdot gH = hH \cdot gH, \quad \text{also} \quad (eg)H = (hg)H$$

gelten muss, da $eH = hH$ aufgrund von $h \in H$ ist. Mit Lemma 5.1 ist $gH = (hg)H$ gleichbedeutend mit $g^{-1}hg \in H$. Da h beliebig war, zeigt dies $g^{-1}Hg \subseteq H$, und weil dies für alle $g \in G$ gilt (g war ja beliebig), folgt nach Lemma 6.1 (ersetze dort g durch g^{-1}, was wegen $G = G^{-1}$ erlaubt ist) $g^{-1}H = Hg^{-1}$ für alle $g \in G$, was wieder aufgrund von $G = G^{-1}$ äquivalent zu $gH = Hg$ für alle $g \in G$ ist. □

(Will man sich das Rumgemurkse mit $G = G^{-1}$ sparen, so starte man gleich mit der Bedingung $eH \cdot g^{-1}H = hH \cdot g^{-1}H$, die aber dann etwas arg vom Himmel fällt.)

$\boxed{\text{L}}$ **6.3**

a) Da $G = \mathbb{Z}_{12}$ abelsch ist, gilt automatisch $H \lhd G$. Es ist $H = \langle\,\overline{3}\,\rangle = \{\,\overline{0}, \overline{3}, \overline{6}, \overline{9}\,\}$ von der Ordnung 4, also beträgt der Index $|G : H| = \frac{12}{4} = 3$. Deshalb gilt für die Faktorgruppe $G/H \cong \mathbb{Z}_3$, da es bis auf Isomorphie nur eine Gruppe der Ordnung 3 gibt (siehe Aufgabe 2.12). Explizit ist

$$G/H = \mathbb{Z}_{12}/\langle\,\overline{3}\,\rangle = \{\,\overline{0} + \langle\,\overline{3}\,\rangle, \overline{1} + \langle\,\overline{3}\,\rangle, \overline{2} + \langle\,\overline{3}\,\rangle\,\},$$

und die Abbildung $\overline{k} + \langle\,\overline{3}\,\rangle \mapsto \overline{k}$ ist ein Isomorphismus von G/H nach $\mathbb{Z}_3$ (Wohldefiniertheit und Homomorphie selber überprüfen!).

b) Nach Satz 3.5 ist $D_4 = \{\,r^k s^\ell \mid k = 0, 1, 2, 3;\ \ell = 0, 1\,\}$. Aufgrund von $(r^2)^2 = r^4 = \mathrm{id}$ und $r^2 \neq \mathrm{id}$ ist $H = \langle\,r^2\,\rangle = \{\,\mathrm{id}, r^2\,\}$ von Ordnung 2.

Nachweis der Normalteilereigenschaft: Nach Satz 6.5 genügt es, $g r^2 g^{-1} \in \langle\,r^2\,\rangle$ für alle $g = r^k s^\ell \in D_4$ zu prüfen. Da alle Potenzen von r mit r^2 vertauschbar sind ($r^k r^2 = r^{k+2} = r^{2+k} = r^2 r^k$), gilt

$$r^k r^2 (r^k)^{-1} = r^2 r^k (r^k)^{-1} = r^2 \mathrm{id} = r^2 \in \langle\,r^2\,\rangle$$

für alle $k \in \{\,0, 1, 2, 3\,\}$. Bleiben also noch die Spiegelungen der Form $r^k s$ mit $k \in \{\,0, 1, 2, 3\,\}$ zu prüfen. Aus der Vertauschungsrelation $s r^2 = r^{-2} s = r^2 s$ (beachte $r^2 \cdot r^2 = r^4 = \mathrm{id}$, also $r^2 = (r^2)^{-1} = r^{-2}$) zusammen mit $s^{-1} = s$ folgt

$$(s r^k) r^2 (s r^k)^{-1} = s r^k r^2 r^{-k} s^{-1} = s r^2 s^{-1} = r^2 s s^{-1}$$
$$= r^2 \in \langle\,r^2\,\rangle$$

für alle k, und $\langle\,r^2\,\rangle \lhd D_4$ ist damit nachgewiesen.

Die Faktorgruppe D_4/H besitzt die Ordnung $\frac{8}{2} = 4$ und kann demnach isomorph zu $\mathbb{Z}_4$ oder zur Kleinschen Vierergruppe $V_4 = \mathbb{Z}_2 \times \mathbb{Z}_2$ sein (siehe Aufgabe 2.12 und Abschnitt 3.1.3). Um dies zu entscheiden, müssen wir uns die Elemente der Faktorgruppe genauer ansehen. Es gibt die folgenden vier Nebenklassen bezüglich $H = \langle r^2 \rangle$:

$$H = r^2 H = \{ \mathrm{id}, r^2 \},$$

$$rH = r^3 H = \{ r, r^3 \},$$

$$sH = r^2 sH = \{ s, r^2 s \} \quad (\text{verwende } sr^2 = r^2 s),$$

$$rsH = r^3 sH = \{ rs, r^3 s \} \quad (\text{verwende } rsr^2 = r^3 s).$$

Somit ist $D_4/H = \{ H, rH, sH, rsH \}$ und man sieht leicht, dass alle nicht neutralen Elemente von D_4/H Ordnung 2 besitzen, denn z.B. gilt

$$(rsH)^2 = (rs)^2 H = rsrsH = rr^{-1}ssH$$
$$= s^2 H = \mathrm{id}H = H = e_{D_4/H}$$

und analog für rH und sH. Da es in $\mathbb{Z}_4$ Elemente der Ordnung 4 gibt ($\overline{1}$ und $\overline{3}$), kann nach Aufgabe 4.12 D_4/H nicht isomorph zu $\mathbb{Z}_4$ sein, und es folgt

$$D_4/\langle r^2 \rangle \cong V_4 = \mathbb{Z}_2 \times \mathbb{Z}_2.$$

Ein expliziter Isomorphismus ist durch die Zuordnungen

$$H \mapsto (\overline{0}, \overline{0}), \quad rH \mapsto (\overline{1}, \overline{0}), \quad sH \mapsto (\overline{0}, \overline{1}), \quad rsH \mapsto (\overline{1}, \overline{1})$$

gegeben (Homomorphie selber checken).

c) Nach Beispiel 3.8 ist

$$H = \langle I \rangle = \{ E, I, I^2, I^3 \} = \{ \pm E, \pm I \}.$$

Glücklicherweise ist der Index $|Q_8 : H| = \frac{8}{4} = 2$, so dass $H \lhd Q_8$ ohne weitere Mühen direkt aus Satz 6.4 folgt. Die Faktorgruppe Q_8/H ist isomorph zu $\mathbb{Z}_2$, was sonst sollte ihr als Gruppe mit zwei Elementen auch anderes übrig bleiben?

d) Zunächst ist $H = \{ \overline{0} \} \times \mathbb{Z}_2$ normal in $G = \mathbb{Z}_4 \times \mathbb{Z}_2$, weil G kommutativ ist. Aufgrund von $|H| = 2$ und $|G| = |\mathbb{Z}_4| \cdot |\mathbb{Z}_2| =$

8 gibt es $\frac{8}{2} = 4$ Nebenklassen:

$$(\overline{0},\overline{0}) + H = H = \{\,(\overline{0},\overline{0}),(\overline{0},\overline{1})\,\},$$

$$(\overline{1},\overline{0}) + H = \{\,(\overline{1},\overline{0}),(\overline{1},\overline{1})\,\},$$

$$(\overline{2},\overline{0}) + H = \{\,(\overline{2},\overline{0}),(\overline{2},\overline{1})\,\},$$

$$(\overline{3},\overline{0}) + H = \{\,(\overline{3},\overline{0}),(\overline{3},\overline{1})\,\}.$$

(Beachte, dass in $(\overline{k},\overline{l}) \in \mathbb{Z}_4 \times \mathbb{Z}_2$ der erste Querstrich modulo 4 bedeutet, während der zweite als modulo 2 zu lesen ist.) Die Faktorgruppe G/H ist isomorph zu $\mathbb{Z}_4$, denn

$$\varphi \colon G/H \to \mathbb{Z}_4, \quad (\overline{k},\overline{0}) + H \mapsto \overline{k},$$

ist ein (wohldefinierter) Isomorphismus, wie man leicht nachprüft. In der „Bruchschreibweise" kann man sich diesen Sachverhalt leicht einprägen:

$$\text{„}\frac{G}{H} = \frac{\mathbb{Z}_4 \times \mathbb{Z}_2}{\{\,\overline{0}\,\} \times \mathbb{Z}_2} \cong \frac{\mathbb{Z}_4}{\{\,\overline{0}\,\}} \cong \mathbb{Z}_4.\text{"}$$

Es ist also so, als würde man den zweiten Faktor des direkten Produkts, $\mathbb{Z}_2$, einfach „herauskürzen".

e) Es ist $H = \langle A \rangle = \{E, A\}$, da A laut Lösung 3.12 Ordnung 2 besitzt. Konjugieren von A mit $B = \left(\begin{smallmatrix} \overline{0} & \overline{1} \\ \overline{1} & \overline{0} \end{smallmatrix}\right)$ ergibt (beachte $B^{-1} = B$ da $B^2 = E$)

$$BAB^{-1} = \begin{pmatrix} \overline{0} & \overline{1} \\ \overline{1} & \overline{0} \end{pmatrix} \begin{pmatrix} \overline{1} & \overline{1} \\ \overline{0} & \overline{1} \end{pmatrix} \begin{pmatrix} \overline{0} & \overline{1} \\ \overline{1} & \overline{0} \end{pmatrix} = \begin{pmatrix} \overline{1} & \overline{0} \\ \overline{1} & \overline{1} \end{pmatrix} \notin H,$$

also ist $BHB^{-1} \neq H$ und H nicht normal in G.

$\boxed{\text{L}}$ **6.4** Die Homomorphie der kanonischen Projektion folgt direkt aus der Definition der Multiplikation in G/N, denn für alle $g, h \in N$ gilt

$$\pi(gh) = (gh)N \overset{\text{def}}{=} gN \cdot hN = \pi(g) \cdot \pi(h).$$

Surjektiv ist π nach Konstruktion der Faktorgruppe, da eben jedes ihrer Elemente von der Gestalt $gN = \pi(g)$ ist. Und schließlich gilt

$$\ker \pi = \{\, g \in G \mid \pi(g) = e_{G/N} = N \,\} = \{\, g \in G \mid gN = N \,\} = N,$$

wobei im letzten Schritt Korollar 5.1 eingeht.

Ist nun $N \lhd G$ Normalteiler einer Gruppe G, so ist wie eben gezeigt $\pi\colon G \to G/N$ ein Homomorphismus, der N als Kern besitzt, d.h. Normalteiler sind stets Kerne geeigneter Homomorphismen.

$\boxed{\text{L}}$ 6.5

a) Zunächst ist $N_G(H) \neq \varnothing$, da offenbar e in $N_G(H)$ liegt. Sind g, h beliebige Elemente des Normalisators von H in G, so folgt für gh^{-1}

$$(gh^{-1})H(gh^{-1})^{-1} = gh^{-1}Hhg^{-1} = gHg^{-1} = H,$$

wobei verwendet wurde, dass mit $hHh^{-1} = H$ auch $h^{-1}Hh = H$ gilt (wende $\ell_{h^{-1}}$ und r_h an). Dies zeigt $gh^{-1} \in N_G(H)$ und nach dem Untergruppenkriterium ist der Normalisator eine Untergruppe von G.

Zunächst ist $H \leqslant N_G(H)$, da $hHh^{-1} = H$ für jedes $h \in H$ gilt. $H \lhd N_G(H)$ ist klar nach Definition, da ja eben $N_G(H)$ alle Elemente enthält, die H normalisieren. Und ebenso klar ist: $H \lhd G \iff N_G(H) = G$.

b) Es ist $H = \langle \tau \rangle = \{\, \mathrm{id}, \tau \,\}$ mit $\tau = (1\ 2)$. Da stets $g\,\mathrm{id}\,g^{-1} = gg^{-1} = \mathrm{id}$ gilt, ist $gHg^{-1} = H$ genau dann erfüllt, wenn $g\tau g^{-1} = \tau$ gilt ($g\tau g^{-1} = \mathrm{id}$ ist grundsätzlich nicht möglich, da Konjugieren bijektiv ist).

Nach a) ist $H \leqslant N_G(H)$ und mehr Elemente gehören auch nicht zum Normalisator, denn

$$(1\ 3)\tau(1\ 3)^{-1} = (1\ 3)(1\ 2)(1\ 3) = (2\ 3) \neq \tau$$

und analog mit $(2\ 3)$; ebenso ist

$$(1\ 2\ 3)\tau(1\ 2\ 3)^{-1} = (2\ 3) \neq \tau$$

und analog für die Konjugation mit $(1\ 3\ 2)$. Somit ist $N_{S_3}(H) = H$, insbesondere ist H nicht normal in S_3.

$\boxed{\text{L}}$ **6.6**

a) Beweis des Tipps: Äquivalent zu $\pi\,(\,i\ \ j\,)\,\pi^{-1} = (\,\pi(i)\ \pi(j)\,)$ ist $\pi\,(\,i\ \ j\,) = (\,\pi(i)\ \pi(j)\,)\,\pi$, und letzteres ist leicht einzusehen (wenn auch etwas dackelig aufzuschreiben): Eine Ziffer $k \notin \{\,i,j\,\}$ bleibt durch $(\,i\ \ j\,)$ unbewegt, d.h.

$$\big(\pi \circ (\,i\ \ j\,)\big)(k) = \pi(k) = (\,\pi(i)\ \pi(j)\,)(\pi(k))$$
$$= \big((\,\pi(i)\ \pi(j)\,) \circ \pi\big)(k),$$

wobei im zweiten Schritt eingeht, dass $\pi(k) \notin \{\,\pi(i), \pi(j)\,\}$ ist (π ist bijektiv!), und deshalb von $(\,\pi(i)\ \pi(j)\,)$ unbewegt bleibt. Für $k = i$ ergibt sich

$$\big(\pi \circ (\,i\ \ j\,)\big)(i) = \pi(j) = (\,\pi(i)\ \pi(j)\,)(\pi(i))$$
$$= \big((\,\pi(i)\ \pi(j)\,) \circ \pi\big)(i);$$

analog für $k = j$. Dies beweist $\pi \circ (\,i\ \ j\,) = (\,\pi(i)\ \pi(j)\,) \circ \pi$ und damit den Tipp. Unter dessen schamloser Ausnutzung folgt nun für jede Doppeltransposition der V_4 durch Einfügen einer nahrhaften id $= \pi^{-1}\pi$

$$\pi\,(\,i\ \ j\,)(\,k\ \ \ell\,)\,\pi^{-1} = \pi\,(\,i\ \ j\,)\pi^{-1}\pi(\,k\ \ \ell\,)\,\pi^{-1}$$
$$= (\,\pi(i)\ \pi(j)\,)(\,\pi(k)\ \pi(\ell)\,) \in V_4,$$

denn das Ergebnis ist offensichtlich wieder eine Doppeltransposition aus der V_4. (Eventuell muss man ein Ergebnis wie z.B. $(\,4\ \ 3\,)(\,1\ \ 2\,)$ noch zu $(\,1\ \ 2\,)(\,3\ \ 4\,)$ umstellen, aber das ist erlaubt, da disjunkte Zykel nach Aufgabe 3.8 vertauschen.)

b) Es sei $\tau := (\,1\ \ 2\,)(\,3\ \ 4\,)$. Da V_4 abelsch ist, gilt $\{\,\text{id}, \tau\,\} = \langle\,\tau\,\rangle \lhd V_4$ und laut a) ist $V_4 \lhd S_4$, aber $\langle\,\tau\,\rangle$ ist nicht normal in S_4, denn z.B. für $\pi = (\,1\ \ 3\,)$ ist

$$\pi\,\tau\,\pi^{-1} = (\,\pi(1)\ \pi(2)\,)(\,\pi(3)\ \pi(4)\,) = (\,3\ \ 2\,)(\,1\ \ 4\,) \notin \langle\,\tau\,\rangle.$$

c) Die Faktorgruppe S_4/V_4 besitzt die Ordnung $\frac{4!}{4} = 6$ und ist laut untergejubeltem Hinweis somit entweder zu $\mathbb{Z}_6$ oder zu S_3 isomorph. Im ersten Fall müsste S_4/V_4 ein Element der Ordnung 6 besitzen. Da aber bereits in S_4 die maximale Ordnung eines Elements 4 ist (für einen 4-Zykel), kann die Ordnung einer Nebenklasse πV_4 niemals größer als 4 sein[8]. Somit ist $S_4/V_4 \not\cong \mathbb{Z}_6$ und es bleibt nur $S_4/V_4 \cong S_3$. Wer sich in seiner MathematikerInnen-Ehre durch den unbewiesenen Hinweis gekränkt fühlt, darf gerne alle 6 Nebenklassen von S_4/V_4 miteinander multiplizieren und nachprüfen, dass die Gruppentafel der S_3 entsteht. Viel Spaß dabei! :)

L 6.7 Zu beliebigem $g \in G$ soll ein $h \in G$ mit $h^2 = g$ gefunden werden. Da in G/N Quadratwurzeln existieren, lässt sich die Nebenklasse von g darstellen als

$$gN = (aN)^2 = a^2 N$$

mit einem geeigneten $aN \in G/N$. Diese Gleichheit der Nebenklassen ist äquivalent zu $(a^2)^{-1}g \in N$, also gibt es ein $x \in N$ mit $a^{-2}g = x \in N$, was sich aufgrund der Quadratwurzel-Eigenschaft von N auch als $a^{-2}g = x = y^2$ mit einem $y \in N$ schreiben lässt. Multiplikation mit a^2 und Umsortieren (nur hier geht die Kommutativität von G ein) liefert

$$g = a^2 y^2 = aayy = ayay = (ay)^2,$$

d.h. $h := ay$ ist eine Quadratwurzel von g. $\square$

L 6.8 Wir müssen nur $N \leqslant G$ zeigen, $N \lhd G$ folgt aus der Kommutativität von G dann automatisch. Aufgrund von $e \in N$ ist $N \neq \varnothing$ und für zwei Elemente $a, b \in N$ gibt es Zahlen m und n mit $a^m = e = b^n$. Für das Produkt dieser Hochzahlen gilt dann unter Verwendung der Kommutativität von G sowie des zweiten Potenzgesetzes aus Aufgabe 2.16 b)

$$(ab^{-1})^{mn} = a^{mn}(b^{-1})^{mn} = (a^m)^n \left((b^{-1})^n\right)^m$$
$$= e^n \left((b^n)^{-1}\right)^m = e(e^{-1})^m = e,$$

---

[8] Aus $\pi^n = \mathrm{id}$ folgt $(\pi V_4)^n = \pi^n V_4 = \mathrm{id} V_4 = \mathrm{id}_{S_4/V_4}$, d.h. es ist stets $\mathrm{ord}(\pi V_4) \leqslant \mathrm{ord}(\pi)$.

d.h. $ab^{-1} \in N$. Mit dem Untergruppenkriterium folgt $N \leqslant G$.
Angenommen ein aN besitzt endliche Ordnung in G/N. Dann
gibt es ein $m \in \mathbb{N}$ mit $(aN)^m = e_{G/N}$, sprich $a^m N = N$, was
äquivalent zu $a^m \in N$ ist. Nach Definition von N existiert dann
ein $n \in \mathbb{N}$ mit $(a^m)^n = e$, also ist $a^{mn} = e$, was wiederum $a \in N$
bedeutet. Damit war aN die neutrale Nebenklasse $N = e_{G/N}$, d.h.
alle anderen Elemente von G/N besitzen unendliche Ordnung. $\square$

9.7 Lösungen zu Kapitel 7

$\boxed{\text{L}}$ **7.1**

a) Nach Beispiel $4.4^{(\prime)}$ ist $\det\colon \mathrm{GL}_n(\mathbb{K}) \to \mathbb{K}^*$ ein Epimorphismus mit Kern $\mathrm{SL}_n(\mathbb{K})$, also ist laut Homomorphiesatz
$\mathrm{GL}_n(\mathbb{K})/\mathrm{SL}_n(\mathbb{K}) \cong \mathbb{K}^*$.

b) Nach Aufgabe 4.4 ist $\varphi\colon \mathbb{R} \to \mathbb{C}^*$, $t \mapsto e^{2\pi i t}$, ein Homomorphismus mit Bild $\operatorname{im}\varphi = \{\, e^{2\pi i t} \mid t \in \mathbb{R} \,\} = \mathrm{U}(1)$ und Kern
$\mathbb{Z}$ (da $e^{2\pi i t} = 1$ genau für $t \in \mathbb{Z}$ erfüllt ist, wie man in der
komplexen Analysis lernt). Die Behauptung folgt nun aus
$\mathbb{R}/\ker\varphi \cong \operatorname{im}\varphi$.

c) Der komplexe Betrag $|\cdot|\colon (\mathbb{C}^*, \cdot) \to (\mathbb{R}^+, \cdot)$ ist nach Bei-
spiel 4.3 ein Epimorphismus mit Kern $\mathrm{U}(1)$. Der Homomor-
phiesatz liefert $\mathbb{C}^*/\mathrm{U}(1) \cong \mathbb{R}^+$.

d) Wir müssen einen Epimorphismus von $\mathbb{Z}_{15} = \mathbb{Z}/15\mathbb{Z}$ nach
$\mathbb{Z}_5 = \mathbb{Z}/5\mathbb{Z}$ mit Kern $\langle \overline{5} \rangle = \{\, \overline{0}, \overline{5}, \overline{10} \,\}$ (der Querstrich steht
hier für modulo 15) finden. Die kanonische Projektion

$$\pi\colon \mathbb{Z} \to \mathbb{Z}_5, \quad k \mapsto k + 5\mathbb{Z},$$

ist ein Epimorphismus mit $\ker\pi = 5\mathbb{Z} \supseteq 15\mathbb{Z}$, und nach
Lemma 7.1 induziert sie deshalb einen wohldefinierten Homomorphismus

$$\overline{\pi}\colon \mathbb{Z}/15\mathbb{Z} \to \mathbb{Z}_5, \quad k + 15\mathbb{Z} \mapsto \pi(k) = k + 5\mathbb{Z},$$

der offensichtlich immer noch surjektiv ist. Begründung von
$\ker\overline{\pi} = \langle \overline{5} \rangle$: Es ist $k + 5\mathbb{Z} = 0 + 5\mathbb{Z}$ genau dann, wenn

$k \in 5\mathbb{Z} = \{\dots, 0, 5, 10, 15, \dots\}$ gilt, d.h. genau die drei Restklassen $0 + 15\mathbb{Z}$, $5 + 15\mathbb{Z}$ und $10 + 15\mathbb{Z}$ liegen im Kern von $\overline{\pi}$. Mit dem Homomorphiesatz folgt nun die behauptete Isomorphie:

$$\mathbb{Z}_{15}/\langle\,\overline{5}\,\rangle = \mathbb{Z}_{15}/\ker\overline{\pi} \cong \operatorname{im}\overline{\pi} = \mathbb{Z}_5.$$

e) Die Abbildung $\varphi\colon \mathbb{R}\times\mathbb{R} \to \mathbb{R}$, $(x,y) \mapsto x-y$, ist homomorph:

$$\varphi((a,b) + (c,d)) = \varphi((a+c, b+d)) = a + c - (b+d)$$

$$= a - b + c - d = \varphi((a,b)) + \varphi((c,d)).$$

Zudem ist φ offenbar surjektiv und besitzt D als Kern. Mit dem Homomorphiesatz ergibt sich

$$(\mathbb{R} \times \mathbb{R})/D = (\mathbb{R} \times \mathbb{R})/\ker\varphi \cong \operatorname{im}\varphi = \mathbb{R}.$$

$\boxed{\text{L}}$ **7.2**   Der geeignete Homomorphismus drängt sich regelrecht auf: Definiere

$$\varphi\colon G \times H \to G/K \times H/N, \quad (g,h) \mapsto (gK, hN).$$

Homomorphie und Surjektivität von φ sollten klar sein (wenn nicht, stell dich in eine Ecke und schäm dich ein Weilchen), und ebenso klar ist $\ker\varphi = K \times N$. Und schwuppdiwupp liefert der Homomorphiesatz

$$(G \times H)/(K \times N) = (G \times H)/\ker\varphi \cong \operatorname{im}\varphi = G/K \times H/N.$$

$\boxed{\text{L}}$ **7.3**   *Zum Zentrum einer Gruppe.*

a) Ärmel hochkrempeln und los geht's. Anstelle von $gxg^{-1} = x$ prüfen wir stets die äquivalente Bedingung $gx = xg$.

  ○ Natürlich ist $Z(\mathbb{Z}_8) = \mathbb{Z}_8$, da in abelschen Gruppen $gx = xg$ für beliebige $x, g \in G$ gilt.

  ○ Welche Symmetrien des Quadrats – natürlich außer id – könnten wohl im Zentrum von $D_4 = \langle\, r, s\,\rangle =$

$\{\,\mathrm{id}, r, r^2, r^3, s, rs, r^2s, r^3s\,\}$ liegen? Da r und r^3 aufgrund von $sr = r^{-1}s = r^3s$ nicht mit s vertauschen, scheiden sie aus. Für r^2 gilt jedoch $r^2r^k = r^{2+k} = r^{k+2} = r^kr^2$, sowie

$$(r^ks)r^2 = r^k(sr^2) = r^k(r^{-2}s) = r^kr^2s = r^2(r^ks)$$

für alle $k = 0, \ldots, 3$, d.h. r^2 ist mit allen Elementen von D_4 vertauschbar, sprich $r^2 \in Z(D_4)$. Alle Spiegelungen r^ks mit $k = 0, \ldots, 3$ entfallen:

$$(r^ks)r = r^k(sr) = r^kr^{-1}s = r^{k-1}s \neq r^{k+1}s = r(r^ks)$$

$(r^{k-1} \neq r^{k+1}$ da $r^2 \neq \mathrm{id})$. Somit ist

$$Z(D_4) = \{\,\mathrm{id}, r^2\,\} = \langle\, r^2\,\rangle.$$

○ Natürlich vertauschen die positive und negative Einheitsmatrix, also E und $-E$, mit allen anderen Matrizen, d.h. $\{\,\pm E\,\} = \langle\, -E\,\rangle \subseteq Z(Q_8)$. An den Vertauschungsrelationen aus Beispiel 3.8 erkennt man rasch, dass $\pm I$, $\pm J$ und $\pm K$ alle nicht im Zentrum von Q_8 liegen können, da z.B. $IJ = K \neq -K = JI$ usw. gilt. Folglich ist

$$Z(Q_8) = \{\,E, -E\,\} = \langle\, -E\,\rangle.$$

○ Das Zentrum der S_4 ist trivial, d.h.

$$Z(S_4) = \{\,\mathrm{id}\,\}.$$

Um dies einzusehen, führen wir einen Widerspruchsbeweis: Angenommen, es gibt ein $\pi \in Z(S_4) \setminus \{\,\mathrm{id}\,\}$; dann ist $\pi \neq \mathrm{id}$, d.h. $\pi(i) \neq i$ für mindestens ein $i = 1, \ldots, 4$. Nun wählen wir eine Permutation $\sigma \in S_4$ mit $\sigma(i) = i$ und $\sigma(\pi(i)) \neq \pi(i)$ (offenbar gibt es ein solches $\sigma \in S_4$). Da π im Zentrum von S_4 liegt und deshalb $\pi\sigma = \sigma\pi$ erfüllt, folgt der fette Widerspruch

$$\pi(i) = \pi(\sigma(i)) = \sigma(\pi(i)) \neq \pi(i).$$

Also war die Annahme $Z(S_4) \setminus \{\,\mathrm{id}\,\} \neq \varnothing$ falsch.   □

b) Es sei κ_g die Konjugation mit $g \in G$ (siehe Aufgabe 4.17). Zunächst bemerken wir, dass die Abbildung

$$\varphi \colon G \to \operatorname{Aut}(G), \quad g \mapsto \kappa_g,$$

ein Homomorphismus ist, denn für alle $x \in G$ gilt

$$\kappa_{gh}(x) = (gh)x(gh)^{-1} = ghxh^{-1}g^{-1}$$
$$= g(hxh^{-1})g^{-1} = \kappa_g(\kappa_h(x)),$$

was nichts anderes als $\kappa_{gh} = \kappa_g \circ \kappa_h$ bedeutet, d.h.

$$\varphi(gh) = \kappa_{gh} = \kappa_g \circ \kappa_h = \varphi(g) \circ \varphi(h).$$

Liegt nun $g \in \ker \varphi$, so heißt das

$$\kappa_g = \operatorname{id}_G \iff \kappa_g(x) = gxg^{-1} = x \text{ für alle } x \in G$$
$$\iff g \in Z(G),$$

d.h. es gilt $\ker \varphi = Z(G)$ und nach den Sätzen 4.1 und 6.3 ist das Zentrum ein Normalteiler von G (was man natürlich auch direkt hätte leicht nachprüfen können, aber so ist es cooler). Da nach Definition der inneren Automorphismen $\operatorname{im} \varphi = \operatorname{Inn}(G)$ gilt, folgt

$$G/Z(G) \cong \operatorname{Inn}(G)$$

aus dem Homomorphiesatz. Für die Gruppen aus a) ergibt sich somit:

○ $\operatorname{Inn}(\mathbb{Z}_8) \cong \mathbb{Z}_8/Z(\mathbb{Z}_8) = \mathbb{Z}_8/\mathbb{Z}_8 = \{\,\overline{0} + \mathbb{Z}_8\,\} \cong \{\,\operatorname{id}\,\}$, d.h. $\mathbb{Z}_8$ (und jede andere abelsche Gruppe) besitzt nur den trivialen inneren Automorphismus id.

○ $\operatorname{Inn}(D_4) \cong D_4/Z(D_4) = D_4/\langle\, r^2\,\rangle \cong V_4$ nach Aufgabe 6.3 b).

○ $\operatorname{Inn}(Q_8) \cong Q_8/Z(Q_8) = Q_8/\langle\, -E\,\rangle$, und diese Faktorgruppe ist von der Ordnung $\frac{8}{2} = 4$, also entweder zu $\mathbb{Z}_4$ oder zu $V_4 = \mathbb{Z}_2 \times \mathbb{Z}_2$ isomorph. Im ersten Fall müsste die Faktorgruppe ein Element der Ordnung 4 enthalten, aber es gilt

$$(I\langle -E\rangle)^2 = I^2\langle -E\rangle = -E\langle -E\rangle = \langle -E\rangle,$$

und ebenso für $J\langle -E\rangle$ und $K\langle -E\rangle$, d.h. alle nicht neutralen Elemente der Faktorgruppe besitzen Ordnung 2, weshalb $Q_8/\langle -E\rangle \cong V_4$ ist.

○ $\mathrm{Inn}(S_4) \cong S_4/Z(S_4) = S_4/\{\,\mathrm{id}\,\} \cong S_4$ (via $\pi\{\,\mathrm{id}\,\} \mapsto \pi$), d.h. es gibt 24 verschiedene innere Automorphismen der S_4, nämlich $\{\,\kappa_\pi \mid \pi \in S_4\,\}$.

L **7.4**   *Beweis des 1. Isomorphiesatzes.*

(i) Aufgrund von $H \neq \varnothing$ und $N \neq \varnothing$ ist auch $HN \neq \varnothing$. Sind nun $a = hn$ und $b = h'n' \in HN$, so ist

$$ab^{-1} = hn(h'n')^{-1} = hn(n')^{-1}(h')^{-1} = h\tilde{n}\tilde{h}$$

mit $\tilde{n} := n(n')^{-1} \in N$ und $\tilde{h} := (h')^{-1} \in H$ (da N und H beides Untergruppen sind). Jetzt kommt der entscheidende Schritt: Aufgrund von $N \lhd H$ gilt $N\tilde{h} = \tilde{h}N$, also finden wir ein $\hat{n} \in N$ mit $\tilde{n}\tilde{h} = \tilde{h}\hat{n}$ und es folgt

$$ab^{-1} = hn(h'n')^{-1} = h\tilde{n}\tilde{h} = h\tilde{h}\hat{n} \in HN,$$

so dass HN laut Untergruppenkriterium eine Untergruppe von G ist.

(ii) Zunächst ist klar, dass $N \lhd HN$ ist, da ja sogar $N \lhd G$ gilt. Als Komposition der Homomorphismen ι und π ist auch $\varphi = \pi \circ \iota$ homomorph. Jede Restklasse $(hn)N \in (HN)/N$ lässt sich als hN schreiben, da $nN = N$ ist, aber hN ist nichts anderes als $\varphi(h)$, weshalb φ surjektiv und $\mathrm{im}\,\varphi = (HN)/N$ ist. Zum Kern von φ: Für alle $h \in H$ gilt $\varphi(h) = hN = N$ genau dann, wenn h in N liegt, also ist $\ker\varphi = H \cap N$. Insbesondere ist $H \cap N$ als Kern eines Homomorphismus normal in H. Der Homomorphiesatz erledigt den Rest:

$$H/(H \cap N) = H/\ker\varphi \cong \mathrm{im}\,\varphi = (HN)/N. \qquad \square$$

L **7.5**

a) Es sei $\tau := (1\ 3)$ und $\sigma := (1\ 2\ 3)$. Um die Elemente von $H = \langle\,\tau,\sigma\,\rangle$ zu bestimmen, könnten wir jetzt stumpf alle Wörter in τ und σ ausrechnen, doch wollen wir etwas subtiler vorgehen. Dadurch bleibt uns auch erspart zu begründen, warum es genau sechs verschiedene solcher Wörter gibt.

$$K := \{\,\mathrm{id}, (1\ 2), (1\ 3), (2\ 3), (1\ 2\ 3), (1\ 3\ 2)\,\} \subseteq S_4$$

ist eine Untergruppe von S_4, da K offenbar isomorph zu S_3 ist – der einzige Unterschied ist ja, dass die Elemente von K in S_4 liegen (ausgeschrieben ist z.B. $\sigma = (1\ 2\ 3)(4)$). Der Isomorphismus $K \cong S_3$ ist also einfach die „Vergiss-Abbildung", der die Ziffer 4 unter den Tisch fallen lässt.
Da $\tau,\sigma \in K$ gilt, folgt $H = \langle\,\tau,\sigma\,\rangle \subseteq K$, da das Erzeugnis die kleinste Untergruppe von S_4 ist, die τ und σ enthält. Umgekehrt prüft man leicht nach, dass $(1\ 2) = \tau\sigma \in H$, $(2\ 3) = \sigma\tau \in H$ und $(1\ 3\ 2) = \sigma^2 \in H$ gilt, also ist $K \subseteq H$ und insgesamt $H = K \cong S_3$.

b) Offensichtlich ist $H \cap V_4 = \{\,\mathrm{id}\,\}$. Der 1. Isomorphiesatz besagt

$$(HV_4)/V_4 \cong H/(H \cap V_4),$$

woraus $|(HV_4)/V_4| = |H/(H \cap V_4)|$ für die Ordnungen folgt. Mit Lagrange bedeutet dies

$$\frac{|HV_4|}{|V_4|} = \frac{|H|}{|H \cap V_4|} = \frac{|H|}{1} = |H|,$$

d.h. $|HV_4| = |V_4| \cdot |H| = 4 \cdot 6 = 24 = |S_4|$, weshalb HV_4 bereits ganz S_4 ist.

c) Mit den Erkenntnissen $H \cong S_3$ und $HV_4 = S_4$ liefert der 1. Isomorphiesatz

$$S_4/V_4 = (HV_4)/V_4 \cong H/(H \cap V_4) = H/\{\,\mathrm{id}\,\} \cong H \cong S_3,$$

wobei der Iso $H/\{\,\mathrm{id}\,\} \cong H$ natürlich durch $\pi\{\,\mathrm{id}\,\} \mapsto \pi$ gegeben ist. $\qquad\square$

9.8   Lösungen zum Anhang

$\boxed{\text{L}}$ **8.1**   Wir überprüfen die drei definierenden Eigenschaften:

(1) Reflexivität: Da $n - n = 0 = 2 \cdot 0$ gerade ist, gilt $n \sim n$ für alle $n \in \mathbb{Z}$.

(2) Symmetrie: Ist $m \sim n$, so ist $m - n$ gerade, also von der Form $m - n = 2k$ mit einem $k \in \mathbb{Z}$. Dann ist aber auch

$$n - m = -(m - n) = -2k = 2 \cdot (-k)$$

eine gerade Zahl, also $n \sim m$.

(3) Transitivität: Es sei $m \sim n$ und $n \sim p$. Dann gibt es ganze Zahlen k, ℓ, so dass $m - n = 2k$ und $n - p = 2\ell$ gilt, und es folgt durch Einfügen einer „nahrhaften Null" $0 = -n + n$

$$m - p = m - n + n - p = 2k + 2\ell = 2 \cdot (k + \ell),$$

also ist auch $m - p$ gerade (da $k + \ell \in \mathbb{Z}$), sprich $m \sim p$. $\square$

Die Äquivalenzklasse der Null

$$[0] = \{\, n \in \mathbb{Z} \mid n \sim 0 \,\} = \{\, n \in \mathbb{Z} \mid n - 0 = 2k \text{ für ein } k \in \mathbb{Z} \,\}$$
$$= \{\, 2k \mid k \in \mathbb{Z} \,\} = 2\mathbb{Z}$$

besteht aus allen geraden Zahlen ($2\mathbb{Z}$), während

$$[1] = \{\, n \in \mathbb{Z} \mid n - 1 = 2k \text{ für ein } k \in \mathbb{Z} \,\} = \{\, 2k + 1 \mid k \in \mathbb{Z} \,\}$$

alle ungeraden Zahlen enthält. Damit sind aber bereits die ganzen Zahlen komplett ausgeschöpft; die Faktormenge besteht somit aus genau zwei „Säcken":

$$\mathbb{Z}/\sim \; = \{\, [0], [1] \,\}.$$

$\boxed{\text{L}}$ **8.2**   (1) Reflexivität: Es ist stets $r - r = 0 \in \mathbb{Z}$, d.h. $r \sim r$.

(2) Symmetrie: Ist $r \sim s$, dann gibt es $k \in \mathbb{Z}$, so dass $r - s = k$ gilt. Dann ist aber auch $s - r = -k \in \mathbb{Z}$, sprich $s \sim r$.

(3) Transitivität: Es sei $r \sim s$ und $s \sim t$. Dann gibt es ganze Zahlen k, ℓ, so dass $r - s = k$ und $s - t = \ell$ gilt, und es folgt $r \sim t$ aus

$$r - t = r - s + s - t = k + \ell \in \mathbb{Z}.$$

Die Äquivalenzklasse von z.B. $s = \frac{1}{2}$ ist gegeben durch

$$[\tfrac{1}{2}] = \{\, r \in \mathbb{Q} \mid r \sim \tfrac{1}{2} \,\} = \{\, r \in \mathbb{Q} \mid r - \tfrac{1}{2} = k \text{ für ein } k \in \mathbb{Z} \,\}$$
$$= \{\, \tfrac{1}{2} + k \mid k \in \mathbb{Z} \,\} = \{\, \ldots, -\tfrac{3}{2}, -\tfrac{1}{2}, \tfrac{1}{2}, \tfrac{3}{2}, \tfrac{5}{2}, \ldots \,\}.$$

Das schreibt man kürzer auch einfach als

$$[\tfrac{1}{2}] = \tfrac{1}{2} + \mathbb{Z}.$$

Zwei verschiedene Zahlen $r, s \in [\,0\,,1\,) \cap \mathbb{Q}$ (= alle Brüche, die in $[\,0\,,1\,)$ liegen) besitzen verschiedene Äquivalenzklassen, da in diesem Fall $r - s$ keine ganze Zahl sein kann. Somit gibt es unendlich viele verschiedene Äquivalenzklassen, nämlich

$$[r] = r + \mathbb{Z} \quad \text{mit } 0 < r \leqslant 1, \, r \in \mathbb{Q}.$$

Dies sind auch bereits alle Äquivalenzklassen, die es gibt, denn für jede Klasse $[x]$, $x \in \mathbb{Q}$, lässt sich ein Repräsentant $r \in [\,0\,,1\,) \cap \mathbb{Q}$ mit $[r] = [x]$ finden. So ist z.B.

$$[3\tfrac{3}{7}] = [\tfrac{3}{7}], \quad \text{da } 3\tfrac{3}{7} \sim \tfrac{3}{7}, \qquad \text{oder} \quad [-9\tfrac{1}{3}] = [\tfrac{2}{3}], \quad \text{da } -9\tfrac{1}{3} \sim \tfrac{2}{3}.$$

Für beliebiges $x \in \mathbb{Q}$ bezeichnen wir mit $z_x \in \mathbb{Z}$ die erste ganze Zahl, die links von x auf dem Zahlenstrahl liegt („Abrundung von x"). Dann ist

$$x \sim r_x := x - z_x, \quad \text{denn} \quad x - r_x = x - (x - z_x) = z_x \in \mathbb{Z}.$$

Dies zeigt $[x] = [r_x]$ und nach Wahl von z_x gilt $r_x \in [\,0\,,1\,) \cap \mathbb{Q}$. Falls dir das zu allgemein war: Im Beispiel $x = -9\tfrac{1}{3}$ ist $z_x = -10$, also erhalten wir $r_x = x - z_x = -9\tfrac{1}{3} - (-10) = -9\tfrac{1}{3} + 10 = \tfrac{2}{3}$.

Somit besitzt die unendliche Faktormenge die Gestalt

$$\mathbb{Q}/\!\sim \, = \{\, [r] \mid r \in [\,0\,,1\,) \cap \mathbb{Q} \,\} = \{\, r + \mathbb{Z} \mid r \in [\,0\,,1\,) \cap \mathbb{Q} \,\}.$$

$\boxed{\text{L}}$ **8.3**   Zwei Geraden sind äquivalent, wenn sie parallel sind, d.h. wenn sie die gleiche Steigung haben. Der Wert des y-Achsenabschnittes spielt also keine Rolle, und die Äquivalenzklassen sind von der Gestalt

$$[mx] = \{\, y = mx + c \mid c \in \mathbb{R} \,\}.$$

In Abbildung 9.6 links ist das Geradenbüschel dargestellt, das die Klasse $[x]$ geometrisch beschreibt (natürlich kann man nicht alle Repräsentanten zeichnen, da man sonst nur ein schwarzes Quadrat bekommt).

Durch $[mx]$, $m \in \mathbb{R}$, werden allerdings die zur y-Achse parallelen Geraden nicht erfasst, weshalb man deren Äquivalenzklasse gesondert als

$$[x = 0] = \{\, x = x_0 \mid x_0 \in \mathbb{R} \,\}$$

aufschreiben muss.

Als Repräsentanten einer Äquivalenzklasse kann man stets die entsprechende Ursprungsgerade wählen. Abbildung 9.6 rechts zeigt eine Darstellung des Faktorraums $G/\!\sim$, als Menge aller Ursprungsgeraden (die jeweils ein ganzes Geradenbüschel repräsentieren).

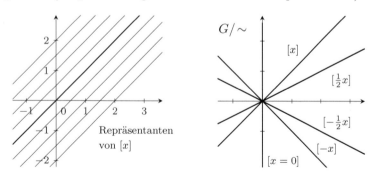

Abbildung 9.6

$\boxed{\text{L}}$ **8.4**   a) Der Nachweis, dass $\ker f$ eine Äquivalenzrelation ist, ist geschenkt:

(1) Da $f(x) = f(x)$ gilt, ist $x \sim x$ für alle $x \in A$.

(2) Mit $f(x) = f(y)$ ist natürlich auch $f(y) = f(x)$, also folgt aus $x \sim y$ auch $y \sim x$.

(3) Ist $f(x) = f(y)$ und $f(y) = f(z)$, dann gilt auch $f(x) = f(z)$, folglich ist $\sim$ transitiv.

In der Faktormenge $A/\ker f$ werden alle Elemente, die dasselbe Bild unter f haben, jeweils in einen Sack gepackt. Somit verschwinden diejenigen Elemente, die f nicht-injektiv machen, in den Äquivalenz-Säcken

$$[x] = \{\, y \in A \mid y \sim x \,\} = \{\, y \in A \mid f(y) = f(x) \,\}.$$

b) Sind x und y zwei Elemente mit $[x] = [y]$, d.h. x und y sind beide Repräsentanten von $[x]$, so ist $x \sim y$ und daher $f(x) = f(y)$ nach Definition von $[x]$. Es folgt

$$\overline{f}([x]) = f(x) = f(y) = \overline{f}([y]),$$

was die Wohldefiniertheit bzw. Repräsentantenunabhängigkeit der Abbildung $\overline{f}\colon A/\ker f \to B$ zeigt.

c) Wir zeigen, dass aus $\overline{f}([x]) = \overline{f}([y])$ stets $[x] = [y]$ folgt. Dies ist nach Konstruktion von $A/\ker f$ aber klar (man teilt ja gerade die „Nicht-Injektivitätselemente" heraus): Gilt $\overline{f}([x]) = \overline{f}([y])$, so ist $f(x) = f(y)$, also $x \sim y$ und damit $[x] = [y]$.

$\boxed{\text{L}}$ **8.5** *Konstruktion von $\mathbb{Z}$.*

a) Nachweis von Reflexivität und Symmetrie sind geschenkt, bei der Transitivität muss man sich etwas mehr anstrengen.

(1) Es ist stets $(a, b) \sim (a, b)$, weil $a + b = b + a$ aufgrund der Kommutativität der Addition in $\mathbb{N}$ gilt.

(2) Ist $(a, b) \sim (c, d)$, dann haben wir $a + d = b + c$, was man auch als $c + b = d + a$ schreiben kann. Dies bedeutet aber $(c, d) \sim (a, b)$.

(3) Es gelte $(a, b) \sim (c, d)$ und $(c, d) \sim (e, f)$, was $a + d = b + c$ und $c + f = d + e$ bedeutet. Da wir $(a, b) \sim (e, f)$, also $a + f = b + e$ folgern wollen, addieren wir auf beiden Seiten der Gleichheit $a + d = b + c$ ein f und nutzen Assoziativität und Kommutativität der Addition in $\mathbb{N}$ aus:

$$(a+d)+f = (b+c)+f \quad \implies \quad (a+f)+d = (c+f)+b.$$

Nach Voraussetzung ist aber $c + f = d + e$, also folgt

$$(a+f)+d = (d+e)+b \quad \implies \quad (a+f)+d = (b+e)+d.$$

Mit der Kürzungsregel in $\mathbb{N}$ folgt $a + f = b + e$, sprich $(a, b) \sim (e, f)$, womit wir die Transitivität von $\sim$ bewiesen haben.

b) Betrachten wir z.B. die Äquivalenzklasse $[(2, 1)] \in \mathbb{Z} := \mathbb{N}^2 / \sim$. Ein Tupel $(c, d) \in \mathbb{N}^2$ ist äquivalent zu $(2, 1)$, wenn

$$c + 1 = d + 2$$

gilt (anders ausgedrückt, wenn die Gleichung $x + d = c$ dieselbe Lösung wie $x + 1 = 2$ besitzt, nämlich $x = 1$), was genau dann der Fall ist, wenn c um 1 größer als d ist, d.h.

$$[(2, 1)] = \{ (2, 1), (3, 2), (4, 3), \ldots \} = \{ (n+1, n) \mid n \in \mathbb{N} \}.$$

Diese Äquivalenzklasse werden wir in Kürze – siehe e) – als die Zahl 1 auffassen. Entsprechend ist

$$[(3, 1)] = \{ (3, 1), (4, 2), (5, 3), \ldots \} = \{ (n+2, n) \mid n \in \mathbb{N} \},$$

was wir in e) als die Zahl 2 interpretieren werden.
Und für $a < b$ liefert $[(a, b)]$ uns die negativen Zahlen, da es hier um Lösungen von Gleichungen wie z.B. $x + 2 = 1$ geht; so ist etwa

$$[(1, 2)] = \{ (1, 2), (2, 3), (3, 4), \ldots \} = \{ (n, n+1) \mid n \in \mathbb{N} \},$$

was uns nach Teil d) und e) fortan als $-1 \in \mathbb{Z}$ geläufig sein wird[9].

Die Äquivalenzklasse $[(1,1)]$ nennen wir natürlich 0 bzw. $0_{\mathbb{Z}}$ (entsprechend der Tatsache, dass es hierbei um die Lösung der Gleichung $x + 1 = 1$ geht):

$$[(1,1)] = \{\,(1,1),(2,2),(3,3),\dots\,\} = \{\,(n,n) \mid n \in \mathbb{N}\,\} =: 0_{\mathbb{Z}}.$$

c) Zur Wohldefiniertheit der Addition auf $\mathbb{Z}$ (wir beschränken uns auf die erste Komponente): Es seien $(a,b) \sim (a',b')$ zwei äquivalente Tupel, die folglich dieselbe Äquivalenzklasse repräsentieren, sprich $z := [(a,b)] = [(a',b')] =: z'$. Wir müssen zeigen, dass für jedes $w = [(c,d)] \in \mathbb{Z}$ stets $z \oplus w = z' \oplus w$ erfüllt ist. Nach Definition von $\oplus$ gilt

$$z \oplus w = [(a+c, b+d)] \quad \text{und} \quad z' \oplus w = [(a'+c, b'+d)],$$

und wir müssen $[(a+c, b+d)] = [(a'+c, b'+d)]$ nachweisen, d.h. die Äquivalenz $(a+c, b+d) \sim (a'+c, b'+d)$. Somit ist

$$(a+c) + (b'+d) \overset{!}{=} (b+d) + (a'+c)$$

zu zeigen, was reine Formsache ist: Ist $(a,b) \sim (a',b')$, so gilt $a + b' = b + a'$ $(\star)$ und es folgt unter mehrfacher Verwendung von Assoziativität und Kommutativität in $\mathbb{N}$

$$(a+c) + (b'+d) = (a+b') + (c+d)$$
$$\overset{(\star)}{=} (b+a') + (c+d)$$
$$= (b+d) + (a'+c).$$

Uff. Dies zeigt, dass die Addition $\oplus$ in der ersten Komponenten unabhängig von der Wahl der Repräsentanten und damit wohldefiniert ist. Analog zeigt man Wohldefiniertheit in der

---

[9]Man könnte auch $[(1,2)]$ als $\{\,(n-1, n) \mid n \geqslant 2\,\}$ schreiben, allerdings darf man dann $n - 1$ (noch) nicht als $n + (-1)$ auffassen, da man sonst die neu zu definierende Zahl -1 schon hineingeschmuggelt hätte. Stattdessen ist $n - 1$ nur als Bezeichnung für den Vorgänger von $n \geqslant 2$ in $\mathbb{N}$ aufzufassen.

zweiten Komponente $z \oplus w = z \oplus w'$ (eigentlich sollte man beide Komponenten gleichzeitig betrachten: $z \oplus w = z' \oplus w'$). Viel Lärm um nichts, magst du denken, aber beim Umgang mit Faktorstrukturen ist es durchaus lohnenswert, sich ein paar Mal explizit um Wohldefiniertheitsfragen gekümmert zu haben – allein schon deswegen, um zu verstehen, was das überhaupt bedeuten soll.

Assoziativität und Kommutativität von $\oplus$ folgen aus den entsprechenden Eigenschaften der Addition in $\mathbb{N}$. Die Kommutativität von $\oplus$ sieht man so:

$$[(a,b)] \oplus [(c,d)] = [(a+c, b+d)] = [(c+a, d+b)]$$
$$= [(c,d)] \oplus [(a,b)],$$

wobei im zweiten Schritt in beiden Komponenten einfach die Kommutativität der Addition in $\mathbb{N}$ einging. Assoziativität folgt ebenso leicht – wer's nicht glaubt, schreibt's selber auf.

d) Das Inverse (bzw. Negative, wie man das Inverse bei additiver Verknüpfung meist nennt) von $z = [(a,b)] \in \mathbb{Z}$ ist einfach $-z := [(b,a)]$, denn es gilt

$$[(a,b)] \oplus [(b,a)] = [(a+b, b+a)] = [(1,1)] = 0_\mathbb{Z},$$

wobei im vorletzten Schritt $(a+b, b+a) \sim (1,1)$ (klar, da $b+a = a+b$) verwendet wurde. Somit erfüllt $(\mathbb{Z}, \oplus)$ alle Anforderungen an eine kommutative Gruppe.

e) Zur Injektivität von ι: Ist $\iota(m) = \iota(n)$, so heißt das

$$[(m+1, 1)] = [(n+1, 1)],$$

woraus $(m+1, 1) \sim (n+1, 1)$ folgt, was $m+1+1 = 1+n+1$ und damit laut Kürzungsregel $m = n$ bedeutet.

Dass ι verknüpfungserhaltend bzw. verträglich mit der Addition ist, sieht man so: Es ist $\iota(m+n) = [(m+n+1, 1)]$, während

$$\iota(m) \oplus \iota(n) = [(m+1, 1)] \oplus [(n+1, 1)]$$
$$= [(m+n+2, 2)]$$

ist. Aufgrund von $(m + n + 2, 2) \sim (m + n + 1, 1)$ folgt die Gleichheit der zugehörigen Äquivalenzklassen, was nichts anderes als $\iota(m + n) = \iota(m) \oplus \iota(n)$ bedeutet.

Was bringt ι? Da ι injektiv ist, liegt mit

$$\iota(\mathbb{N}) = \{\, [(n + 1, 1)] \mid n \in \mathbb{N} \,\} \subset \mathbb{Z}$$

eine 1:1-Kopie der natürlichen Zahlen in $\mathbb{Z}$ drin und die eben bewiesene Gleichheit $\iota(m) \oplus \iota(n) = \iota(m + n)$ besagt, dass man die ganzen Zahlen $\iota(m), \iota(n) \in \iota(\mathbb{N})$ genau so addiert wie die natürlichen Zahlen $m, n \in \mathbb{N}$ (wobei man die Summe $m + n$ natürlich mit ι wieder nach $\mathbb{Z}$ schieben muss). In diesem Sinne sind also die natürlichen Zahlen als $\iota(\mathbb{N})$ in die ganzen Zahlen eingebettet.

Nochmal anders formuliert... Bisher konnten wir eine harmlose natürliche Zahl wie $2 \in \mathbb{N}$ noch nicht als ganze Zahl auffassen: $2 \notin \mathbb{Z}$, da die Elemente von $\mathbb{Z}$ Äquivalenzklassen von Paaren natürlicher Zahlen sind. Ab sofort fassen wir $\mathbb{N}$ vermöge ι als Teilmenge von $\mathbb{Z}$ auf, indem wir eine natürliche Zahl wie z.B. $2 \in \mathbb{N}$ mit der zugehörigen Äquivalenzklasse $\iota(2) = [(3, 1)] \in \mathbb{Z}$ identifizieren.

Nach d) ist $-[(n+1, 1)] = [(1, n+1)]$, also sind die negativen Zahlen von der Gestalt $[(1, 2)], [(1, 3)]$ usw., d.h.

$$\mathbb{Z}^- = \{\, -z \mid z \in \iota(\mathbb{N}) \,\} = \{\, [(1, n + 1)] \mid n \in \mathbb{N} \,\}.$$

Da wir mittels ι die Äquivalenzklasse $[(n + 1, 1)]$ als natürliche Zahl n interpretieren, können wir auch für $[(1, n + 1)]$ zur gewohnten Notation $-n$ zurückkehren: $[(1, 2)]$ „ist" -1, $[(1, 3)]$ „ist" -2 etc.

f) Das Naheliegendste wäre natürlich

$$[(a, b)] \odot [(c, d)] := [(a \cdot c, b \cdot d)]$$

zu definieren. Klappt aber nicht, da dann z.B.

$$0_{\mathbb{Z}} \odot z = [(1, 1)] \odot [(c, d)] := [(1 \cdot c, 1 \cdot d)] = z$$

für alle $z \in \mathbb{Z}$ gelten würde. Für die gewöhnliche Multiplikation auf $\mathbb{Z}$ gilt jedoch bekanntermaßen $0_{\mathbb{Z}} \odot z = 0_{\mathbb{Z}}$.

Um auf die korrekte Multiplikation zu kommen, erinnern wir uns an die Grundidee: $[(a, b)]$ gehört zur Gleichung $x + b = a$ bzw. $x = a - b$ und $[(c, d)]$ gehört zu $y = c - d$. Dann ist

$$x \cdot y = (a - b) \cdot (c - d) = ac + bd - (ad + bc),$$

bzw. ohne Minuszeichen geschrieben

$$x \cdot y + (ad + bc) = ac + bd.$$

Und siehe da, definieren wir

$$[(a, b)] \odot [(c, d)] := [(ac + bd, ad + bc)],$$

so kann man sich überzeugen, dass diese Multiplikation auf $\mathbb{Z}$ tatsächlich den gewohnten Rechenregeln genügt: Assoziativität, Kommutativität, Distributivität und $1_{\mathbb{Z}} := [(2, 1)]$ ist das multiplikative Neutralelement. Die Details ersparen wir uns jedoch.

Literaturverzeichnis

[CAY]   Cayley, A.: *On the theory of groups, as depending on the symbolic equation* $\theta^n = 1$. Für eine kommentierte Version dieses auch heute noch lesenswerten Artikels siehe `http://www.math.nmsu.edu/~davidp/cayley.pdf`

[DUF]   Dummit, D. & Foote, R.: *Abstract Algebra.* Prentice-Hall, 2nd edition (1999)

[EBB]   Ebbinghaus, H.-D., et al.: *Zahlen.* Springer, 3. verb. Aufl. (2013)

[FIS]   Fischer, G.: *Lehrbuch der Algebra.* Springer Spektrum, 3. erw. Aufl. (2013)

[GLO]   Glosauer, T.: *(Hoch)Schulmathematik.* Springer Spektrum (2014)

[KAM]   Karpfinger, C. & Meyberg, K.: *Algebra: Gruppen – Ringe – Körper.* Springer Spektrum, 3. Aufl. (2013)

[LOO]   Loose, F.: *Einführung in die Fachdidaktik Mathematik.* `www.math.uni-tuebingen.de/user/loose/studium/Skripten/FD1-5.pdf`

[PIN]   Pinter, C.: *A Book of Abstract Algebra.* Dover (2010)

Stichwortverzeichnis

Printed in the United States
By Bookmasters